中国科学院科学出版基金资助出版

民用飞机运营支持丛书

# 基于 S1000D 规范的民用飞机维修类技术出版物开发技术

马小骏　吉凤贤　宋玉起　彭焕春　**等编著**

科学出版社

北京

# 内 容 简 介

本书是作者对多年工程实践工作的总结,首先系统介绍了欧洲航空航天与防务工业协会(ASD)的 S1000D 规范,在此基础上,详细阐述了基于 S1000D 规范的民用飞机维修类技术出版物的开发技术。

全书共 10 个章节。第 1 章概述了维修类技术出版物数字化发展趋势和现状;第 2 章介绍了 ASD 系列规范特别是 S1000D 规范发展历史、核心内容和基于 S1000D 规范技术出版物编制过程;第 3 章解释了业务规则及其制定过程;第 4 章介绍了利用信息集、数据模块需求清单(DMRL)规划技术出物编写内容;第 5 章描述了技术出版物编制和管理;第 6 章讨论了技术出版物内容的验证;第 7~9 章围绕技术出版物的发布、交付和更改管理开展说明;第 10 章介绍了目前世界先进的交互式技术出版物。

本书面向航空领域的科技工作者,同时适用于高等院校航空技术及相关专业的师生和研究人员。

## 图书在版编目(CIP)数据

基于 S1000D 规范的民用飞机维修类技术出版物开发技术/马小骏等编著.—北京:科学出版社,2017.8
(民用飞机运营支持丛书)
ISBN 978-7-03-052707-3

Ⅰ.①基… Ⅱ.①马… Ⅲ.①民用飞机-维修-出版物-出版工作-研究 Ⅳ.①V267 ②G255

中国版本图书馆 CIP 数据核字(2017)第 099849 号

责任编辑:王艳丽
责任印制:谭宏宇 / 封面设计:殷 靓

科 学 出 版 社 出版
北京东黄城根北街 16 号
邮政编码:100717
http://www.sciencep.com

南京展望文化发展有限公司排版
苏州市越洋印刷有限公司印刷
科学出版社发行 各地新华书店经销

\*

2017 年 8 月第 一 版 开本:B5(720×1000)
2017 年 8 月第一次印刷 印张:16 3/4 插页 2
字数:307 000

**定价:116.00 元**
(如有印装质量问题,我社负责调换)

# 民用飞机运营支持丛书

## 专家委员会

**主 任 委 员** 吴光辉

**委　　　员**（按姓名笔画排序）

白　杰　李　军　吴希明　周凯旋　徐庆宏
黄领才　龚海平　董建鸿　薛世俊

## 编审委员会

**主 任 委 员** 马小骏

**副主任委员** 左洪福　杨卫东　徐建新

**委　　　员**（按姓名笔画排序）

丁宏宇　王允强　石靖敏　卢　斌　冉茂江
丛美慧　吉凤贤　吕　鹭　朱亚东　任　章
刘　虎　刘　昕　关　文　苏茂根　李　怡
佟　宇　宋玉起　徐志锋　诸文洁　黄　蓝
曹天天　常芙蓉　崔章栋　梁　勇　彭焕春
曾　勇

# 《基于 S1000D 规范的民用飞机维修类技术出版物开发技术》

## 编 写 人 员

**主　　编**　马小骏　吉凤贤　宋玉起　彭焕春

**参编人员**　（按姓名笔画排序）

　　　　　马　静　马文帅　王清淼　刘瑞彩　吴朝骞

　　　　　沈　萍　张晟昱　周庆钱　周寅秋　赵　鹏

　　　　　胡增龙　莫　巍　凌　云　龚　艳　彭和平

　　民用飞机产业是典型的知识密集、技术密集、资本密集的高技术、高附加值、高风险的战略性产业,民用飞机运营支持是民用飞机产业链上的重要环节。2010 年,我国工业和信息化部首次在"十二五"民用飞机专项科研领域设立"运营支持专业组",并列入国家五年规划,将民用飞机运营支持与飞机、发动机等并列为独立专业,进行规划研究。2014 年,中国民用航空局飞行标准司发布《国产航空器的运行评审》(AC‐91‐10R1)和《航空器制造厂家运行支持体系建设规范》(MD‐FS‐AEG006),对主制造商航空器评审和运营支持体系建设提出了明确的要求和指导意见,为民用飞机运营支持专业的建设和发展指明了方向。

　　经过改革开放数十年的发展历程,我国航空工业对市场、客户、成本的概念并不陌生,但由于缺乏固定持续的项目投入,我国在按照国际标准自主研制民用飞机方面,没有走完一个完整的研制生产和商业化运营的过程,运营支持的理论和实践都比较薄弱。随着我国自主研制的大飞机项目的推进,对标国际一流标准,面对市场化和客户化需求,运营支持专业建设的重要性愈加凸显。

　　民用飞机运营支持工作是民用飞机制造业与民航运输业的纽带和桥梁,既要理解和满足客户运营要求,又要满足适航和运行标准,确保客户顺畅安全运营,保障我国民用飞机产品取得技术成功、市场成功和商业成功。运营支持专业具有一定的特殊性:一是服务时间长。随着产品复杂性的提高和市场竞争的激烈化,运营支持已经贯穿于飞机研制、制造、试验试飞、交付运营的全过程;二是技术要求高。服务内容涉及设计、制造、仿真、培训、维修、物流、信息技术及适航管控等多个领域,是一项高技术综合集成、多领域高效协作的复杂系统工程；三是服务范围广。民用飞机在使用过程中必须按照全球化运营要求，对培训、维修、备件服务、运行支援等服务链进行细分和布局，才能满足不同国家和地区，以及不同用户的各种需求；四是带动效益高。运营支持作为一种增值环节，是民用飞机产业化后的重要利润来源，同时推动飞行品质的持续改进，推动每一款新型飞机赢得忠实客户并实现市场化运作。

中国商用飞机有限责任公司作为国家大型客机项目的运作实体，已经对标国际一流先进理念，构建了以研发、生产、客服三大平台为主体的公司架构，中国商飞上海飞机客户服务有限公司作为运营支持的主体，建立了对标国际一流的运营支持体系，填补了国内运营支持领域的空白，在该专业领域开展了许多卓有成效的工作。西安飞机工业（集团）有限责任公司作为按照中国民用航空规章第 121 部运行规范管理的公共航空运输企业中运行的航空器制造商，目前也建立了自己的客户服务体系。运营支持工作不仅仅是飞机主制造商战略层面的需求，更是民用飞机产业发展的必经之路。

"民用飞机运营支持丛书"作为科学出版社重点图书出版，是我国民用飞机研制过程中的重要内容。丛书既包括领域内先进的理论方法和技术，也包括"十二五"以来民用飞机运营支持领域第一线的研究成果和工作经验。本丛书的出版将完善民用飞机专业技术体系，为我国民用飞机研制和产业发展提供有力的技术保障。丛书亦可供航空院校的学生及与航空工作相关的专业人士参考。

在此，对在民用飞机运营支持领域默默耕耘的行业开拓者表示敬意，对为此丛书的出版贡献智慧和力量的国内外航空领域专业人士表示谢意！

国务院大型飞机重大专项专家咨询委员会主任委员
中国商飞公司大型客机项目专家咨询组组长
中国工程院院士
二○一七年三月

民用飞机运营支持专业是一个综合了飞机设计、制造、可靠性与维修性工程、安全工程、适航技术与管理、工业工程、物流工程、信息技术以及系统工程等专业逐渐发展形成的新兴领域,是实现民用飞机制造商产品价值增值、持续发展的关键,也是实现民用飞机运营商安全运营、持续有效创造利润的核心要素。加强民用飞机运营支持体系建设可以提高主制造商的服务水平和保障能力,增强对上下游供应链的控制能力,从而打造主制造商的品牌价值。国外一流的民用飞机主制造商早已意识到运营支持是自身品牌占据市场份额的竞争要素,运营支持的理念、模式、内容和技术不断更新,以为客户提供快速、可靠、低成本、网络化和信息化的服务为目标,建设完备先进的运营支持网络和设施。

2010年,我国工业和信息化部首次在"十二五"民用飞机专项科研领域设立"运营支持专业组",并列入国家五年规划。经过"十二五"的预研攻关,我国民用飞机运营支持在多个前沿技术领域取得重要突破,并应用到国产支线飞机、干线飞机、直升机和通用飞机的型号研制工作中。

在总结民用飞机运营支持专业"十二五"工作成果和国产民用飞机投入市场运行的实践经验的同时,技术的进步和市场竞争的日益激烈,使得民用飞机运营支持专业领域涵盖的范围不断扩展,全方位、客户化的运营支持价值日益凸显。全新的客户理念推动运营支持专业迅速发展,工作内容涉及了客户培训、技术服务、备件支援、技术出版物和维修工程等多个领域,其范围也已延伸到飞机的研制前期,贯穿于飞机方案论证、产品设计、生产、试验试飞、交付运营的全生命过程。

丛书涵盖了培训工程、维修工程与技术、运行安全工程与技术、工程数据应用等专业,涉及我国国产民用飞机、直升机和通用飞机运营支持的诸多关键技术。丛书的专家顾问、编委、编写人员由国内民用飞机运营支持领域的知名专家组成,包括我国民用飞机型号总设计师、高校教授、民航局专业人士等。丛书统一部署和规划,既从较高的理论高度关注基础前沿科学问题,又密切结合民用飞机运营支持领域发展的前沿成果,注重相关专业领域的应用技术内容。

丛书作为科学出版社"十三五"重点图书出版,体现了国家对民用飞机运营支持体系建设的高度重视,也体现了该领域迎来了前所未有的发展机遇。该套丛书的出版既可以为从事该领域研究、生产、应用和教学的诸行业专业人员提供系统的参考,又是对该领域发展极好的回顾和总结。作为国内全面阐述民用飞机运营支持体系的首套丛书,对促进中国民用飞机产业实现后发优势,填补专业领域空白,推动我国航空服务业发展,早日跻身航空大国有着重要的意义。

在此,我谨代表"民用飞机运营支持丛书"专家委员会,向耕耘在运营支持领域的广大工作者们致以敬意。同时,也愿每一位读者从中受益!

中国商用飞机有限责任公司副总经理
C919 大型客机项目总设计师、副总指挥
二〇一七年三月

　　无论民用飞机的初始设计水平和可靠性多高,一旦投入使用,正确使用和维修是保持其固有设计水平和可靠性的基础,而正确使用和维修则需要通过民用飞机制造厂家制定准确、详尽、便于使用的维修类技术出版物(适航规章中称持续适航文件)来保证。因此民用飞机维修类技术出版物是民用飞机适航审定和航空器评审的重要内容,是飞机运营商和维修机构对飞机、系统、部件进行维护和修理工作的工程技术基础,以及能够正确、高效运营和维修飞机的关键技术保障之一。

　　在民用飞机领域,维修类技术出版物逐渐由各飞机制造商独自编写,到依赖于行业内推荐规范(ATA 100)进行编写。随着技术的不断进步,技术出版物的编写也从早期使用排版工具转向使用 SGML/XML 等标记语言进行数字化编写,技术出版物的发布形式从早期的纸质手册和电子 PDF 手册升级为交互式电子技术出版物(IETP)平台。同样,技术出版物规范也顺应技术出版物数字化要求而不断发展,出现 ATA 2200 和 S1000D 规范。目前国外主要民用飞机制造商(如波音公司、空客公司、庞巴迪公司和巴西航空公司)在维修类技术出版物编制中广泛采用 ATA 2200 规范,并且在新研发机型上逐渐转变为采用 S1000D 规范。

　　S1000D 规范是技术出版物国际规范之一,从信息生成、交换以及在"公共源数据库"中的管理到出版物的生成、更新和版本管理过程都在该规范管理的范围之内。S1000D 规范采用 ISO、CALS 和 W3C 标准,引入模块化概念,不仅有利于通过数据库对产品技术信息进行管理和维护,而且便于技术出版物数据的生成和使用,同时,基于数据模块的概念也符合现代民用飞机基于模块化的构型管理理念,更加有利于技术出版物全生命周期管理的要求。

全书共 10 章。第 1 章主要介绍维修类技术出版物数字化过程及国内外发展趋势;第 2 章主要介绍 ASD 系列规范特别是 S1000D 规范的发展历史、核心内容和基于 S1000D 规范技术出版物编制过程;第 3 章主要介绍业务规则和业务规则的制定过程;第 4 章主要介绍利用信息集、数据模块需求清单(DMRL)规划技术出版物编写内容;第 5 章主要介绍技术出版物编制和管理,包括数据模块编写、插图制作、CSDB 管理、适用性信息管理和数据交换;第 6 章主要介绍技术出版物内容验证,包括验证要求、验证方法和验证流程;第 7 章主要介绍技术出版物发布管理,包括发布要求、发布流程、换版和客户化发布;第 8 章主要介绍技术出版物交付管理,包括交付管理要求和交付管理流程;第 9 章主要介绍技术出版物更改管理,包括技术出版物更改管理要求和更改管理流程;第 10 章主要介绍交互式电子技术出版物,包括交互式电子技术出版物的发展趋势、功能要求、界面设计和两个案例分析。

本书在编写过程中,得到了国内外专家的大力支持和帮助,包括前 S1000D 协会主席 Carl Wilen 先生,在此深表感谢。

S1000D 规范在国内民用飞机应用领域刚刚起步,可供参考的书籍和案例有限,同时受作者能力、经验等限制,书中难免有不妥之处,望广大读者批评指正。

作　者

2017 年 5 月

# 目　录

CONTENTS ·········································

# 第1章  民用飞机维修类技术出版物数字化

## 1.1  飞机技术出版物的数字化过程

　　无论民用飞机的初始设计水平和可靠性多高,一旦投入使用,正确使用和维修是保持其固有设计水平和可靠性的基础,而正确使用和维修则需要通过民用飞机制造厂家制定准确、详尽、便于使用的维修类技术出版物(或称持续适航文件)来保证。在民用飞机制造厂家持续适航文件的重要性方面,民航当局、航空器的制造厂家和运营人员都有足够的认识,在 CCAR25 部第 25.1529 条中有明确规定,要求航空器申请人必须根据 25 部附录编制适航当局可接受的持续适航文件。在所申请型号民用飞机交付或者首次颁发标准适航证之前,持续适航文件应当获得中国民用航空局(以下简称"局方")的批准或认可;在申请型号交付或者首次颁发标准适航证时,制造厂家应当向航空公司提供维修类技术出版物(持续适航文件)。对民用飞机持续适航文件的批准和认可是适航审定部门和飞行标准司航空器评审(AEG)部门的共同职责。适航审定部门批准的文件主要作为支持型号合格证颁发的条件,一般必须在颁发型号合格证之前完成;飞行标准部门 AEG 负责批准和认可的文件主要作为支持航空器投入运行的条件,如果在颁发型号合格证(type certificate, TC)时没有全部完成,首架航空器交付或者颁发标准适航证前必须完成。

　　因此,民用飞机维修类技术出版物是民用飞机适航审定和航空器评审的重要内容,是飞机运营人运营、维护飞机,独立 MRO 厂商维修飞机、系统、部件的工程技术基础,是正确、高效运营、维护飞机的关键技术保障之一。

　　早期民用飞机的技术出版物都是由飞机制造商自行编写,然后交付给航空公司。由于每个制造商技术出版物编写的内容和编排的方式各有不同,因此对于航空公司客户来说,维护各个不同制造商飞机的技术出版物成为一个难题。为此以美国几家航空公司为主要成员的美国航空运输协会(Air Transport Association,ATA)于 1956 年颁布 ATA100 规范[1],规定民用飞机技术出版物的格式和内容标准。ATA100 规范主要由航空制造商和供应商起草,供航空公司和相应产品维修时其他工业单位使用。该规范提出了飞机各系统的标准编号系统,通常被称为系统或章号。

ATA100 规范虽然不是强制性的,但已被国际主流航空公司和飞机制造商普遍采用,并且沿用至今。制造商按照 ATA100 规范,利用传统文字处理和排版进行技术出版物的编写,并以传统的纸质手册方式交付用户。

文字处理软件及桌面排版软件的普及应用,极大地提高技术出版物编制人员的生产效率。例如,使用类似 Word 或 FrameMaker 的文字处理软件,使编制人员能够将信息内容的录入、加工和信息发布格式的编排这两项工作一同完成。能够减少工作环节,降低制作成本,缩短工作周期。然而,面对新的形势,这种传统的工作方式显露出其存在的不足。由于信息发布格式在信息创作过程中就已经确定,并且与信息内容密不可分地存储在同一个文档中(信息内容与信息格式未分离),因此当信息发布格式发生变化时,尽管内容并未发生变化,却依然需要重复整个制作过程。这无疑在全局上将使技术出版物制作部门的工作量大大增加,进而导致制作周期拖延、成本增加、信息出错率加大。飞机技术出版物的数字化编制和管理是满足客户需求、解决上述问题的必由之路,标准通用标记语言(standard generalized markup language,SGML)[2]正是符合这种需求的信息格式。

SGML 是由国际标准化组织(ISO)于 1986 年 10 月正式发布的纯文字描述和交换格式标准。SGML 的主要特点如下。

(1)中立。SGML 是 ISO 制定的开放性的国际标准,并不附属于某个公司。这个特点在商业上能够保证 SGML 成为不同软硬件系统之间信息交换的格式标准。

(2)通用。SGML 通过将信息的内容结构描述与信息格式描述分离,实现了软件系统无关性。而 SGML 文档本身是纯文本文件,因此实现了硬件系统无关性。这个特点在技术上能够保证 SGML 成为异构系统之间信息交换的格式标准。

(3)信息自解释。SGML 能够对信息的内容和结构进行详细标记,从而使被描述的信息具备自解释能力。也就是说,不仅人可以理解信息的含义,计算机系统也能通过 SGML 标记理解信息的含义。这个特点使计算机自动化信息处理成为可能。

SGML 的上述特点使其成为信息交换和信息集成的理想格式。因此,美国 ATA 已经明确地将 SGML 指定为信息存储和传递格式。当然,SGML 也有不足之处,主要是过于复杂、难以掌握,且不适用于在互联网普及。这也是 SGML 一直没有得到大范围应用的原因之一。

可扩展标记语言(extensible markup language，XML)[3]的出现，极大地改变了这种局面。XML 是 SGML 的网络版简化，目前已经被 ISO 采纳成为国际标准。XML 保留 SGML 的各种优点，同时摒弃 SGML 复杂难懂的部分，从而为大范围应用铺平道路。

此外，飞机属于超大型复杂产品，在设计、生产、使用、培训和维护工作中，会产生、传递和使用大量的出版物技术信息数据。对于数量巨大的技术出版物信息，若使用传统的纸介质为载体，则导致数据复用率低，制作、运输、存储成本偏高，并且对用户而言使用、查阅极为不便。因此，发达国家的飞机制造商(如波音公司和空客公司)在 10 多年前就投入大量的人力和物力研究飞机技术出版物的数字化问题。利用飞机技术出版物数字化管理系统制作交互式电子技术出版物(interactive electronic technical publication，IETP)，以光盘或网络在线形式交付用户，从而大幅度提升飞机产品的客户服务水准，以进一步提高飞机产品的客户满意度，促进市场占有率的提升。

IETP 作为一种电子化手册，能够实现技术出版物的数字化，而且由于具有交互功能，也能实现技术出版物的智能化；更为重要的是，它的数据格式采用国际通用的成熟标准，从而从根本上为实现数据的互操作和共享性提供可能。IETP 的优越性主要体现在以下四个方面：

(1) 实现技术出版物信息的高度共享，提高利用率；

(2) 使用方便，可进行交互式查阅、快速定位所需内容，减少维修时间，提高使用效率；

(3) 易于更新，保持数据的一致性，修订周期短，提高技术出版物的准确性、有效性；

(4) 显著节约资源的制作、存储、维护及运输费用，降低飞机全寿命周期内的维修成本。

为顺应技术出版物数字化编制和传统纸质手册向 IETP 的转变，在 20 世纪 80 年代，ATA 在 ATA100 中增加数字化资料的内容，20 世纪 90 年代初，又增加数字化规范附录(包括 SGML)。1994 年 6 月，ATA100 规范中的数字化资料的内容被剥离出来，形成新的 ATA2100 规范(飞机保障数字化资料规范)。2000 年 3 月，ATA 又将最新版本 ATA2100 规范以及 ATA100 规范组合成一个新的规范 ATA2200(航空维修资料规范)[4]。

ATA2200 规范在波音公司和空客公司已有机型得到广泛应用，成为民用飞机技术出版物编写的行业标准。但是由于以下原因，给保障出版物技术内容的一致性、更改的及时性带来极大的挑战，也为交互式技术出版物开发带来巨大的困难：

(1) ATA2200 规范是面向手册的而非面向数据内容，造成数据关联困难；

（2）技术出版物的创建，是以最终需要交付的手册形式为依据，组织与规划整个技术出版物的创作过程；

（3）手册的内容之间是隔离的，没有相互的关联关系。

针对 ATA2200 规范在技术出版物数字化能力的不足，ATA 和主要的民机制造商将目光投向已经在军机领域广泛应用的 S1000D 规范。

S1000D 规范[5]是欧洲航空航天设备制造商协会（Association Européenne des Constructeurs de Matériel Aérospatial，AECMA）起草并负责维护，其建立也是基于 ATA100 规范，但是在技术出版物数字化进程中，S1000D 规范强调单一数据源的思想，以数据模块（data module，DM）作为出版物技术数据编写和管理的单元，所有编写的数据模块、插图和多媒体对象均在统一的公共源数据库中统一管理。

ASD 成立于 1983 年，为支持技术出版物数字化交换，于 1989 年发布 S1000D 规范第一版；2001 年，美国航空航天工业协会（Aerospce Industries Association of America，AIA）加入，与 ASD 共同发展和维护 S1000D 规范；2005 年，ATA 也加入进来。至此，ASD、AIA、ATA 三个组织共同发展 S1000D 规范，试图建立一个能够同时规范军用和民用航空工业的技术出版物标准。

从 20 世纪 80 年代发布第一个版本以来，S1000D 规范先后发布 1.6、1.7、2.3、3.0、4.0 多个版本，其适用范围也从最初的军用飞机产品扩展到现在的海、陆、空等各类军用和民用装备，并且随着计算机技术的发展和适用范围的不断扩展，2012 年底发布 4.1 版本，最新版本为 2016 年底发布的 4.2 版本[6]。

由于 S1000D 规范最初主要应用于军机，但随着 ATA 加入共同维护 S1000D 规范，从 3.0 版本开始，S1000D 规范已覆盖大部分民机的需求，到 4.0 版本，除在飞行类技术出版物方面适用性相对差一些外，维修类技术出版物已基本覆盖。ATA 成立的民用航空工作组（civil aviation work group，CAWG）目前也主要从事完善 S1000D 规范关于民用航空内容的工作，以提高 S1000D 规范在民用航空的适用性。ATA 也于 2009 年 1 月发布 S1000D 规范在民用航空实施的业务规则，规定 S1000D 规范在民用航空应用的范围。

鉴于 S1000D 规范在维护修理类手册方面具有较大的优越性，主流航空制造业在新机型中（如波音 B787、空客 A350 XWB、庞巴迪 C 系列和中国商飞 C919 飞机）逐渐由采用 ATA2200 规范转向采用 S1000D 规范。S1000D 规范已成为民机维修类技术出版物的发展趋势和行业标准。

S1000D 规范的主要定位是维护修理类技术出版物，对于飞行运行类技术出版物，目前波音公司、空客公司采用其内部定义的企业标准。因此 ATA 成立飞行运行兴趣组（flight operations interest group，FOIG），并希望通过组织协调波音、空客、庞巴迪等民机制造商及航空公司各自对飞行类数据的需求，将各个公司内部飞行运行类技术出版物标准进行整合,形成一个新的标准,目的在于解决长期以来民机飞行运行类技术出版物并没有一个统一的国际标准的问题。

FOIG 在研究中发现,S1000D 规范的理念是今后技术出版物的发展趋势,但其内容并不能完全满足民机飞行操作类技术出版物的需求,而 ASD 近期也没有发展 S1000D 规范适用民机飞行操作类技术出版物的计划,因此,FOIG 制定一套新的标准体系《ATA2300 飞行操作数据交换标准》(ATA 2300 Data Exchange Standard for Flight Operations)[7],用于为飞行操作技术数据的管理、构造和交换提供一个简明的信息标准和指导。ATA2300 规范是第一个民用飞机飞行操作类技术出版物的数据交换标准,尽管到目前为止,ATA2300 规范仍然是一个草稿版本,目前也没有能够涵盖所有的飞行操作类技术出版物。但随着 ATA2300 规范的不断完善和发展,它被应用到民用航空技术出版物中已成为一种发展趋势。

从以上发展历程来看,S1000D 规范已成为维修类技术出版物的主流标准,ATA2300 规范将成为飞行操作类技术出版物的主流。S1000D 规范以及 ATA2300 规范的结合使用将成为民机技术出版物的一种技术趋势。

# 1.2 技术出版物数字化国内外发展趋势

## 1.2.1 国外发展趋势

### 1. 波音公司技术出版物发展情况

在标准应用方面,波音公司以往的机型如 B737、B747 等飞机的维修类技术出版物采用 ATA100 或者 ATA2200 规范进行编写,飞行操作类技术出版物根据手册特点自行开发标准。波音在其最新的机型 B787 上逐渐开始使用 S1000D 规范,首选维修类 AMM、FIM、AIPC 等 8 本手册采用 S1000D 规范,飞行操作类技术出版物仍然是自行开发。

在编制方面,随着数字化规范的应用,波音公司开发基于 ATA 规范的数字化编制系统以及基于 S1000D 的编制系统,实现基于两种标准的技术出版物的数字化编制、管理、发布和交付。

在手册交付方面,波音公司从交付纸质手册、PDF 手册逐渐过渡到交付交互式手册,同时在交互式手册上功能也逐渐强大,从简单地搜索、导航、链接到三维动画、向导式排故、维修记录等。波音公司最新交付的飞机 IETP 查询工具维修性能工具箱(maintenance performance toolbox,MPT)如图 1-1 所示,其中主要包括以下特点。

(1) 以 SGML 格式形成的智能文档,覆盖波音 737-300/400/500、737NG、757、767、777、747-400 和 747-8 机型。波音 787 为第一个维修手册采用 XML

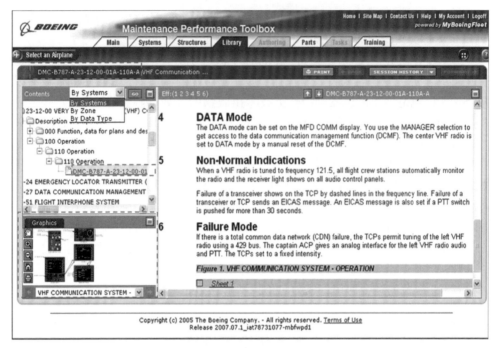

图 1-1　波音 787 的 MPT

格式的机型；

（2）以三维形式展示部件信息以及复杂拆卸和安装程序步骤；

（3）包括航空公司自有文件，如维修方案、修理结构、可靠性数据和其他文件；

（4）具有结构维修记录管理功能；

（5）飞机、发动机和附件的非 XML 文档；

（6）包括供应商数据，如目录文件、部件以及发动机手册。该项功能仅对波音 787 飞机有用。

2. 空客公司技术出版物发展情况

在标准应用方面，空客公司以往的机型如 A320、A330、A380 等飞机技术出版物采用 ATA100 或者 ATA2200 规范进行编写。空客公司在其最新的机型 A350 XWB 上计划全面采用 S1000D 规范。S1000D 规范 4.1 版本主要是根据 A350 XWB 的需求发展的。

在编制方面，随着数字化规范的应用，空客公司分别开发基于 ATA 规范的数字化编制系统以及基于 S1000D 的编制系统，实现基于两种标准的技术出版物的数字化编制、管理、发布和交付。

在手册交付方面，空客公司从交付纸质手册、PDF 手册逐渐过渡到交付交互式手册，空客交付的飞机 IETP 查询工具 AirN@v 如图 1-2 所示。主要包括如下

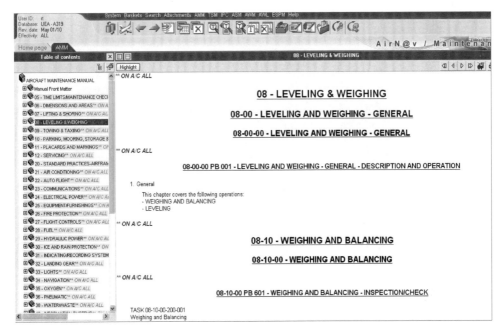

图 1-2 AirN@v 显示界面

特点。

（1）维修类手册按使用对象打包，根据维修类手册使用对象的不同，对航线维修的人员将 AMM、FIM、AIPC、SSM、AWM 装在一个数据包中供其使用，对于制定维修计划的人员，将 MPD 作为一个数据包供其使用，对于结构修理的人员，将 SRM 以及 NDT 作为一个数据包供其使用；

（2）动态布线功能，可供维修人员在线路检查时按照飞机区域、部件、线路颜色等进行检索，查找特定线路，使用非常方便；

（3）自动生成工卡，系统根据工卡的要求自动获取 AMM 手册以及 MPD 手册的相关内容，生成航线维修人员使用的工卡，大大减少航空公司制作工卡的工作量，提高工作效率；

（4）使用 FIN 菜单，空客的手册对飞机各个部件进行编号，以 FIN 号来表示，即使是两个相同的部件也有各自的 FIN 号，这标识各个部件的唯一性，为维修人员的维修工作带来了极大的方便。

## 1.2.2 国内发展趋势

早期的运 8、运 12 飞机技术出版物采用 ATA100 规范，新舟 60 采用 ATA100 规范，交付纸质技术出版物；ARJ21 飞机采用 ATA2200 规范，使用支持 ATA2200 规范的数字化编制系统进行编制，交付纸质和 PDF 格式的技术出版物。随着国际上技术出版物标准的发展,C919 和新舟 600 都采用 S1000D 规范,同时交付交互式技术出版物。

图 1-3 显示了国内某型号的 IETP,其主要特点包括:

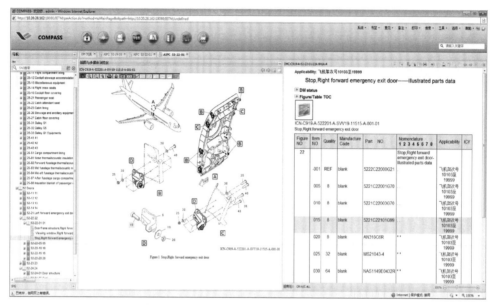

图 1-3　国内某型号 IETP 显示界面

(1) 全面支持 S1000D 规范 4.1 版本;

(2) 支持多语言手册浏览,并可进行中英文手册实时切换;

(3) 支持按产品结构(SNS)和手册结构导航;

(4) 支持二维智能图形(放大、缩小、注解)和图文热点互动;

(5) 支持交互式三维仿真模型及动画,可实现三维交互式 AMM、AIPC 等手册的浏览;

(6) 支持步进式/向导式展现维修程序/故障隔离程序等丰富的手册查阅方式,便于维修/维护人员使用;

(7) 具备实时的内容过滤功能,满足客户化手册浏览需求;

(8) 支持手册结构树和数据模块内容部分双重更改标记展示,方便用户获取手册更改信息;

(9) 支持全文检索和特定元素内容检索;

(10) 支持工具耗材等信息库统计和全面的维修经验纪录。

# 第2章　S1000D 规范概述

## 2.1　ASD 系列规范

S1000D 规范由 ASD 提出，目前由 ASD、AIA 和 ATA 三个组织来共同维护。然而，S1000D 规范并不是一个孤立的技术出版物标准规范，而是 ASD 提出一系列规范中的一个组成部分。本节将首先介绍 ASD 的基本情况、历史和组织架构，随后给出 ASD 提出综合后勤保障规范（international ILS specifications）的概念及其业务流程，最后详细介绍 ASD 为实现前面的流程提出的一系列标准规范和数据交换规范。

### 2.1.1　ASD 介绍

ASD 的全称是欧洲航空航天与防务工业协会（Aerospace and Defence Industries Association of Europe）。这个组织的整体使命是增强欧洲航空、航天和国防建设的竞争力。目前 ASD 代表 2 000 多家企业和超过 600 000 名雇员。ASD 成员国如图 2-1 所示。

ASD 组织的发展历史：

（1）1950 年，国际航空航天设备制造商协会（Association Internationale des Constructeurs de Matériel Aérospatial，AICMA）成立，它最初是一个致力于社会和信息联系的论坛；

（2）1973 年，随着欧洲在技术问题上日益增强的合作意识和跨国合作，AICMA 更名为欧洲航空航天设备制造商协会（Association Européenne des Constructeurs de Matériel Aérospatial，AECMA）；

（3）1976 年，欧洲防务工业协会（European Defence Industries Group，EDIG）成立，作为对国家武器监督协会（National Armaments

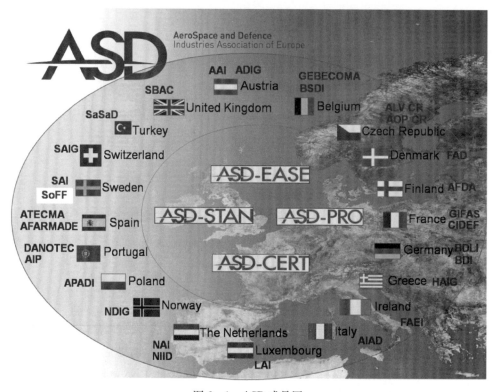

图 2-1　ASD 成员国

Directors，NADs)的一个相应实体；

（4）1991 年，AECMA 总部由巴黎迁往布鲁塞尔；

（5）2004 年，AECMA、EDIG 和 EUROSPACE 这三个组织合并为 ASD。

ASD 的顶层组织架构如图 2-2 所示，上设一个秘书长，下面分为四大理事部门。

（1）外事(External affairs Equipment)；

（2）航空运输(Air transport R&T，Operations)；

（3）安全/国防(Security & Defense)；

（4）航天(Space)。

其中，运营服务组织架构如图 2-3 所示，ASD 系列标准规范就是由客户和产品支援委员会(CPSC)下属的规范工作小组制定的，这一规范系列包括如下几个规范。

（1）ASD-STE100[8]：简化科技英语。

（2）S1000D：技术出版物。

（3）S2000M[9]：航材管理。

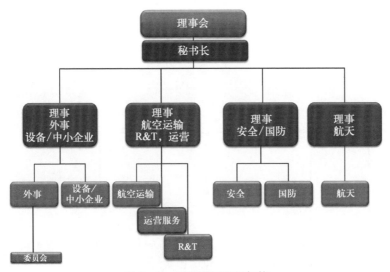

图 2-2　ASD 顶层组织架构

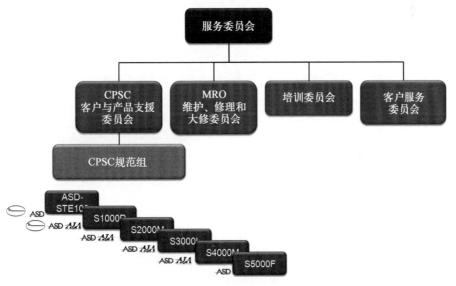

图 2-3　ASD 服务委员会组织架构

（4）S3000L[10]：后勤保障分析。

（5）S4000M[11]：计划维修。

（6）S5000F[12]：用户反馈。

## 2.1.2　综合后勤保障解决方案

ASD 依据北大西洋公约组织（North Atlantic Treaty Organization，NATO）

于 1993 年制定的关于 ILS 的后勤采购(acquisition logistics)业务流程,制定自己的 ILS 解决方案,其主要业务流程如图 2-4 所示。这个业务流程图包括以下各个模块。

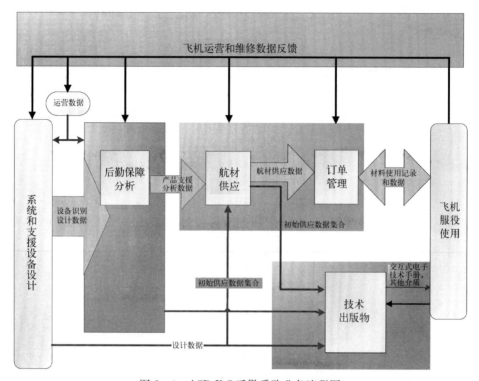

图 2-4　ASD ILS 后勤采购业务流程图

(1) 系统和支援设备的设计数据;

(2) 后勤保障分析活动;

(3) 航材供应;

(4) 订单管理;

(5) 技术出版物;

(6) 飞机服役使用。

对这几个模块之间的数据流关系进行分析,这样可以更加清晰地理解该业务流程的数据交换关系。

(1) 设计部分的数据将传递到后勤保障分析(LSA)活动、航材管理和技术出版物三个模块;

(2) 从 LSA 活动中分析后的数据将传递到航材管理和技术出版物两个模块;

(3) 航材管理从设计部分和 LSA 部分获取的数据经过处理后将传递给订购

管理和技术出版物,订购管理的数据将传递到客户;

（4）技术出版物从设计部分、LSA 部分和航材管理获取的数据经过处理后将以 IETP 的形式发送给用户;

（5）用户在享受客户服务的过程中,可以将其操作和维修数据反馈给以上业务逻辑流的所有模块。

### 2.1.3　ASD 系列规范

为规定 2.1.2 中业务流程的各个模块,ASD 定义一系列规范（从 S1000D 到 S5000F）,来保障这个模块的实现流程。规范与业务流程的对应关系如图 2-5 所示。

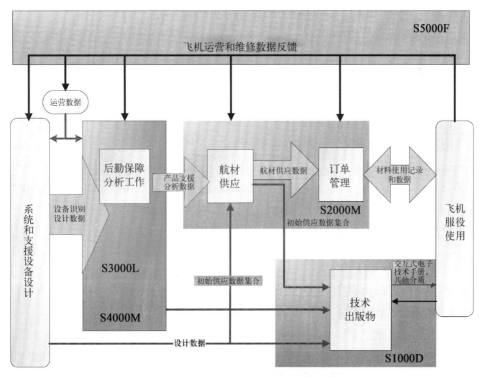

图 2-5　ASD 规范系列与后勤采购的关系

从图 2-5 中可以看出 S1000D 主要规范技术出版物模块的相关内容;S2000M 主要规范航材管理和订单管理模块相关的内容;S3000L 主要规范后勤保障分析活动相关的内容;S4000M 主要规范维修计划相关的内容;S5000F 主要规范用户操作和维修数据反馈相关的内容。

下面将具体描述 ASD 的标准系列中的每个标准,如图 2-6 所示。

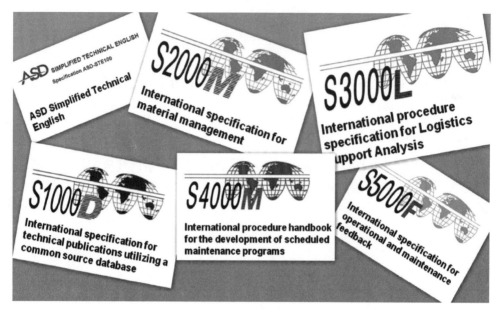

图 2-6　ASD 系列标准规范

1. S1000D 规范

S1000D 规范的全称是利用公共源数据的技术出版物国际规范(international specification for technical publications utilizing a common source database)。顾名思义,S1000D 规范是一个通过使用公共源数据库来规范数字格式技术出版物生成、维护和发布全生命周期的过程,目前最新版本为 4.2 版本,包括以下内容。

(1) 首个版本发布于 1989 年;

(2) 几乎在所有的跨国 NATO 项目中得到应用;

(3) 由 ASD、AIA、ATA 三个组织共同维护,并且包括军方、民用和产业界大量的企业参与其中;

(4) 支持发布为页式的和 IETP 两种形式。

2. S2000M 规范

S2000M 规范的全称是航材管理国际规范(international specification for material management),目前最新版本为 6.1 版本。

S2000M 规范定义支持任何军品的航材管理的程序和流程,此外它并非仅限于军品的航材管理,对于民品也一样适用。

S2000M 规范描述航材管理的业务流程、相关事务和数据元素,描述行业与客户的关系。

3. S3000L 规范

S3000L 规范的全称是后勤保障分析国际规范(international procedure

specification for logistics support analysis)，目前最新版本是 1.1 版本。

S3000L 规范设计的目的是覆盖建立 LSA 过程的全部活动和需求。包括以下内容。

（1）提供建立产品分解和 LSA 候选项选择的规则；

（2）描述 LSA 分析的类别和执行特定分析的方法学；

（3）给出如何处理分析任务结果的指南；

（4）包含 LSA 和保障工程领域之间的接口；

（5）包含 LSA 和 ILS 功能领域之间的接口。

总体来说，S3000L 规范具有如下特点。

（1）S3000L 规范提供如何在客户参与的情况下建立一个适合 LSA 过程的行动指南；

（2）S3000L 规范描述从最初的项目概念阶段到后勤产品生产所有阶段的 LSA 的业务过程；

（3）S3000L 规范提供如何建立一个合适的系统分解结构，以及如何选择 LSA 的候选项的行动指南；

（4）S3000L 对于潜在工程技术/后勤分析活动提出一个概览，并且介绍如何在一个后勤数据库中以文档方式记录结果；

（5）S3000L 给出如何对维修和操作任务及相关资源进行文档化的行动指南；

（6）S3000L 提供一个基于 ISO 10303 AP239 Product Life Cycle Support (PLCS)[13]数据模型的数据模型；

（7）附加的 S1003X 规范提供 S3000L 与 S1000D 数据交换的标准。

4. S4000M 规范/S4000P 规范

S4000M 规范的全称是用于开发维修计划程序的国际程序手册（international procedure handbook for the development of scheduled maintenance programs）。近期 ASD 将 S4000M 规范更名为 S4000P，全称是开发和持续改进计划维修的国际规范（international specification for developing and continuously improving preventive maintenance），最新版本为 1.0 版。

S4000P 是基于 MSG-3 和 RCM 进行开发的，可以看作两者的融合。S4000P 的主要优点和创新点包括：

（1）相较于其他已知的分析方法，ASD S4000P 的应用不限于预先定义的产品类型，如军机或民机。S4000P 分析的思想和原则适用于所有复杂的技术产品；

（2）为了覆盖整个产品生命周期，S4000P 提供的思想是在研发设计阶段产品维修性分析的基础上通过创新的 ISMO 方法来在完整服役阶段持续优化产品的维修能力；

（3）当定义预防性维护任务时，S4000P 产品系统的分析考虑到了产品集成测试和在现代化产品上越来越多实现的状态监测技术；

（4）在 S4000P 中产品结构分析涵盖了当前和未来产品所有类型的结构材料和材料组合；

（5）在 S4000P 中产品区域分析是基于模块化分析概念并涵盖各种类型产品的区域。

5. S5000F 规范

S5000F 规范的全称是运行和维修反馈信息的国际规范（international specification for operational and maintenance feedback），目前最新的版本是 1.0 版本。

S5000F 规范描述产品从用户使用得到反馈的数据元素。

这些反馈的数据簇包括：

（1）缺陷分析；

（2）事件和系统/组件健康状况；

（3）使用优化；

（4）机队管理；

（5）耗材相关信息；

（6）工程记录卡（ERC）相关信息；

（7）支持基于性能保障（PBL）合同的管理；

（8）支持全寿命周期成本（LCC）。

各个模块的数据流动必然涉及各个模块之间数据模块的交换，ASD 采用 DEX 数据交换标准来实现各个模块之间的数据交换，其中 ASD 组织 ILS 后勤采购业务流程图各个组件之间数据交换的具体 DEX 标准如图 2-7 所示，值得注意的是，S3000L 和 S1000D 之间的数据交换采用一个额外的 S1003X 规范来规定。

ASD 系列标准在其发展过程中升级改版十分活跃，图 2-8 给出 ASD 这六个规范在近几年和未来几年的版本修订状态。其中，红色的矩形部分表示时间段，如 S3000L 和 S5000F 都是 2006 年以后提出的新标准。蓝色的箭头表示已经发布的版本，而绿色的箭头表示即将发布的版本。此外可以看出，ASD 即将推出 S1002X 标准来实现 S1000D 和 S2000M 之间的数据交换。

## 2.2  S1000D 规范的背景和组织架构

### 2.2.1  S1000D 规范介绍

S1000D 规范是一个区域性行业规范，覆盖支持任何复杂系统的技术出版活动。这些系统包括空间、海洋、陆地的交通工具、装备或设施等，同时能够满足民用或军用技术出版物资料的所有需求。从信息生成、交换和在"公共源数据库"中的管理到文档资料的生成、更新和版本管理过程都在 S1000D 管理的范围之内。

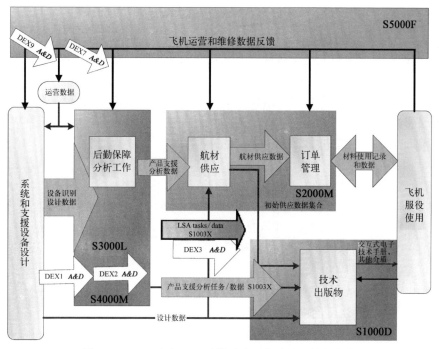

图 2-7　ASD 组织 ILS 后勤采购业务流程图数据交换

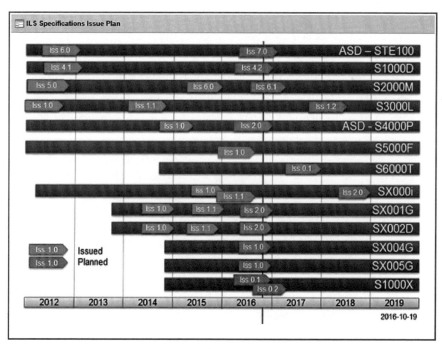

图 2-8　ASD 规范的发展历程(后附彩图)

S1000D 采用 ISO、CALS 和 W3C 的标准，它的内部信息以中间格式产生。这意味着它可以应用在不同的或者是全异构的 IT 系统。正是这个特点，加上模块化的概念，使得它在国际上广受欢迎。它采用系统划分的方法将装备的技术出版物信息分解为一个个数据模块，这样不但有利于通过数据库对产品技术信息进行管理和维护，而且便于技术出版物信息的生成和使用，因此它的信息处理方法具有更高的通用性。

S1000D 规范建立的目标是：

(1) 建立一个能在全球大量组织广泛使用的标准；

(2) 减少组织自身开发类似标准的需求；

(3) 增强技术出版物的可交换性，减少数据冗余；

(4) 支持合作式的信息产生和使用。

前三个目标可以大大减少技术出版物的维护成本，最后一个目标可以实现信息的可交换性。

S1000D 规范还有以下优点：

(1) 基于国际认可的中间格式标准；

(2) 降低技术信息的维护费用；

(3) 允许生成信息的子集以满足客户的信息需要和数据输出可以在全异构的 IT 系统间进行；

(4) 它是非营利的，可以中性方式进行数据传递和管理数据；

(5) 可以从相同的数据库生成很多不同的输出表格以保证数据的安全性；

(6) 支持以电子格式以及纸质文档管理技术出版物数据；

(7) 支持使用 XML 和 Web 技术的交互式电子技术手册。

S1000D 应用范围如图 2-9 所示。

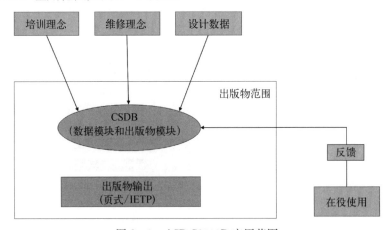

图 2-9　ASD S1000D 应用范围

### 2.2.2　S1000D 规范历史和版本变化

早在 1984 年,7 个西方国家(英国、法国、意大利、德国、西班牙、荷兰和瑞典)及其国防部客户开始基于 ATA100 规范建立一个国际技术出版物规范,来规范化这几个国家技术出版物标准的统一。

S1000D 规范最初的版本发布于 1989 年,如图 2 - 10。此后的十几年经过一系列版本的变化(Change 1-Change 8)。到 2001 年,AIA、US tri-Service 和欧洲的 DoDs/MoDs(国防部)开始与 ASD 合作,共同开发 S1000D 规范的后续标准,期间 S1000D 规范由 Change 8 发展到 Change 9。

图 2 - 10　S1000D 规范的最初版本

2003 年,AIA 和 ASD 签署谅解备忘录(MoU),如图 2 - 11 所示,决定将 AECMA Spec 1000D 变更为 S1000D™。此时 S1000D 规范的版本号变更为 Issue2.0,同时支持陆、海、空的所有产品。

2006 年,ATA 决定加入 S1000D 的大家庭中。2007 年,第一个民用航空版的 S1000D 规范正式发布。2007～2016 年,S1000D 先后发布 Issue2.3、Issue3.0、Issue4.0、Issue4.1、Issue4.2 等版本。

S1000D 规范的发展是十分具有活力和接纳性的,虽然版本在短时间内不停地发生升级,对于 S1000D 实施带来一定的难度,但是这也从另一个方面证明 S1000D

**Memorandum of Understanding**
between
AeroSpace and Defence Industries Association of Europe (ASD),
The Aerospace Industries Association of America, Inc. (AIA) and
Air Transport Association of America, Inc. (ATA)

**OBJECTIVE**

In order to promote common, interoperable, international technical publication data in the aerospace and defense industries and to make optimal use of the resources available, ASD, AIA and ATA agree to work in concert on the joint further development and maintenance of the S1000D International Specification for Technical Publications ("S1000D"), as originally developed by the Technical Publication Specification

图 2 - 11　ASD、AIA 和 ATA 谅解备忘录

规范是十分重视用户反馈建议的。因而越来越多的国际组织决定加入 S1000D 规范的开发和维护当中,包括:

(1) 早期由 ASD 和 AIA 共同组织;

(2) 与 PLCS(OASIS PLCS TC)进行合作,使得 S1000D 规范组织更加适合产品生命周期管理;

(3) 2004 年,与 ADL/SCORM - MoU 合作,S1000D 规范开始支持技术信息的学习和培训;

(4) 2005 年,民用航空组织 ATA 加入 S1000D;

(5) 2008 年,在版本 Issue2.3 中引入 Shipdex™业务规则。

### 2.2.3　S1000D 规范组织架构

S1000D 规范的正常运转需要专门的组织对其进行维护与发展,目前 S1000D 规范的组织架构如图 2 - 12 所示。

处于组织架构图最上层的是维护 S1000D 规范的三大组织:ASD - CPSC、AIA 和 ATA。下属理事会(council)作为管理 ASD 的最高机构,理事会成员对 S1000D 发展作出决策。理事会下属一个指导委员会(the steering committee)和两个工作组:民用航空工作组(civil aviation WG,CAWG)和国防工作组(defence WG,DWG),分别管理 S1000D 中的民用航空事务和国防事务。指导委员会下属三个工作组以及若干个任务组。这三个工作组是 Web 网站工作组(Web site WG,WSWG)、电子出版物工作组(electronic publications WG,EPWG)、产品和发布工作组(production and publishing WG,PPWG)。每个工作组又包含若干任务组。

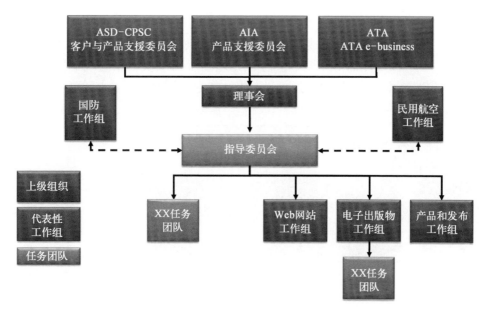

图 2-12　S1000D 规范组织架构

关于 S1000D 理事会的成员结构如图 2-13 所示。从图中可以看出，S1000D 理事会总共有 9 名成员，它们决定 S1000D 未来的发展。在这 9 名成员中，各有两名成员来自 ASD、AIA 和 ATA，各有一名成员来自 CAWG 和 DWG，还有一名成员来自指导委员会。从成员所属公司分析来看，主要是来自波音和空客这样的主制造商，也有来自全球各大航空公司等客户群体。

图 2-13　S1000D 组织理事会

S1000D 规范的指导委员会组织架构如图 2-14 所示。管理层包括主席、副主席和秘书长。指导委员会的成员是 ASD 的 27 个成员国,每个国家有两名成员。此外中国、俄罗斯、新加坡和澳大利亚四个国家是指导委员会中的观察员,各有两名成员。巴西、南非、比利时、匈牙利、泰国和加拿大则是指导委员会的支持者或用户。

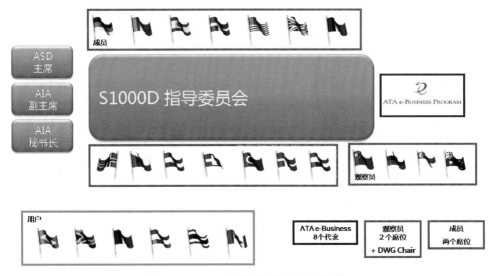

图 2-14　S1000D 指导委员会组织架构

## 2.3　S1000D 规范的核心概念

### 2.3.1　数据模块

按照 S1000D 规范生成的 SGML 或 XML 中间格式文件以一种模块化的形式产生。这种模块化的文件称为数据模块,它由两大部分组成:第一部分为标识和状态(idstatus)段。包含技术出版物所有的管理信息,即文档资料的类型信息(如编号、题目、发行号、发行日期、语言等)和状态信息(如保密等级、适用性技术标准、质量保障、状态更新原因等)。这些数据可以用于文档类型管理、适用性管理、质量控制程序管理、检索和查询管理等。在向用户提供技术信息时这部分内容并不显示。第二部分为文档内容(content)段。主要包含文字说明和图例等。S1000D 根据文档中所描述的信息内容将技术文档分为如下几个大类,分别定义对应类型 DM 的模式。

(1) Descriptive:描述类数据模块;

(2) IPD:图解零件数据模块;

（3）Procedural：程序类数据模块；

（4）Crew：机组类数据模块；

（5）Fault：故障类数据模块；

（6）Schedules：维修计划类数据模块；

（7）Wiring Field/Data：布线类数据模块；

（8）Process：过程类数据模块；

（9）Technical repository：技术信息库类数据模块；

（10）Container：容器类数据模块；

（11）ACT、CCT 和 PCT：关于适用性信息类数据模块；

（12）Learning：培训类数据模块。

数据模块作为 S1000D 的核心概念，逻辑上，一个数据模块是一个自我包含、包含装备一部分完整信息的数据单元，不可分割，具有原子性；物理上，它是一个 ASCII 码文件，它以 XML 格式组织数据，并有相应的文档类型定义（DTD）来约束和验证数据文件中的标记。各个数据模块之间使用数据模块编码（data module code，DMC）相互区分，可以利用此编码管理整个产品的数据模块。数据模块的结构如图 2－15 所示。

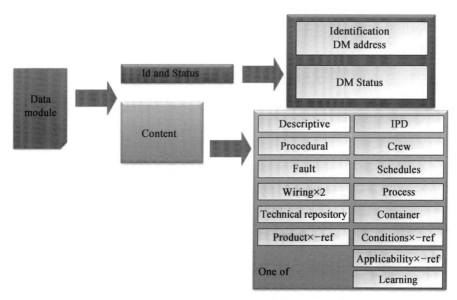

图 2－15　数据模块的结构

## 2.3.2　公共源数据库

在 S1000D 规范中，产品的所有技术信息是存放在一个数据库中进行管理的。

这个数据库被称为公共源数据库(common source database,CSDB)。

存储在 CSDB 中的信息对象有如下几种:数据模块(DM)、插图、数据模块需求列表(DMRL)、反馈意见单、出版模块(PM)、数据分发说明等。它们都是可以被标识和可交换的信息单元。所有信息对象都有其相应格式的编号,可通过信息对象编号、信息种类以及其他元数据信息,以目录或搜索的方式将信息对象从 CSDB 中检出。

采用模块化方法来组织技术信息,可以最大限度地进行信息重用,如警告信息、打开过程、关闭过程等;技术信息可以被保存成一个独立的数据模块,在不同的情况下重复使用。这样不仅可以节省存储空间,还可以保证数据的一致性,节省维护费用,提高数据管理能力。当产品保障需求改变时,仅修改一个数据模块,即可影响到生成的技术信息,这正符合 CALS(持续采购和全生命周期支援)中"一次生成、多次使用"的思想。这样由不同的设计方和承制方生成的产品技术信息,都存放在这个数据库中,不同的用户可以根据自己的需求制定技术出版物的内容。用户在使用过程中,根据发现的问题提出修改建议,在经过专门委员会批准后,可以对数据库中存放的产品技术信息进行添加、删减或修改,这样既满足用户多样化的需求,又保证数据来源的唯一性。数据模块是 S1000D 规范中的核心信息对象,并推荐用中性格式(SGML 或 XML)描述数据模块。S1000D 中以数据模块来组织信息,以 CSDB 来管理信息对象。因此,CSDB 的架构要根据数据模块存储、管理的便利性来确定。

### 2.3.3　S1000D 与 ATA2200 的比较

目前在飞机技术出版物标准中,使用范围最广、影响最大的两个标准就是 ATA 组织制定的 ATA2200 规范和 ASD 组织制定的 S1000D 规范。

目前,欧洲在军机中已经广泛采用 S1000D 规范,如图 2 - 16 所示。而 ATA2200 则是民用飞机技术出版物使用最为广泛的标准,如图 2 - 17 所示。

S1000D 规范和 ATA2200 规范的发展历程可以生动地在图 2 - 18 中得以体现。关于 S1000D 规范的发展在本章已有阐述。对于 ATA2200 规范,它最早源自 ATA100 规范,ATA100 规范主要是针对纸质技术出版物内容和格式的要求,到 20 世纪 80 年代后期,随着数字化技术(SGML)的广泛发展,ATA 组织决定对技术出版物进行数字化,其相应的数字化要求在 ATA2100 规范中规定。2000 年,ATA 组织将 ATA100 规范和 ATA2100 规范进行合并,形成 ATA2200 规范。可以看出 S1000D 规范和 ATA2200 规范都是源自 ATA100 规范,只不过在数字化进程中采用了两种不同的理念。

随着 S1000D 规范单一数据源的理念在飞机技术出版物维护过程中优势的凸显,越来越多的民用飞机项目选择使用 S1000D 规范编写技术出版物。首先,AIA

图 2-16　S1000D 规范在军机中的应用(后附彩图)

图 2-17　ATA2200 规范在民机中的应用(后附彩图)

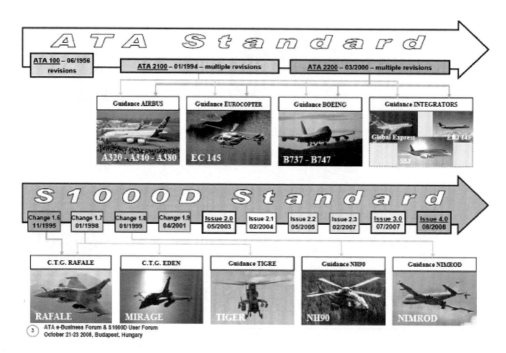

图 2-18　S1000D 规范与 ATA2200 规范的发展(后附彩图)

组织和 ATA 组织先后与 ASD 组织签署谅解备忘录,将更多民用飞机需求加入 S1000D 规范;其次,民用飞机两家最大的制造厂家波音和空客,在其最新的机型 B787 和 A350 XWB 中选择使用 S1000D 规范来编写技术出版物,如图 2-19 所示。

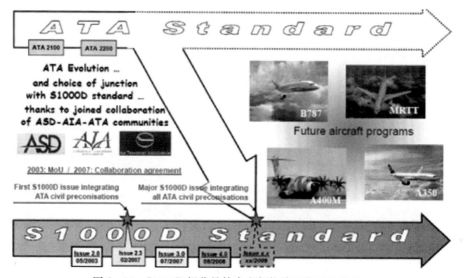

图 2-19　S1000D 规范是技术出版物编写发展的趋势

　　S1000D 规范和 ATA2200 规范在飞机技术出版物编写上的理念有许多相似之处,主要体现在以下几个方面:

　　(1) 主要服务对象都是维修类技术出版物和服务通告;

　　(2) 内容要求都源自 ATA100 规范;

　　(3) 致力于技术出版物的数字化,使用 SGML 和 XML 技术;

　　(4) 基于同一个理念:内容与样式分离;

　　(5) 使用同一个编写步骤:① 在 DTD 或 Schema 的约束下创建 SGML 或 XML 数据;② 通过对结构化的内容应用样式表生成最终的发布物(PDF 或 IETP);

　　(6) 都需要一个在给定规则下控制、验证和发布的机制;

　　(7) 都需要一个内容管理系统来管理文档的创建、更改、版本和构型信息。

　　在数字化的道路上,S1000D 规范采用“单一数据源”的思想,因此采用 S1000D 规范生成和管理文档的方法与传统的方法不大相同,其比较如图 2-20 所示。从图中可以看出采用 S1000D 规范数据可复用程度更高。

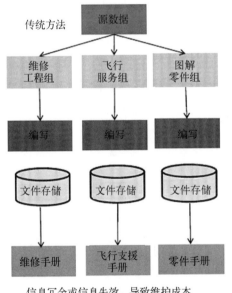
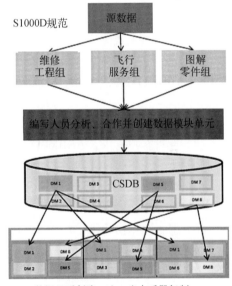

图 2-20　基于 S1000D 文档生命周期与传统方法的区别

　　使用 S1000D 规范编写技术出版物的思想是把一套文档或手册的文本信息划分成许多信息单元,用 SGML/XML 将数据标注成中立格式,并按特定 DTD 或 Schema 结构,存储于数据模块之中;将非文本信息如历史资料、插图等以 CGM、TIFF 等 S1000D 规范规定的插图格式存储于单独文件中。因此需要将收集到的数字数据进行格式转换。

所有数据模块、插图和反馈意见单等信息对象均被存储在 CSDB 之中,以便于信息的检索、重用等管理功能。CSDB 是所有项目、所有技术信息的存储地,而 IETP 中性存储器则仅存放 IETP 所需要的信息数据。采用 IETP 中性存储器将 CSDB 数据与最终用户视图分开,这样可以使 IETP 用户视图包含来源于多个不同的 CSDB 中的信息。IETP 中性存储器中所包含的所有数据模块均以 XML 数据格式呈现,这些数据模块从 CSDB 中产生,用于被 XSL 格式化后显示给用户使用。如果 CSDB 中的数据模块以 SGML 格式存储,则需要转换程序将 SGML 格式的数据转换成 XML 格式,并自动添加 Xlinks 和元数据;如果 CSDB 中的数据模块以 XML 格式存储,则转换程序只需要自动添加 Xlinks 和元数据即可。中性存储器的实现方式并没有特定的要求,可以用文件存储系统、网络服务器、数据库或其他系统形式来担任。

为将 XML 中性格式文档中的技术信息显示给用户,需要使用层叠样式表(CSS)或可扩展样式表语言(XSL)来格式化 XML 数据。由于 XML 内容与表现形式是分离的,因此可以使用相同 XML 中性存储器中的数据而产生截然不同的两种方式的显示输出:

(1) 在纸张上或屏幕上以面向页面方式的显示(页式);

(2) 在网络上或终端上以超链接方式显示(IETP)。

## 2.4 S1000D 规范文档编制流程

采用 S1000D 规范编制文档的基本步骤如图 2 - 21 所示,具体包括如下步骤:

(1) 针对客户需求,对 S1000D 规范进行裁剪以满足用户需求,定义项目的业务规则;

(2) 对现有技术内容进行分析,决定所需要的信息集以及项目的技术内容范围;

(3) 编制数据模块需求清单(DMRL);

(4) 录入数据模块和相关管理信息。将步骤(3)和(4)生成的内容存放到 CSDB 中;

(5) 针对不同客户,规划文档生成的样式;

(6) 根据样式生成文档;

(7) 文档的发布和交付。

## 2.5 S1000D 规范导读

S1000D 规范 4.1 版本共分为 9 章,具体内容如下:

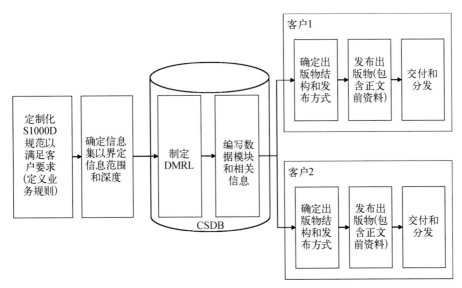

图 2 - 21　使用 S1000D 规范编制技术出版物的生命周期

1. 第一章：概述(introduction)

该章内容划分如下。

(1) 1.1 Purpose(目的)：介绍 S1000D 规范的目的和发展历史。

(2) 1.2 Scope(范围)：介绍 S1000D 规范的适用范围。

(3) 1.3 How to use this specification(如何使用本规范)：介绍 S1000D 规范的内容组成及基本的信息生产和交付方法。

(4) 1.4 How to tailor for a specific project(如何定制应用本规范)：介绍在项目中定制化 S1000D 应用的基本原则和相关参考信息。

(5) 1.5 Request for change(更改请求)：介绍 S1000D 规范修订的方法和流程，主要是 CPF(change proposal form)的使用方法。

2. 第二章：技术出版物编制流程(documentation process)

该章概要介绍 S1000D 技术出版物的生命周期流程以及与其他相关标准规范的关系，并详细介绍 S1000D 业务规则、业务规则分类及分层等概念。该章内容划分如下。

(1) 2.1 Introduction(概述)：图示 S1000D 技术出版物的生命周期流程，标识与各个环节对应的章节。

(2) 2.2 Use of standards(标准的采用)：列出 S1000D 规范所参考的其他标准与规范。

(3) 2.3 Relations to other processes and standards(与其他过程和标准的关系)：简要介绍 S1000D 与诸如 S2000M、PLCS、SCORM 等其他综合保障相关标准

规范和流程的关系。

（4）2.4 Implementation guide（实施指导）：主要介绍如何在项目中去实施 S1000D 指南。

（5）2.5 Business rules（业务规则）：详细描述业务规则的分类和层次化模型。未来将补充业务规则的生成和使用方法。

3. 第三章：信息生成（information generation）

该章全面介绍如何产生 S1000D 项目的信息内容。该章内容划分如下。

（1）3.1 Introduction（概述）：简要介绍 S1000D 信息产生的方法和第三章的内容组成。

（2）3.2 Data modules（数据模块）：简要介绍数据模块的基本结构。

（3）3.3 Information set（信息集）：介绍信息集的含义、作用，并罗列通用的信息集。

（4）3.4 Zoning and access（区域与口盖）：详细描述海陆空装备的区域划分和区域及访问标识的准则。

（5）3.5 Updating data modules（数据模块更改）：介绍与数据模块更改相关的各种问题，如导致更改的原因、更改标记和摘要的使用、更改版本控制等。

（6）3.6 Security and data restrictions（数据安全）：详细介绍如何为数据模块添加保护性标记，以声明其信息的安全防护要求。

（7）3.7 Quality assurance（质量保障）：详细介绍在创建和更改数据模块/出版物模块的过程中所需的质量保障程序。

（8）3.8 Disassembly principles（拆分准则）：详细描述何时以及如何在 SNS 基础上对产品进行进一步分解的拆分准则。

（9）3.9 Authoring（编制）：详细介绍 CSDB 中各类信息对象的编制规则，包括文本信息、图形和多媒体信息、警告/注意/注、正文前资料以及各类数据模块等，涵盖信息创作编制的各个方面。详细描述各类数据模块 XML Schema 的内容结构、元素/属性含义及其使用方法。

4. 第四章：信息管理（information management）

该章围绕如何定位、存储和处理数据模块、图形、出版物等信息对象，全面介绍 S1000D 信息管理的方法。该章内容划分如下。

（1）4.1 Introduction（概述）：简要介绍 S1000D 信息管理的含义以及第四章的内容组成。

（2）4.2 CSDB（公共源数据库）：简要介绍公共源数据库（CSDB）的含义、目的、相关概念及其所存储的信息对象，并罗列所采用的相关标准。

（3）4.3 Data module code - DMC（数据模块编码）：介绍数据模块编码（DMC）的含义、目的和构成，详细描述数据模块编码每个组成部分的含义和使用规则。

（4）4.4 Information control number——ICN：介绍信息控制码（ICN）的含义和目的，详细描述信息控制码的两种编码方法。

（5）4.5 Data module lists（数据模块列表）：详细介绍两类数据模块列表（DML）——数据模块需求列表（DMRL）和 CSDB 状态列表（CSL）的含义、目的、内容结构和编码方法。

（6）4.6 Commenting（反馈意见单）：详细介绍反馈意见单（comment）的含义、目的、内容结构和编码方法。

（7）4.7 Version control of data modules（数据模块的版本控制）：介绍数据模块的版本控制方法，并给出详细的示例。

（8）4.8 Interchange of data modules（数据模块的交换）：集中介绍 S1000D 数据交换的数据格式、数据包构成和交换方法。

（9）4.9 Publication and SCORM content package management（出版物和SCORM 内容包）：详细描述出版物模块（publication module）和 SCORM 内容包模块（SCORM content package module）的内容结构、编码方式、更改方法以及构建方法和示例。

（10）4.10 Business rules exchange（业务规则交换）：详细描述业务规则交换（BREX）的概念、BREX 数据模块编码方法和内容结构，并介绍 S1000D 规范定义的缺省 BREX 数据模块。

（11）4.11 Process data module（流程类数据模块）：详细介绍流程类数据模块的原理、益处以及标识方法。

（12）4.12 Multiple instances of data modules（数据模块的多个实例）：详细描述基于同一个数据模块产生多个实例的概念和原因，介绍数据模块实例的标识、追溯和引用的方法。

（13）4.13 Optimizing and reuse（优化与重用）：详细介绍数据模块内容管理的优化机制，包括段落中有意义的数据和数量数据、技术信息仓库数据模块、容器数据模块，分别描述它们的概念、原理、益处和使用方法。

（14）4.14 Applicability（适用性）：详细介绍适用性的概念及其模型结构，描述ACT、CCT、PCT 三个数据模块的含义、内容和应用方法。

（15）4.15 Learning information（培训信息）：详细介绍符合 SCORM 标准的培训数据通过数据模块方式编制。

5. 第五章：信息集与出版物（information sets and publications）

该章介绍关于 S1000D 信息集和出版物的公共需求和特定需求。该章内容划分如下。

（1）5.1 Introduction（概述）：简要介绍信息集和出版物的定义以及两者之间的关系。

(2) 5.2 Information Set(信息集)：介绍海陆空装备公共的信息集以及航空装备专用信息集和陆地/海洋装备专用信息集。详细描述各个信息集所应包含的信息内容，以及相关数据模块的编码规则。

(3) 5.3 Publication(出版物)：介绍关于海陆空装备出版物的公共需求以及关于航空装备出版物和陆地/海洋装备出版物的特定需求。详细描述各个出版物的内容，以及相关数据模块的编码规则。

6. 第六章：信息展示与使用(information presentation/use)

该章介绍 S1000D 信息的展示和使用所应遵循的规则，包括在纸张或屏幕上以页的方式展现信息、在屏幕上以预包装的 IETP 方式展现信息。该章内容划分如下。

(1) 6.1 Introduction(概述)：介绍内容范围、用途和组成。

(2) 6.2 Page-oriented publications(传统页式出版物)：详细介绍以传统书本方式呈现的 S1000D 技术出版物的构成和版面编排要求。

(3) 6.3 Interactive electronic technical publications——IETP：详细介绍 IETP 之图形化用户界面的外观特征，以及打印输出 IETP 之数据内容所应遵循的准则。

(4) 6.4 Functionality(功能性)：按照功能类别(即访问、反馈意见单、交付与分发、诊断与预测、外部过程交互、图解图形、链接、导航与追踪、打印、特定内容、更改、用户操作模式等)，列举 S1000D 技术出版物可以具备的功能及其实现的难易程度。

7. 第七章：信息处理(information processing)

该章围绕 CSDB 对象的创建和维护、出版物的生成、信息交换和信息展示等四个主要方面，阐述信息处理的技术背景和内涵，以帮助读者正确地理解和实施 S1000D 规范的技术方案。事实上，本章阐述的技术原理，可以被视为所有遵循 S1000D 规范的信息系统所应具备的基本特征。该章内容划分如下。

(1) 7.1 Introduction(概述)：介绍内容范围、用途和组成。其中，列举 S1000D 信息处理所涉及的相关标准。

(2) 7.2 Basic concepts(基本概念)：介绍 S1000D 规范所涉及的基本概念，包括 XML Schema、图形与多媒体、参引与链接、流程化数据、XML Schema 的定制化应用等。

(3) 7.3 CSDB objects(CSDB 对象)：介绍与创建和维护数据模块、图形、多媒体等三类 CSDB 对象相关的技术信息。包括数据模块之 XML Schema 的技术背景，如修订历史、开发维护的方法和原理及流程、调用方法、各版本之间的兼容性、属性值的定制方法等；对图形的技术要求，如图形格式、图形中热点实现的技术方法等；对多媒体的技术要求，如多媒体信息类型、最低参数要求、使用方法等。

(4) 7.4 Generation of publications(出版物的生成)：介绍 IETP 的生成过程以及相关技术的应用，同时介绍出版物模块和 SCORM 内容包的技术背景。

(5) 7.5 Information interchange(信息交换)：介绍 S1000D 信息交换所采用的方法，即基于文件的信息转移方法。包括基于文件的信息转移包的结构、转移文件的命名规则、与信息交换相关的 XML Schema 等。

(6) 7.6 Software requirements(软件需求)：介绍流程类数据模块所需的逻辑引擎和 IETP 资源定位所需的 URN 解析服务，两者开发实现所应遵循的软件需求。

(7) 7.7 Guidance and examples(指导与示例)：针对诸如逻辑引擎、流程类数据模块节点、资源解析、XLink、XPath 等技术概念，给出应用示例和指导。

(8) 7.8 Applicability(适用性)：介绍所有计算机系统都应遵循的适用性反馈意见单处理规则，以及针对如何从可计算的适用性反馈意见单生成人类可识别的适用性显示文字所给出的建议。

8. 第八章：SNS、信息码和学习码(SNS、information codes and learn codes)

该章介绍 S1000D 规范定义的 SNS、信息码和学习码，供 S1000D 项目实施者参考和使用。该章内容划分如下。

(1) 8.1 Introduction(概述)。

(2) 8.2 Maintained SNS(维护的 SNS)：详细描述 8 个由 S1000D 规范创建并持续维护更新的 SNS 的定义，包括通用装备、支持与训练装备、火炮装备、通用通信装备、航空飞行器/发动机/设备、战术导弹装备、通用地面车辆装备、通用舰船装备。

(3) 8.3 Example SNS(SNS 样例)：罗列 S1000D 规范定义的样板 SNS。这些样板 SNS 仅供参考，S1000D 规范不会对其进行持续维护更新。

(4) 8.4 Information codes(信息码)：详细描述信息码的定义，包括简略定义和完整定义。

(5) 8.5 Learn codes(学习码)：详细描述学习码(即人类绩效技术码和培训码)的定义，包括简略定义和完整定义。

9. 第九章：术语和数据字典(terms and data dictionary)

该章内容划分如下。

(1) 9.1 Introduction(概述)。

(2) 9.2 Glossary of terms(术语和缩略语/首字母缩略语列表)。

(3) 9.3 Data dictionary(数据字典)：介绍数据字典的获取方法和所含信息。

# 第3章 技术出版物业务规则及业务规则制定

■
■
■
■

## 3.1 概述

民用飞机技术出版物的编制是一项环节多、周期长、涉及人员多的系统工程，如何确保各环节有效衔接、各方在全寿命周期内按照统一的要求开展编制工作，是保障技术出版物质量、提高客户满意度的重要条件。基于 S1000D 规范的业务规则旨在建立技术出版物全寿命周期内的规则，它定义了项目在实施 S1000D 方面需要决策的点，是保障技术出版物编写规范、有序的有效手段。

本章详细介绍业务规则的概念、业务规则的分类和分层模型、业务规则制定以及如何应用业务规则。

## 3.2 业务规则定义

业务规则是 S1000D 规范实施的基础，它提供了一种以决策点的形式来规定项目实施过程中需要遵守规则的机制。S1000D 规范给出了大部分决策点，用于提醒项目组在项目实施中进行决策、判断，以形成规则，包括编写规则、插图规则等，除此之外，项目组也可以根据实际需要自定义规则，如与其他标准接口相关规则、业务流程等。另外定义好的业务规则可通过业务规则交换（business rules exchange，BREX）来描述并交换项目的业务规则。项目中所有的数据模块都必须遵循一定的业务规则，每个数据模块都必须引用一个且只能引用一个 BREX 数据模块。深入了解业务规则包含的范围和交换机制，对按 S1000D 进行技术出版物的编制工作具有关键的指导意义。

### 3.2.1　业务规则分类

结合民机技术出版物编写的特点和涉及的范围,业务规则可以定义为 10 类。如图 3-1 所示,包括通用规则、产品定义规则、维修和飞行运行信息规则、安全策略规则、业务流程规则、数据创建规则、数据交换规则、数据完整性与管理规则、历史数据规则、数据输出样式规则等 10 类规则,其内容涵盖了技术出版物内容规划、数据管理、数据输出等各方面内容。

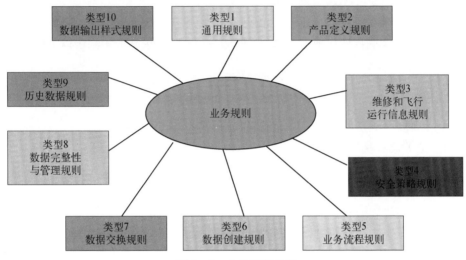

图 3-1　业务规则分类

1. 通用规则

通用规则规定整个项目实施的总体性决策,包含但不限于以下内容:

(1) 技术出版物使用的 S1000D 规范版本;

(2) 定义项目实施的术语;

(3) 数据模块编写使用的语言。

2. 产品定义规则

产品定义规则规定产品定义和产品分解结构相关的业务规则,包含但不限于以下内容:

(1) 型号识别码(MIC);

(2) 系统差异码(SDC);

(3) 标准编码系统(SNS);

(4) 拆分码(DC);

(5) 拆分码变量(DCV);

(6) 适用性规则。

3. 维修和飞行运行信息规则

维修和飞行运行信息规则规定维修类手册和飞行类手册编写相关的规则，包括但不限于以下内容：

(1) 维修信息对应的数据模块类型；

(2) 飞行运行信息对应的数据模块类型；

(3) 信息码(IC)的定义——确定信息类型；

(4) 项目位置码(ILC)的定义；

(5) 信息码变量(ICV)的使用。

4. 安全策略规则

安全策略规则规定了所有与数据安全相关的规则，包括但不限于以下内容：

(1) 安全密级和使用定义；

(2) 版权商标；

(3) 数据创建和分发安全；

(4) 各安全级别的数据模块的访问权限。

5. 业务流程规则

业务流程规则定义了与技术出版物编写业务流程相关的一些规则，包括但不限于以下内容：

(1) 技术出版物内容与数据源、LSA、工程数据的对应关系等；

(2) 技术出版物的质量控制要求。

6. 数据创建规则

数据创建规则包括文本数据创建规则、插图和多媒体创建规则。

文本数据创建规则，包括但不限于以下内容：

(1) 技术内容的创建规则；

(2) 语言和字典的使用规则；

(3) 缩略语、术语创建和使用规则；

(4) 度量单位使用规则；

(5) 技术术语参引规则；

(6) 多媒体、维修操作等信息对于 IETP 的支持规则。

插图和多媒体创建规则包括但不限于以下内容：

(1) 插图尺寸；

(2) 颜色；

(3) 线宽；

(4) 字体；

(5) 投影方法；

(6) 热点；

（7）插图格式。

7. 数据交换规则

数据交换规则规定实施单位如何与合作方、供应商之间进行数据交换，包括但不限于以下内容：

（1）数据分发说明（DDN）的使用；

（2）DMRL 的使用；

（3）CSL；

（4）基于文件传输协议的使用；

（5）数据交换频率；

（6）数据模块版本号；

（7）信息对象 ICN 编码规则；

（8）数据接收和拒绝规则。

8. 数据完整性与管理规则

数据完整性与管理规则包括数据完整性业务规则和数据管理业务规则。

数据完整性业务规则规定如何保证 CSDB 数据的完整性，包括但不限于以下内容：

（1）数据模块信息；

（2）插图信息。

数据管理业务规则规定在不同编写模式下数据管理的方法。包括但不限于以下内容：

（1）多方合作编写模式（multipartner）；

（2）主编写人–客户模式（prime-customer）。

数据管理规则应与 CSDB 的工作流系统相关联，并且数据管理方法的选择依赖于 CSDB 管理模式。

9. 历史数据规则

历史数据是项目在实施 S1000D 之前，用其他技术出版物规范编写的技术出版物。历史数据规则规定项目如何处理这些已有的技术出版物，包括但不限于以下内容：

（1）数据转换；

（2）包含在技术出版物中的遗留信息的规则。

10. 数据输出样式规则

数据输出样式规则规定技术出版物输出形式、数据显示的布局定义以及显示方法。包括但不限于以下内容：

（1）输出形式（IETP、PDF 或 XML 数据包）；

（2）PDF、IETP 数据显示规则；

（3）培训内容输出要求。

### 3.2.2 业务规则分层模型

业务规则的层级模型显示了各层级应制定的业务规则的范围,上层级应尽可能制定最大范围的业务规则,越下层需要制定和决策的数量越少。下层级需继承来自上层级的所有业务规则,并决策哪些是需要使用的。使用业务规则的分层模型,提高了业务规则的重用性,减少了具体项目需要制定业务规则的数量。

结合民机技术出版物的特点,可分为 4 层。如图 3 - 2 所示,第一层是 S1000D 规范业务规则,需遵守 S1000D 规范规定的要求;第二层是民用航空业务规则,由于 S1000D 规范面向了海陆空领域,ATA 代表民用航空对 S1000D 规范的业务决策点进行了定义,因此第二层需遵守民用航空业务规则;第三层是型号业务规则,对于 S1000D 规范如何应用于型号项目上,第三层应给出具体的定义;第四层是编写人员业务规则,编写者对编写过程中具体的规则进行定义。这样的层级模型,目标是在达到编写者层级之前制定所有的决策点,确保让编写人员层级的决策在最小范围内。

图 3 - 2　民机业务规则层级模型

## 3.3　业务规则制定

业务规则的制定最主要的目的就是消除 S1000D 实施各方之间不一致的理解,提高项目实施的质量。因此对于 S1000D 实施方,主要目标是建立标准的、通用的、符合 S1000D 规范的业务规则。

### 3.3.1　业务规则制定顺序

业务规则的制定应按照技术出版物各环节的先后顺序以及各类规则的影响范围确定制定的先后顺序以及持续时间。根据业务规则的分类逐个说明了业务规则的产生顺序,如图 3 - 3 所示。

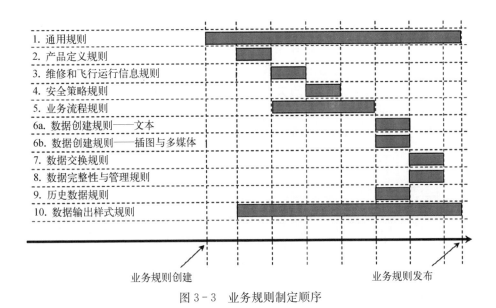

1. 通用规则
2. 产品定义规则
3. 维修和飞行运行信息规则
4. 安全策略规则
5. 业务流程规则
6a. 数据创建规则——文本
6b. 数据创建规则——插图与多媒体
7. 数据交换规则
8. 数据完整性与管理规则
9. 历史数据规则
10. 数据输出样式规则

业务规则创建　　　　　　　　业务规则发布

图 3-3　业务规则制定顺序

### 3.3.2　解决冲突方法

在业务规则的制定中,往往会遇到一些冲突。当相同的技术出版物交付给不同的客户时,由于冲突的业务规则,数据模块要重新编写、过滤;另外对于供应商,同一产品安装在不同的飞机上,不同的主制造商有各自的业务规则,也会产生一定的冲突。

当项目出现来自多个客户或者上级组织的业务规则时,项目必须解决冲突,可通过:

(1) 协调各相关方改变或者放弃冲突的业务规则;

(2) 产生数据模块符合各方业务规则。

因此,在一个项目上编写或实施 S1000D 规范前,各层级都应参与业务规则的制定,所有业务规则的决策者必须在该项目上意见达成一致。业务规则制定者应考虑多项目和多客户之间的数据的多重使用,应尽量避免数据冗余和不必要的费用。

### 3.3.3　制定决策点

业务规则决策点指的是在形成业务规则过程中需要由项目实施各方共同决策的一些问题。使用业务规则决策点的优点是提供了一个检查清单以便在制定业务规则时明确至少需要考虑哪些问题。这些业务规则决策点帮助项目实施人员了解业务规则制定的范围。

业务规则是通过决策点的形式产生的,在业务规则的制定过程中,S1000D 规范给出了 500 多个决策点,内容较多,涉及面较广,包括军机、船舶等内容。项目应以 ATA 发布的《民用航空实施 S1000D 业务规则的规定》作为行业标准,根据企业自身的特点以及项目的特点,裁剪 S1000D 规范,提取出与民机相关的业务规则决策点。此外,除了规范本身给出的决策点以外,还应结合项目的实际需求,逐步增加和完善决策点,形成项目自身的决策点,由制造商、供应商、客户、适航等多方人员共同参与制定,形成项目特有的业务规则。

一种值得推荐的制定业务规则的方法如图 3-4 所示。整个过程包括如下几个步骤。

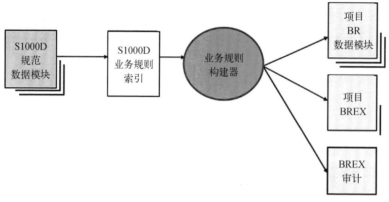

图 3-4　业务规则制定的过程

(1) 对已有业务规则决策点进行整理,并且生成一个业务规则索引(BRI),确保业务规则的完备性。业务规则索引将列出建立业务规则所有需要进行决策的业务规则决策点,可以作为业务规则完备性的检查清单,如图 3-5 所示。

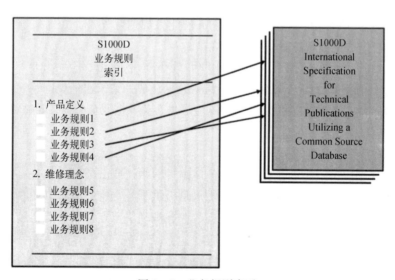

图 3-5　业务规则索引

（2）开发一个业务规则构建器（business rule builder），用于辅助业务规则制定人员制定业务规则。对于业务规则构建器，一个主要的实现方法是构建一个交互式的问答系统，如图 3-6 所示。其核心实现要点是整理好的所有业务规则决策点。业务规则决策点通过决策生成业务规则，所有问题回答完毕后，可以自动导出生成业务规则文档和 BREX 数据模块。

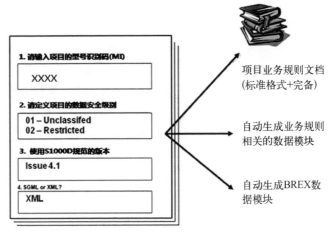

图 3-6　业务规则构建器

（3）业务规则人员制定完业务规则后，业务规则构建器能够自动生成项目制定的业务规则和 BREX 数据模块。

## 3.4　业务规则应用

为便于在实际项目过程中应用，业务规则可通过文件化和电子化，一方面形成实施人员操作的作业说明书，另一方面形成可自动检查是否遵照规则的 BREX，形成以业务规则为中心的体系，同时建立业务规则、文件、BREX 之间的关联关系。通过建立更改机制，保障业务规则体系的有效性。三者之间的关系如图 3-7 所示。

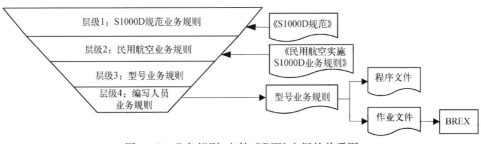

图 3-7　业务规则、文件、BREX 之间的关系图

### 3.4.1 业务规则体系化

应结合民机项目技术出版物编制需求,将制定的业务规则体系化,可构建程序文件、通用规范和专用技术规范层级体系文件。

(1) 程序文件。程序文件是将业务流程类业务规则转化技术出版物工作流程的文件,对技术出版物编制过程实施有效控制。这些过程包括源数据收集与分析、编写管理、修订控制、验证管理、分发管理、供应商技术出版物管理等过程。

(2) 通用技术规范。通用技术规范是将一些通用规则、数据创建规则、数据管理规则、安全等级规则、产品定义规则、数据交换规则、输出样式规则等业务规则转化成技术规范,是技术出版物编制的通用要求。包括 SNS 规范、DMC 规范、数据交换规范、通用编制规定、插图规定、ICN 规范、SCHEMA 规范、样式规范等。

(3) 专用技术规范。专用技术规范是将维修和飞行运行信息业务规则转化成专用规范,规定了每本手册或者每类信息的专用要求,包括内容的定义、源数据的定义、信息码和数据模块类型的定义、专用编写规则的定义等要求。此类规范包括 AMM 手册编制规定、FIM 手册编制规定、AIPC 手册编制规定等。

### 3.4.2 业务规则电子化 BREX

在制定完业务规则后,一个需要考虑的问题就是如何判断项目实施过程是否真正符合业务规则的要求,也就是业务规则符合性验证。

在传统的方法中,业务规则的符合性验证通常是由人工完成的。这种人工验证的方法过于依赖于验证者的水平和经验,并且人工检验难免会有很多问题的遗漏。针对这个问题,S1000D 规范提出了 BREX 数据模块的概念来实现自动化的业务规则符合性验证。

项目可运用信息化手段将制定的业务规则以及文件中的规则数字化,创建数据结构检验模块,统一记录项目制定的全部业务规则内容及对应的注释信息,方便内外部编写人员明确编写要求,避免歧义及误解;同时设置数据结构检验功能,在技术出版物数据模块编写过程中,以及接收各供应商提交的数据模块时对数据结构进行自动检验,判断其编写是否符合业务规则的要求,并给出全面的检验结果报告,从而提高技术出版物编写过程的规范性。

BREX 数据模块是一种特殊的数据模块,它将业务规则通过一种计算机可以理解的方式进行描述(使用 XML),通过对具体内容数据模块与 BREX 数据模块进行关联,可以在手册的编写过程中自动化验证编写的结构化内容是否符合 BREX 定义的要求。

当然,并不是所有业务规则都可以用 BREX 数据模块表示出来,BREX 数据模块通常能够在文档结构描述、属性取值范围和内容限制上做出一些约束。

有 BREX 数据模块后,实现业务规则符合性验证的方法是开发一个自动化的业务规则检查器(business rule checker),去检测所编写数据模块是否满足业务规则,如图 3-8 所示。通常对于一个自动化检测工具来说可以保护数百条规则都是很常见的,实现一个自动化的检测工具将大大提高数据模块编写的质量。此外检测工具要实现既可以对数据模块进行批处理检测,也可以通过交互式方式与编辑软件进行集成。

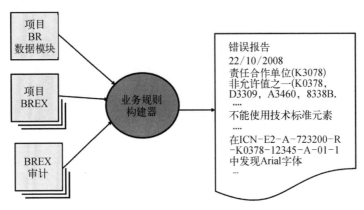

图 3-8　业务规则检查器

BREX 数据模块对于约束供应商提供的 S1000D 数据具有十分显著的作用。因为,如果需要供应商提供符合 S1000D 规范及业务规则的数据,对于这些数据的符合性检查的工作量是相当惊人的。此外,如果在供应商编写数据前不提供主制造商的要求,那么造成的重复返工将带来巨大的成本和进度压力。因此,在管理供应商数据方面一个比较好的方法是在供应商编写前提供主制造商所有的业务规则、编写要求和 BREX 数据模块,然后在对供应商数据进行验收时可以按照图 3-9 所示的方法

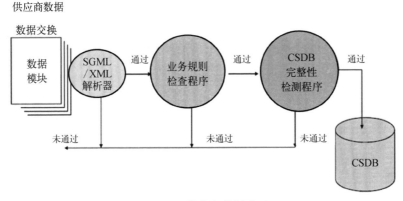

图 3-9　供应商数据验证

进行三重验证,包括:

(1) SGML/XML 验证:判断编写的数据是否满足 S1000D 规范的 SCHEMA 要求;

(2) BREX 验证:判断编写的数据是否满足业务规则(BREX 数据模块);

(3) CSDB 完整性验证:验证导入的数据模块是否会破坏现有 CSDB 的完整性。

使用业务规则检查器,可以大大增加录入质量。据统计,当项目首次采用业务规则检查器时,它能够检测出所有数据模块中 90% 未依照业务规则的错误,数据模块错误率将下降到 5%～10%。较低的错误率将大大提高技术出版物的质量和用户的满意度。

# 第 4 章　技术出版物内容规划

## 4.1　概述

　　技术出版物内容规划是在项目开始初期进行的工作，以确定编制范围和任务清单，用于后续的任务分配、计划管理等工作。传统上主制造商需要先确定手册种类，再根据 ATA 编码规则、参考维修工程分析等输入进行内容细分。S1000D 规范变革了技术出版物的数据基础，也重新定义了规划工作：从"手册–任务清单"变为"信息集–数据模块需求清单"，内容规划可以从选择信息集开始，再确定数据模块类型，根据源数据分析所需要的具体任务，最后完成数据模块需求清单编制。本章首先介绍 S1000D 规范的核心概念"数据模块"，然后围绕技术出版物内容规划的渐进过程对信息集、数据模块需求清单两大要素的作用和使用实践进行阐释。

## 4.2　数据模块定义及编码

### 4.2.1　数据模块定义

　　数据模块是 S1000D 规范的核心概念之一，是 S1000D 规范模块化、结构化的重要体现。按照 S1000D 规范的定义，数据模块是技术出版物中一个最小的具有完整技术内容的信息单元。按照 S1000D 规范的数据格式要求，数据模块采用 XML 格式进行描述，它由两大部分组成：

　　（1）标识和状态段（identification and status section）；
　　（2）内容段（content）。
　　标识和状态段是数据模块的第一部分，包含数据模块的元数据信息,用于数据模块的控制与管理。它又可被划分为标识部分与状态部分,其中标识部分以〈dmaddress〉元素记录数据模块的标识信息,如数据模块编码、标题、版本号、出版日期、所用语言等;状态部分以元素记录数据模块的状态信息,如密级、责任合作者、创作者、适用性、技术标准、质量保障状态、更改理由等。各种不同类型的数据模块,其标识和状态段的结构是一样,区别主要在于数据模块内容段[5]。

内容段是数据模块的第二部分,它包含要显示给用户的信息。由于不同的用户即使操作相同的设备部件,也可能执行不同的任务(如一个飞行员所需要的高度计信息与维修技师所需要的信息会完全不同),因此针对数据模块可能包含的信息类型,S1000D 多种数据模块类型规范中定义了 17 种数据模块类型,即一个部件可能由多个类型的数据模块描述。数据模块类型使生成适用特定操作者(如操作员、维修技师等)的技术手册成为可能。

图 4-1 中给出数据模块具体类型列表,其中绿色表示 S1000D 中传统的用于显示用的数据模块类型,需要针对这些数据模块类型编写对应的样式表已显示这几类的数据模块内容。左边黄色的一大类表示 S1000D 中文档需要用到的一些支持数据,这类数据通常不用于直接显示,而用于其自身的特殊的目的。最右边黄色的一大类表示 S1000D 规范中用于特殊概念的数据模块类型。表 4-1 中给出 S1000D 规范(当前版本 4.1)的数据模块类型的总结。

表 4-2 中给出 S1000D 规范支持的 Schema 的演化过程,其中包括最新的 4.1 版本中提出的 Schema 类型。

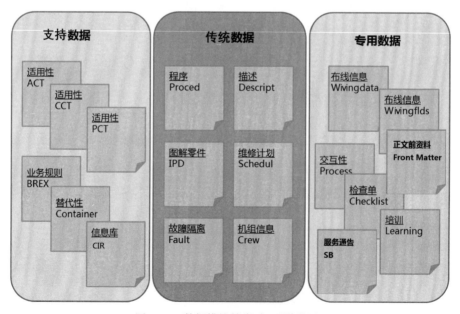

图 4-1　数据模块的类型(后附彩图)

表 4 - 1　S1000D 4.1 支持的数据模块类型

| 大 分 类 | 数据模块类型 | 描　　述 |
|---|---|---|
| 传统数据 | Crew | 机组操作类数据模块 |
| | Descript | 描述类数据模块 |
| | Procedure | 维修程序类数据模块 |
| | Fault isolation | 故障隔离类数据模块 |
| | Parts(IPD) | 图解零件数据类数据模块 |
| | Scheduled | 维修计划类数据模块 |
| 支持数据 | ACT | 适用性类数据模块 |
| | CCT | |
| | PCT | |
| | Brex | 业务规则交换类数据模块 |
| | Container | 容器数据模块 |
| | Common Rep | 技术信息库类数据模块 |
| 专用数据 | Wiring data | 布线信息类数据模块 |
| | Wiring field | |
| | Process | 交互式流程数据模块 |
| | Checklist | 检查单数据模块 |
| | Training | 培训类数据模块 |
| | SB | 服务通告数据模块 |
| | Front matter | 正文前资料数据模块 |

表 4 - 2　S1000D 规范支持的数据模块类型

| 版　本　号 | | | | | | | | 数据模块类型 | 描　　述 |
|---|---|---|---|---|---|---|---|---|---|
| 1.9 | 2.0 | 2.1 | 2.2 | 2.3 | 3.0 | 4.0 | 4.1 | | |
| ＋ | ＋ | ＋ | ＋ | ＋ | ＋ | ＋ | ＋ | Crew | 操作信息 |
| ＋ | ＋ | ＋ | ＋ | ＋ | ＋ | ＋ | ＋ | Descript | 描述信息 |
| ＋ | ＋ | ＋ | ＋ | ＋ | ＋ | ＋ | ＋ | Fault | 故障隔离信息 |
| ＋ | ＋ | ＋ | ＋ | ＋ | ＋ | ＋ | ＋ | IPD | 图解零件数据 |
| ＋ | ＋ | ＋ | ＋ | ＋ | ＋ | ＋ | ＋ | Proced | 维修程序信息 |
| ＋ | ＋ | ＋ | ＋ | ＋ | ＋ | ＋ | ＋ | Schedul | 维修计划信息 |
| | ＋ | ＋ | ＋ | ＋ | ＋ | ＋ | ＋ | DDN | 数据分发便签 |
| | ＋ | ＋ | ＋ | ＋ | ＋ | ＋ | ＋ | DML | 数据模块列表 |
| | ＋ | ＋ | ＋ | ＋ | ＋ | ＋ | ＋ | PM | 发布模块 |

续　表

| 版　本　号 | | | | | | | | 数据模块类型 | 描　　述 |
|---|---|---|---|---|---|---|---|---|---|
| 1.9 | 2.0 | 2.1 | 2.2 | 2.3 | 3.0 | 4.0 | 4.1 | | |
| | | | | | + | + | + | ACT | 产品属性交叉索引表 |
| | | | | | + | + | + | CCT | 条件交叉索引表 |
| | | | | | + | + | + | PCT | 产品交叉索引表 |
| | + | + | + | + | + | + | + | Brex | 业务规则交换 |
| | | | | | | | + | Com Rep | 公共信息存储库 |
| | | | | | + | + | + | Container | 容器类数据模块 |
| | | | | | + | + | | Tech Rep | 技术信息库 |
| | | | | | | | | SB | 服务通告 |
| | | | | | | | | Front Matter | 正文前资料 |

　　数据模块是文档管理的最小可修改单元。逻辑上,一个数据模块是一个自我包含、包含装备一部分信息的数据单元,不可分割,具有原子性;物理上,它是一个 ASCII 码文件,以 SGML 或 XML 格式组织数据,并有相应的文档类型定义(DTD)或 Schema 来约束和验证数据文件中的标记。各个数据模块之间使用数据模块编码(data module code,DMC)相互区分,可以利用此编码管理整个产品的数据模块。

　　采用模块化的方法来组织技术信息,可以最大限度地实现信息重用。如通断电步骤、打开关闭口盖的过程等,都可以保存成一个独立的数据模块,在不同的情况下重复使用。这样不仅可以节省存储空间,还可以保证数据的一致性,节省维护费用,提高数据管理能力。当需求改变时,仅修改单一数据模块,即可影响到生成的技术文档,这正符合持续采购与全生命周期支援(CALS)的思想:"一次创建,无限使用"。

## 4.2.2　数据模块编码

　　在 S1000D 规范中,数据模块编码的具体结构如图 4-2 所示。

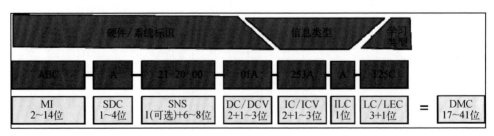

图 4-2　数据模块编码结构

整个数据模块编码结构又可以分为硬件标识、信息类型和学习类型三个部分。表4-3～表4-5分别为硬件标识、信息类型、学习类型的组成细节。学习类型信息用于演示或培训模块,是可选的。

表 4-3　硬件标识

| 码　　段 | 长　　度 |
| --- | --- |
| 型号识别码(MI) | 2～14 个数字字母符号 |
| 系统区分码(SDC) | 1～4 个数字字母符号 |
| 标准编码系统(SNS) | 1(可选的设备类别)加上 6 个或 8 个数字字母符号 |
| 　—系统 | 1(可选的设备类别)加上 2 个数字字母符号 |
| 　—子系统＋子子系统 | 2(1+1)数字字母符号 |
| 　—单元或组件 | 2 个或 4 个数字字母符号 |
| 拆分码(DC) | 2 个数字字母符号 |
| 拆分码变量(DCV) | 1～3 个数字字母符号 |

表 4-4　信息类型

| 码　　段 | 长　　度 |
| --- | --- |
| 信息码(IC) | 3 个数字字母符号 |
| 信息码变量(ICV) | 1 个数字字母符号 |
| 项目定位码(ILC) | 1 个数字字母符号 |

表 4-5　学习类型

| 码　　段 | 长　　度 |
| --- | --- |
| 学习码(LC) | 3 个数字字母符号 |
| 学习事件码(LEC) | 1 个数字字母符号 |

数据模块编码必须用连字符连接并且没有空格,如图 4-3 所示。连字符划分编码各段内容的界限。

信息控制码(ICN)用于在 CSDB 中标识插图和多媒体信息,ICN 的标识可基于以下两种方式:

(1) 基于政府机构/企业编码(CAGE)方式;

(2) 基于项目的型号识别码方式。

图 4-4 给出基于 CAGE 的 ICN 编码方式。

其中各段编码的含义如下[5]。

(1) 创建者编码(originator code,CAGE code):5 位,为 CAGE 编码。此编

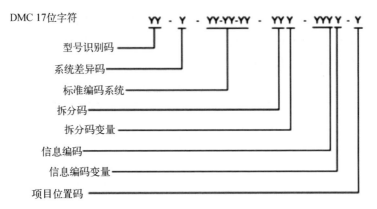

DMC 17位字符

型号识别码
系统差异码
标准编码系统
拆分码
拆分码变量
信息编码
信息编码变量
项目位置码

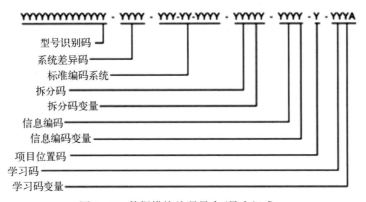

DMC 41位字符

型号识别码
系统差异码
标准编码系统
拆分码
拆分码变量
信息编码
信息编码变量
项目位置码
学习码
学习码变量

图 4-3　数据模块编码最大/最小组成

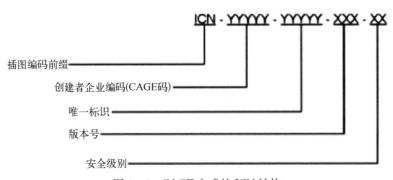

插图编码前缀
创建者企业编码(CAGE码)
唯一标识
版本号
安全级别

图 4-4　CAGE 方式的 ICN 结构

码为编写该数据的创建人员所在的机构或企业的代码(CAGE)。

（2）唯一标识码(unique identifier)：5～10 位，由具体的创建者进行编码。此编码为编写该数据的创建者标识的编码，是区分多个对象的标识码。

（3）版本号（issue number）：3 位，从 001 开始，每次更改数据加 1，此编码为该数据的发布版本号，每次发布该编码加 1。

（4）安全等级编码（security classification）：2 位，此码为该数据的安全等级编码，安全等级规范由企业具体制定。

图 4-5 所示为基于项目的型号识别码的 ICN 编码方式。

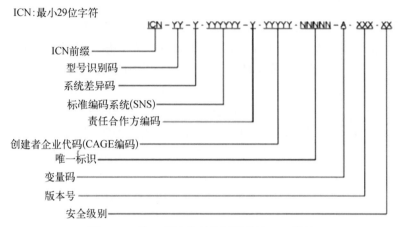

图 4-5　基于项目的型号识别码的 ICN 结构

其中各段编码的含义如下[5]。

（1）型号识别码（model identification code）：2～14 位，此编码具体含义同 DMC 编码的型号识别码。

（2）系统差别码（system difference code）：1～4 位，此编码具体含义同 DMC 编码的系统差别码。

（3）SNS 编码（SNS code）：6～9 位，此编码具体含义同 DMC 编码的 SNS。

（4）责任合作方编码（responsible partner company code）：1 位，此编码为在 DM 中应用插图或者多媒体对象的责任公司。

（5）CAGE 编码（originator code）：5 位，此编码为编写该数据的创建人员所在的机构或企业的代码（CAGE）。

（6）唯一识别（unique identifier）：5 位，此编码为该数据的创建者的标识码。

（7）变量码（variant code）：1 位，此编码标识插图及多媒体对象的变量代码，A 表示基础的数据代码，B 表示基于基础数据的变换或转化过的数据，该改变或者转换包括基于基础数据的裁剪、旋转、映射或者添加标注等。

（8）版本号（issue number）：3 位，此编码为该数据的发布版本号，每次发布该编码加 1。

（9）安全等级（security classification）：2 位，此码为该数据的安全等级编码，安全等级规范由企业具体制定。

## 4.3 信息集

### 4.3.1 概述

按照 S1000D 规范的定义,信息集定义了产品运营和维护所需的技术信息的使用目的、范围和深度,并用于建立数据模块需求清单。信息集可以帮助项目参与各方就技术信息的范围、使用目的、深度以及业务规则达成一致,也可以用来定义作为最终交付物的手册。

信息集的概念体现了 S1000D 规范将技术出版物作为数据集合来考虑的理念。对于民用飞机的用户,交付的各类手册只是信息的组织形式;在飞机运营时,因为工作的需要而要对信息进行组合使用,纸质或非交互式手册限制了组合的灵活性。利用信息技术,可以对不同种类信息进行组合以针对不同的应用需求,意味着可以产生新的手册。S1000D 规范将具有共同性的信息归类,同一类信息就形成了信息集,参与技术出版物编制的各方在对使用哪些信息集、如何组合的讨论中,形成了目标、范围和深度的共识。这些信息最终会以数据模块单元形式存储在 CSDB 中。

信息集应该反映民用飞机用户所需的技术信息,信息集的确定是技术出版物内容规划的开始。民用航空行业集中度高,各家航空公司客户对于出版物信息的需求已经形成了行业惯例,手册的概念沿用已久,因此在实践中存在按照手册分类确定信息集的例子;但对于不从事航空运输的私人客户或者其他行业,确实存在信息需求不同的情况,因此需要以概念分类的形式确立技术出版物的信息需求大纲,并且为所需要编写的内容确立划分数据模块的依据。待信息集确定之后就可以编制数据模块描述的对象(SNS)和信息类型(IC),为建立 DMRL 做好准备工作。

表 4-6 给出了 S1000D 规范建议的信息集清单,其中包括各类型产品通用信息集和航空产品专用信息集。

表 4-6 S1000D 规范建议的信息集清单

| 信 息 集 名 | 中 文 名 |
| --- | --- |
| 通用信息集 | |
| crew/operator information | 机组/操作信息 |
| description and operation | 描述与操作 |
| maintenance procedures | 维修程序 |
| fault isolation | 故障隔离 |

续 表

| 信 息 集 名 | 中 文 名 |
|---|---|
| 通用信息集 | |
| non-destructive testing | 无损检测 |
| corrosion control | 腐蚀控制 |
| storage | 存储 |
| wiring data | 布线 |
| illustrated parts data | 图解零件数据 |
| maintenance planning information | 维修计划信息 |
| mass and balance information | 重量与平衡 |
| recovery information | 抢救信息 |
| equipment information | 设备信息 |
| weapon loading information | 武器装载信息 |
| cargo loading information | 货物装载信息 |
| stores loading information | 补给品装载信息 |
| role change information | 角色变化信息 |
| battle damage assessment and repair information | 战斗损伤评估与修理信息 |
| illustrated tool and support equipment information | 图解工具与设备信息 |
| service bulletins | 服务通告 |
| material data | 材料数据 |
| common information and data | 通用信息和数据 |
| training | 培训 |
| list of applicable publications | 有效出版物清单 |
| maintenance checklists and inspections | 维修检查单和检查 |
| 航空专用信息集 | |
| structure repair information | 结构修理 |
| cross servicing information | 转场勤务信息 |
| engine maintenance information | 发动机维修信息 |
| power plant build-up information | 动力装置总成信息 |
| engine standard practices | 发动机标准实施 |
| aircrew information | 机组信息 |

## 4.3.2 信息集作用

　　传统的按手册划分的体系是完全基于内容用途的考量,即基于内容本身应用的场景划分信息类型。在相应的计算机技术出现以前,因为手册缺乏重用、链接的手段,只能将内容信息孤立起来,以便处理。而在计算机结构化语言、更强大的运算处理技术出现之后,各飞机制造商都在对运行和维护用的数据进行集中整合,以便使用时根据所执行任务的需要灵活地调用、展现。例如,在 IPC 中可以直接查看消耗性材料、标准件的相关信息,而不需要单独查阅手册。这种变革要求弱化手册的边界,而使数据具备深度组合的功能。另外,不同机型、不同客户所需要的手册种类并不相同,但对于主制造商只是将不同信息进行不同形式的组合。随着飞机系统越来越复杂,手册数据量不断增加,识别、维护手册种类增加了主制造商管理的难度。

S1000D 规范提出的信息集正是为了应对这种趋势。在 S1000D 体系中,手册可以由单一种类信息集组成,也可以是不同种类信息集组成,这取决于客户对于手册产品的需求。在 S1000D 规范的理念中,手册是对数据整合、处理的最终结果,信息集才是规划的起点。手册编制工作参与各方根据客户需求,通过对表 4 - 6 中列出各信息集的分析和选择,可以明确用哪些信息(集)满足客户相应的需求。

S1000D 规范所列信息集与行业内常见的手册分类有重合,如机组/操作信息与飞行机组操作手册(FCOM)、描述与操作与飞机维修手册的系统描述(SDS)、维修程序与飞机维修手册的操作程序(MPP)、图解零件数据与图解零件目录(IPC)。这并不意味着信息集等同于手册,有些具有共同点的手册并不会被划分到同一类信息集中。

例如,维修程序属于线性发展的工作程序,即完成前一步骤才进行下一步骤,大部分情况下前一步骤的结果不会对后一步骤的选择有影响;同样属于程序(即有明确的操作步骤)的故障隔离程序,因为其步骤不是单线发展而与维修程序有了区分,故障隔离每一个步骤完成都要进行判断,根据判断结果决定下一步骤的内容。从信息分类上看,故障隔离是多线的,需要选择不同条件以进行下一步,因此在信息集上进行了分类。

布线则需要以清单的形式示出线路信息;与布线信息相比,IPC 的零件清单需要对应图解图的热点,虽然二者有相似之处,但仍存在信息用途上的差异。

维修计划信息是对任务的罗列,不需要具备维修程序中先后顺序的逻辑,所以二者对信息的要求也不同。

值得注意的是,信息集并没有限制内容的表现形式。例如,目前维修计划文件(MPD)通常以表格形式展现任务编号、名称、任务间隔等信息,但这些维修计划信息并不默认以表格的形式出现,也可以有其他的形式。信息集只关注信息内在的逻辑和特点,而手册是最终展现给客户的产品,包含了信息集所没有的样式和客户化信息。

由此可见,信息集赋予了项目更大的灵活性,在手册内容规划时可以关注于提供哪些信息,主制造商就手册种类与客户确定之后,再选择合适的信息来组成手册。S1000D 规范对信息集的内容也进行了描述,并且给出了各种信息集所对应数据模块的类型,这样在信息集确定之后,就基本可以确定所采用数据模块的类型。

### 4.3.3　信息集分类原则

S1000D 规范给出了 31 种信息集,涵盖了通用信息集、航空用信息集、陆地海洋用信息集三类。民用飞机项目在编制技术出版物时，应该根据需要从通用信息集和航空用信息集中选取。S1000D 规范中描述了各类信息集对应的数据模块编码要求和所适用的信息，如维修程序类信息集可以适用检查、测试、拆装等信息。

　　根据 S1000D 规范在国内实施的实践，编制民用飞机技术出版物时常用的信息集如表 4-6 所示，包括：机组操作信息类（crew/operator information）、描述和操作类（description and operation）、维修程序类（maintenance procedure）、故障隔离类（fault isolation）、无损检测类（non-destructive testing）、布线类（wiring data）、图解零件数据类（illustrated parts data）、维修计划信息类（maintenance planning data）、重量与平衡类（mass and balance information）、抢救信息类（recovery information）、设备信息类（equipment information）、图解设备与工具类（illustrated tools and support equipment information）、材料数据类（material data）、通用信息和数据类（common information and data）、培训类（training）、维修检查单和检查类（maintenance checklists and inspections）、有效出版物清单类（list of applicable publications）、结构修理类（structure repair information）、发动机维修信息类（engine maintenance information）、转场勤务类（cross servicing information）、动力装置总成类（power plant build-up information）、发动机标准实施类（engine standard practice）、服务通告类（service bulletins）。按照上述分类，S1000D 规范中对每一类信息集所适用信息内容都作了描述，并规定了各种信息对应的数据模块编码，技术出版物编写人员在规划内容时，需要决定机型所需要各类信息，然后按照 S1000D 规范要求的编码规则确定数据模块，最终形成数据模块需求清单。

　　下面对部分常用信息集及对应的数据模块类型介绍。

　　1. 机组操作信息类

　　机组操作信息主要为机组、运营者提供其理解飞机产品及各系统的必要信息，以及操作飞机的程序，也包括飞机的性能数据。该类信息集可以用于一般性介绍、系统描述和操作、飞行信息（包括飞机操作限制、飞行特性、正常程序、非正常程序、警告程序、外部检查图、紧急程序、特殊事件、构型等）、飞行机组检查单。对应的数据模块适用的 IC 码包括 018、043，正常程序可用 IC 码为 121、125、131、135、151、155 的数据模块，紧急程序可用 IC 码为 141 的数据模块，性能数据可用 IC 码为 030 的数据模块，构型数据可用 IC 码为 020 的数据模块[5]。

　　2. 描述和操作类

　　本信息集包含相关系统的识别和位置信息，用于为维修人员提供理解飞机系统、功能、操作等方面的信息，也包括原理图以支持排故和帮助维修人员掌握系统操作。在信息集下可以根据需要组合不同类型的数据模块，包括对系统功能的描述和对操作的描述。系统描述用于介绍一个完整系统及其子系统的位置、构造和功能，这些信息必须能适用于培训，必须以简洁、合理和易于阅读的形式编写并绘制插图,必须和 SNS 编码的层次划分一致。操作描述提供操作飞机所有的必需程序。这些程序包括必需的控制和指示数据、航前和航后程序、操作和应急程序的信息。表 4-7 为对不同 SNS 层级的系统描述要求。

**表 4-7　不同 SNS 层级的系统描述要求**

| 序号 | SNS 编码 | 系统描述要求 |
|---|---|---|
| 1 | YY-00-00(6 位)<br>YYY-00-0000(9 位) | 该层级主要描述系统的用途和功能范围、子系统的组成和用途、系统与子系统及其他相关系统的关系 |
| 2 | YY-Y0-00(6 位)<br>YYY-Y0-0000(9 位) | 该层级主要描述子系统的功能、操作和指示控制、组成子系统的主要部件的用途、功能范围和位置信息。同时,该层级也描述与其他相关系统或子系统的关系。在某些简单的系统中,如果 SNS 不需要分解到子系统级别,可在系统级别编写该层级的信息 |
| 3 | YY-YY-00(6 位)<br>YYY-YY-0000(9 位) | 该层级主要描述子子系统的功能、操作和指示控制、组成子子系统的主要部件的用途、功能范围和位置信息。同时,该层级也描述与其他子系统和子子系统的关系。在某些简单的系统中,如果 SNS 不需要分解到子子系统级别,可在子系统级别编写该层级的信息 |
| 4 | YY-YY-YY(6 位)<br>YYY-YY-YYYY(9 位) | 该层级主要描述独立部件或装配件的功能、操作、指示控制及测试等详细信息。该层级也描述如何调整影响性能的单元、特定的维修实施、操作程序及与其他部件或单元体的关系。该层级包含的内容必须遵照飞机维修的要求 |

**3. 维修程序类**

本信息集包含维修人员在执行维修任务所需的信息。这些信息主要包括勤务、检查/测试、断开/移除/拆解程序、修理/本地制造程序、装配/安装/连接程序。维修程序涉及 IC 码段见表 4-8。

**表 4-8　维修程序对应 IC 码段**

| 序号 | 信息类型 | IC 码段 |
|---|---|---|
| 1 | 勤务 | 200 系列 |
| 2 | 检查/测试 | 300 系列 |
| 3 | 断开/移除/分解程序 | 500 系列 |
| 4 | 修理/本地制造程序 | 600 系列 |
| 5 | 装配/安装/连接程序 | 700 系列 |

**4. 故障隔离类**

本信息集包含使技术人员进行故障隔离的信息。在 S1000D 规范中,故障分为以下几类[5]:

(1) 已隔离故障;

(2) 已探测故障;

(3) 已观察故障;

（4）关联故障。

相应地，此信息集包含了已隔离故障清单、已探测故障清单、已观察故障清单、关联故障清单和故障隔离程序。

已隔离故障清单列出能够被飞机中央监控系统记录的相关故障的信息。这些维修信息必须在系统级别列出故障代码。

已探测故障清单列出能够被飞机监控系统记录的故障的相关维修信息。这些信息必须在系统级别列出。

已观察故障清单列出所有可观察到的故障，这些故障由机组人员报告或是由维修人员观察到的。这些故障的症状必须清楚并且描述不会引起歧义。如果故障是明确的，则故障原因中必须给出故障的航线可更换件（LRU）信息和原因，以及调整的操作信息。如果故障是不明确的（如多个故障都可能引起某一种症状），故障原因中必须提供可能的相关故障的信息。

关联故障清单列出具有相互关系且能够被飞机监控系统识别的维修信息。

故障隔离程序包含实施隔离时需要的操作和指示。故障隔离程序是最直接和简单的隔离故障的方法，一个隔离程序可以被多个故障代码使用。

各类型信息对应的 IC 码见表 4 - 9。

表 4 - 9　故障隔离信息对应的 IC 码

| 序号 | 信　息　类　型 | IC 码 |
|------|----------------|-------|
| 1 | 已隔离故障清单 | 411 |
| 2 | 已探测故障清单 | 412 |
| 3 | 已观察故障清单 | 413 |
| 4 | 关联故障清单 | 414 |
| 5 | 故障隔离程序 | 420～429 |
| 6 | 故障代码索引 | 441 |
| 7 | 维修信息索引 | 442 |

**5. 无损检测类**

该类信息为有资质的无损检测技术人员提供检测的工作指导，用于执行针对系统、分系统及其项目的无损检测。NDT 信息不仅包括对主要和次要结构件以及重要项目的检测，也包括对所有能够在机上测试的发动机及部件的 NDT 检测过程。无损检测信息集包括以下内容：

（1）通用信息；

（2）渗透检测；

（3）磁粉检测；

（4）涡流检测；

（5）X 射线检测；

（6）超声检测；

（7）伽马射线检测；

（8）谐振检测。

无损检测程序对应的 IC 码见表 4-10。

表 4-10　无损检测程序对应的 IC 码

| 序号 | 信 息 类 型 | IC 码 |
|---|---|---|
| 1 | 结构测试 | 350 |
| 2 | 表面裂纹的渗透检测 | 351 |
| 3 | 表面裂纹的磁粉检测 | 352 |
| 4 | 裂纹及其他缺陷的涡流检测 | 353 |
| 5 | 裂纹及其他缺陷的 X 射线检测 | 354 |
| 6 | 裂纹及其他缺陷的超声波检测 | 355 |
| 7 | 伽马射线检测 | 357 |
| 8 | 声振检测 | 358 |

6. 布线数据

本信息集用于提供飞机、发动机和设备的所有电子/电气电路图解,对飞机线路信息进行充分的说明,以便对电子/电气系统进行维护和故障隔离。

线路数据包含如下内容:

（1）概述；

（2）描述类信息；

（3）电气标准实施；

（4）线路图；

（5）线束图；

（6）设备和面板位置；

（7）电气标准件数据；

（8）电气设备信息；

（9）线路数据；

（10）线束数据。

线路数据内容包括产品上电子识别系统、连接件、导线、线束和导体信息。标准电气实施应描述维护实施和修理信息。对于每个系统,应提供电子电气线路图。线束图包括线束安装图、线路走向图和线路平面图。设备和面板位置给出电子电气设备和面板位置图,通过参考主要面板或站位线,水平线和纵剖线或等同定位系统来识别位置。设备和面板位置图通常包含面板、接线盒、设备和支架等。电子标准零件数据给出产品中使用的含开关的连接器、分离组件、导线、附件、焊接套管、收缩套管、识别套管和导体信息等。电子设备信息包括插头/插座、接线模块、永久性接头、接地桩、开关、继电器、灯光、电阻器、二极管和其他电子和电气设备信息。线路数据给出产品中每个导线的相关信息，用于表示产品中导线装配。线束数据给出产品上使用的线束相关信息。线路数据信息对应的 IC 码见表 4－11。

表 4－11　线路数据信息对应的 IC 码

| 序号 | 信　息　类　型 | IC 码 |
|---|---|---|
| 1 | 概述 | 018 |
| 2 | 描述类信息 | 029 |
| 3 | 电气标准实施 | 无要求 |
| 4 | 线路图 | 013 |
| 5 | 线束图 | 052 |
| 6 | 设备和面板位置 | 055 |
| 7 | 电气标准件数据 | 031 |
| 8 | 电气设备信息 | 056 |
| 9 | 线路数据 | 057 |
| 10 | 线束数据 | 058 |

7. 图解零件数据类

图解零件信息可以按 ATA 章节或非章节规划。章节化的图解零件信息包含带有 SNS 号的数据模块编码，这些信息集可以从工程设计数据库生成。非章节化的图解零件信息不具备带有 SNS 号的编码。图解零件信息包含了备件的标识信息、零件物理关系的标识信息、采购方式的标识信息。图解零件信息对应的 IC 码见表 4－12。

表 4－12　图解零件信息对应的 IC 码

| 序号 | 信　息　类　型 | IC 码 |
|---|---|---|
| 1 | 图解零件数据 | 941 |
| 2 | 图解零件交叉索引 | 942 |

8. 维修计划信息类

维修计划信息集包含适用于飞机维护计划性的相关信息的准备，以使机务维修人员能够进行飞机的维修。维修计划信息包括以下几部分内容[5]：

（1）时限；

（2）维护/检查任务清单；

（3）定期和不定期检查；

（4）功能检查飞行。

时限内容主要包括设备（名称、识别号、CSN、ISN）、数量、分类、时限以及适用性。

维护/检查任务清单主要内容包括任务、产品管理数据（区域、面板）、准备要求、参引任务、系统名称、设备、监督、检查间隔/时限、适用性。检查包括如下三种类型：

（1）定期检查（如飞行前检查）；

（2）不定期检查（如在硬着陆之后的检查）；

（3）可接受的功能检查飞行。

每个检查任务需一个数据模块，每个数据模块包含两部分内容：一是包含特殊检查；二是特殊检查所需要的维护/检查任务。每个数据模块包括时限、任务描述、需求来源、备注、设备信息（结构项目没有设备号，应给出名称）、维修/检查清单（参引的数据模块、任务描述、适用性）。功能和操作前检查/可接受的功能检查飞行包括操作前检查/可接受检查飞行的条件和标准。该数据模块只包含与详细的操作前检查/可接受检查飞行描述的参引。描述不包含在该数据模块中。维修计划信息对应的 IC 码见表 4-13。

表 4-13　维修计划信息对应的 IC 码

| 序号 | 信　息　类　型 | IC 码 |
| --- | --- | --- |
| 1 | 时限 | 000 |
| 2 | 维护/检查任务清单 | 000 |
| 3 | 检查定义 | 000 |
| 4 | 维修定位 | 916 |

9. 重量和平衡类

重量和平衡信息集提供了维修人员所需要的信息来控制飞机的重心和平衡，应该包括以下内容：

（1）调平和称重-概述，提供了图、表、记录单用于执行重量平衡，以及计算方法；

（2）重量和平衡，提供了飞机重量、平衡控制等用于控制飞机；

（3）调平/配平，提供了调平的方法；

（4）称重，提供了称重的工具、步骤、检查单等；

（5）重量和重心数据，提供计算重心的方法，以及调整重心位置的方法；

（6）标准和定义。

重量和平衡信息对应的 IC 码见表 4-14。

表 4-14　重量和平衡信息对应的 IC 码

| 序　号 | 信　息　类　型 | IC 码 |
|---|---|---|
| 1 | 调平和称重-概述 | 000 |
| 2 | 重量和平衡 | 000 |
| 3 | 调平/配平 | 000 |
| 4 | 称重 | 000 |
| 5 | 重量和重心数据 | 000 |

10. 抢救信息类

抢救信息集用于维修人员抢救、恢复飞机,包括以下内容:

（1）概述,提供尺寸、顶起点、站位图等信息;

（2）调查和准备,提供了损伤控制、安全措施、初始检查、重心位置、放油等信息;

（3）稳定/提升飞机;

（4）移动飞机;

（5）支持设备。

飞机抢救信息对应的 IC 码见表 4-15。

表 4-15　飞机抢救信息对应的 IC 码

| 序　号 | 信　息　类　型 | IC 码 |
|---|---|---|
| 1 | 概述 | 018 |
| 2 | 调查和准备-通用检查单 | 121 或 125 |
| 3 | 调查和准备-初始检查 | 311 |
| 4 | 调查和准备-损伤控制和安全措施 | 220,500 |
| 5 | 调查和准备-重量重心 | 050 |
| 6 | 调查和准备-移除载荷 | 520 |
| 7 | 调查和准备-放油 | 221 |
| 8 | 调查和准备-拆除主要部件 | 520 |
| 9 | 稳定/提升飞机-准备 | 070 |
| 10 | 稳定/提升飞机-稳定 | 100 |
| 11 | 稳定/提升飞机-提升 | 100 |
| 12 | 移动飞机 | 100 |
| 13 | 支持设备 | 060,061,062 |

11. 图解设备和工具类

图解设备和工具信息集用于提供按照维修计划在地面维护飞机设备、发动机、组件等所需设备和工具的功能信息，主要包括：

（1）概述；

（2）字母索引和清单；

（3）设备信息。

图解设备和工具信息对应的 IC 码见表 4 - 16。

表 4 - 16　图解设备和工具信息对应的 IC 码

| 序号 | 信　息　类　型 | IC 码 |
|:---:|:---:|:---:|
| 1 | 概述 | 018 |
| 2 | 字母索引 | 014 |
| 3 | 特殊支援设备和工具 | 061 |
| 4 | 标准支援设备和工具 | 062 |
| 5 | 政府提供支援设备和工具 | 063 |
| 6 | 本地制造支援设备和工具 | 064 |
| 7 | 设备信息 | 066 |

12. 通用信息和数据类

通用信息和数据信息集包括：

（1）缩略语清单；

（2）术语清单；

（3）符号清单；

（4）适用规范和文档清单。

通用信息和数据信息对应的 IC 码见表 4 - 17。

表 4 - 17　通用信息和数据信息对应的 IC 码

| 序号 | 信　息　类　型 | IC 码 |
|:---:|:---:|:---:|
| 1 | 缩略语清单 | 005 |
| 2 | 术语清单 | 006 |
| 3 | 符号清单 | 007 |
| 4 | 适用规范和文档清单 | 00V 或 017 |

13. 结构修理类

结构修理信息集包含维修人员执行结构损伤评估和修理的信息，涉及结构标准实施、舱门、机身、短舱、安定面、窗、机翼，包括以下内容：

（1）概述；

（2）结构标准实施，包括飞机结构描述、气动外形要求、裂纹清理、机体密封、压力检查等信息；

（3）飞机主要结构件，包括损伤评估、损伤限制、检查标准、修理等信息。

结构修理信息对应的 IC 码见表 4－18。

**表 4－18　结构修理信息对应的 IC 码**

| 序号 | 信 息 类 型 | IC 码 |
|------|------------|-------|
| 1 | 概述 | 018 |
| 2 | 结构标准实施-结构描述 | 041 |
| 3 | 结构标准实施-气动外形要求 | 361 |
| 4 | 结构标准实施-划伤、裂纹、凹坑清理 | 649 |
| 5 | 结构标准实施-机体结构密封 | 259 |
| 6 | 结构标准实施-压力检查 | 362 |
| 7 | 结构标准实施-材料 | 072 |
| 8 | 结构标准实施-紧固件 | 078 |
| 9 | 结构标准实施-飞机支撑 | 670 |
| 10 | 结构标准实施-对称度检查 | 272 |
| 11 | 结构标准实施-控制面平衡 | 271 |
| 12 | 主要结构件-识别 | 041 |
| 13 | 主要结构件-损伤评估 | 661 |
| 14 | 主要结构件-检查标准 | 284 |
| 15 | 主要结构件-结构分类 | 667 |
| 16 | 主要结构件-修理 | 600,662,663,664,665 |

## 4.3.4　信息集的确定和使用

技术出版物内容规范时，根据所需的信息和对信息组合的需求来确定信息集。在实践中，适航规章条款是针对手册提出具体要求，为了满足适航要求，在规划时可以先确定手册种类，再根据手册中包括的信息从 S1000D 规范中选取信息集。例如，AMM 等同于维修程序信息集，FIM 等同于故障隔离信息集，IPC 等同于图解工具与设备信息。根据 S1000D 规范可以使用某一类信息集用于手册编制，所以在传统出版物组织形式向 S1000D 规范构建的 IETP 的过渡阶段，按照固有的手册种类规划信息集是一种简便的方法。尽管如此，划分信息集有助于项目规划人员判断手册产品确切需要的信息种类：如果项目规划时提出了需要编制某手册，则浏览信息集清单可以判断该手册对应的是哪几类信息集，进而判断这些信息是否可以在已有的手册中体现或重用，从而避免不断增加手册种类，造成信息冗余。

在某型飞机项目上，采用完全与手册种类对应的方式选择信息集，飞机维修手册、图解零件目录、维修计划文件等手册采用了维修程序、图解零件数据、维修计划等信息集，消耗品手册、工具与几面设备手册等则采用了材料数据等信息集。

另一种信息集划分方法则完全基于信息本身形式。这种方法的前提是完全知晓项目所需的各类信息，根据信息类型选择信息集。

信息集选定之后，就可以确定所需数据模块类型，S1000D 规范中已经就信息集一般可包含的数据模块类型进行了定义，这为制定 DMRL 建立了基础。

## 4.4 源数据分类和分析

### 4.4.1 源数据类型

编制民用飞机技术出版物所使用的源数据比较复杂，从格式上区分有文件、图纸、数据等，从来源上区分则有来自供应商、设计中心、客服中心等。

供应商、设计中心、维修部门不但向技术出版物部门提供必要的源数据，一些部门之间也进行信息的流通，供应商和设计中心还承担一部分技术出版物的编写工作。流向技术出版物部门的数据将被汇总、加工成用于技术出版物编制的文字、图片、视频、音频等媒体，所有的信息都将存储在数据模块中。经过数据模块的有序排列后，便发布形成最终的技术出版物。

对于飞机技术出版物的编写，其源数据并没有特别的限制，任何正式发布并且受控的文件、报告等都可能成为出版物编写时的参考或者直接输入。常见的源数据有以下几种。

1. 工程文件

工程文件指从飞机型号确定、概念设计到生产制造、数据管理的整个飞机生命周期过程中产生的文档类文件，既包括飞机总体和系统的设计文件，又包括用于下达生产指令和协调各部门工作具体问题的管理类文件，还包括对飞机结构部件的材料、工艺等进行规定的约束类文件等。例如，总体设计时的技术要求、详细设计时的安装技术条件等，在制造、试飞现场编制的、针对某一问题进行的专题性研究所形成的成果。根据编写方不同，还可以分为设计团队产生的文件，客服团队产生的文件，制造团队产生的文件。

## 2. 工程图样

工程图样可分为二维图、三维数模和 EBOM 清单。二维图包括各系统的原理图、线路图以及逻辑图；三维数模则包含飞机产品结构中所有数字模型,大至飞机整体外形曲面,小至用于连接定位的螺钉铆钉等标准件；EBOM 清单一般与数字模型搭配使用,是记录着飞机产品的零件、组件或装配体在产品结构树中的上下级装配关系的表格,以数字和文字的形式体现出了该零件、组件或装配体在其对应节点附近的上下级装配结构的名称、材料等属性。

## 3. 沟通交流文件

沟通交流文件指用于团队、单位之间协调解决技术问题的受管控文件,形式包括但不限于协调单、咨询单等。

## 4. 维修工程分析数据

维修工程分析数据是一类专门对飞机各种故障和周期性检查维修工作提供全面技术支持的文件,对维修的人员、工具、维修准备工作、维修程序以及维修完成后的清理工作均进行了说明。根据分析的类型可以划分为维修任务分析(MTA)、后勤保障相关故障模式影响分析(LSAFMEA)、修理级别分析(LORA)、后勤相关使用分析(LROA)、损伤与特殊事件分析(DSEA)、维修计划分析(MSG-3)共 6 类,数据主要以表格和 XML 的格式进行保存和传输。各类数据及目的见表 4-19。

表 4-19　维修工程分析数据子类型分析目的

| 分析类型 | 分 析 目 的 |
|---|---|
| MTA | 详细确定维修任务程序和维修资源 |
| LORA | 选择故障产品维修任务的最优解决方案 |
| LROA | 确定与飞机运营相关,但不属于飞机维修和操作的任务 |
| DSEA | 分析飞机潜在损伤,形成维修任务 |
| LSAFMEA | 确定系统修理任务和排故任务清单 |
| MSG-3 | 确定重要维修项目、故障影响类别及其维修任务、维修间隔 |

## 4.4.2　源数据使用分析

S1000D 规范中没有规定源数据的使用,但对于源数据的整理、识别、使用、跟踪贯穿了技术出版物整个工作流程。在内容规划阶段,当项目确定信息集分类之后,就可以对各来源的源数据进行分析,确定具体需要编写的内容,用以制定数据模块编制计划。S1000D 规范建立了信息集—数据模块—发布模块—手册的流程,但在具体实施时由于手册概念仍为最便于理解的,因此除有特殊要求的手册外,大部分信息集都可以找到对应手册,在手册范畴下分析源数据。飞机手册通常可以分为维修类、飞行类、构型控制类,各个手册对源数据的需求是不同的,下面将举例分析各类型手册对源数据的需求。

1. 维修类手册

飞机维修手册(AMM)分为系统描述(SDS)和维修程序(MPP)两大部分。其中 SDS 侧重于对系统组成和功能的介绍,需要的源数据包括功能设计报告、详细设计方案,而插图则来自 CATIA 数模。MPP 程序所针对的场景有所不同,可分为勤务保养、测试、拆卸安装、检查。拆卸安装程序的源数据可以是安装技术条件、设计方案、工艺规范、人为因素报告、MTA 报告、维修大纲、工具说明、安装指令、耗材选用目录;勤务保养的源数据可以是工艺规范、维修要求、耗材选用目录;检查的源数据可以是维修要求;测试程序的源数据可以是全机测试报告等;而 MPP 所需插图主要仍来自 CATIA 数模。

故障隔离手册(FIM)主要包括故障信息及排故程序,需要的源数据包括详细设计方案、供应商系统描述、测试报告、LRU 件清单、试验报告、系统逻辑文件等。

无损检测手册(NDT)包含常用无损检测技术在飞机上的具体操作方法,需要的源数据包括:行业内的无损检测操作规范、飞机的关键项目清单、试验参数、制造商确定的标准工艺文件、原位进行的检测报告等。

维修计划文件(MPD)包含计划维修和非计划维修项目,手册中只列出项目名称、维修间隔,不需要具体的维修步骤,因此需要的源数据来自维修性分析报告和维修工程分析报告。

消耗品手册(CPM)包含飞机选用的所有消耗性材料,包括牌号、名称、规范、采购信息、引用的 AMM 程序,其需要的源数据包括项目消耗性材料选用目录以及相关的工艺规范文件,合格供应商目录等。

2. 飞行类手册

飞行机组操作手册(FCOM)包括系统描述、限制、操作程序和性能,需要的源数据包括飞机总体技术方案、系统说明文件、人机界面文件、使用限制文件、机组操作程序、补充操作程序、性能数据计算报告等文件。

3. 构型控制类手册

图解零件目录(IPC)包括图解图和零件清单,需要的源数据包括数模、图纸、BOM 表、供应商目录、标准件选用目录等信息。

线路图手册(WDM)需要的源数据包括线路清册、电气设备清单、电气标准件选用目录等。

系统原理图手册(SSM)需要的源数据包括系统设计方案。

### 4.4.3　源数据应用管理

源数据应用于技术出版物整个生命周期,而且手册所需源数据种类多、来源主体不同(设计团队、生产制造团队、试验团队等),缺乏源数据应用情况进行跟踪、管理会导致技术出版物状态的失控,在技术出版物发布后再开始了解源数据应用情况可能需要大量的资源。

在内容规划阶段,就应设立统一的数据平台和负责管理数据分发的人员;在项目初期即明确数据提供方的责任和工作范围。作为数据使用方,则应跟踪记录源数据的更新,明确源数据使用的去向。项目中设计人员和手册编写人员的更迭可能导致源数据使用历史情况的丢失,从而无法查明手册内容变化的源头,无异于重新编写。通过记录手册内容的源数据使用情况,并维护该记录才可能在产品生命周期内始终掌握手册变化状态。

为保证源数据应用始终受控、可追溯,关键在于记录源数据的应用场景,以实现后续数据使用者可以方便地理解源数据是如何分析应用的;另外,通过记录标准化的、机器可识别的信息,可以快速地利用关键词进行源数据信息的检索定位或筛选。在 S1000D 规范框架下,可以利用数据结构化的优点,对所编写的数据模块本身及数据模块内容标识出所应用源数据的信息,通过源数据类型、标识号、层级、应用时间、关键词等要素建立起应用场景。

### 4.4.4 源数据标识

用对应表的形式建立出版物与源数据的关联是比较低效的,因为没有将具体的源数据信息与手册片段关联的手段,以人工的形式跟踪源数据的变化导致成本巨大。采用 S1000D 规范编制出版物,以数据模块为单元,手册内容变成信息的组合,利用 Schema 得以对每个具体的信息标识、定位,使其具有了每段信息的具体地址,即具有建立源数据与手册信息强关联的基础。

确定源数据标识的精度需要综合考虑定位准确度和适用范围。高精度的定位可以具体到源数据的细节,但也需要记录更多的信息,从而增加了数据维护的难度;而低精度的定位只需要记录较少的信息,维护简单,但不能准确定位。

通过对常规源数据分类的分析,可以获得相应需要标记的源数据片段信息。例如,文件性质的源数据,其片段信息是以文件号、文件名、段落号/其他标识号等特征值进行定位的;清单性质的源数据,其片段信息是以清单编号、清单名、行/列号等特征值进行定位的。获得源数据片段信息的用途在于定位,如同编程的说明性文档,这些片段信息也详细解释了手册内容的来源、编制思路。

对于文件类的源数据,可用"章节段号+关键词"的标注信息方法,包括源数据名称、编号、版本、章节段号和关键词。章节段号和关键词两个标注信息中至少填写一个。章节段号是一个与文件结构对应的标注信息,关键词则是由工作人员根据工作经验自行总结而成,且文件内容定位较为模糊。这样既满足了提高文件内容定位精度的要求,也具有一定的灵活性、适应性。

工程图样类的源数据可以分为二维图纸、三维数模和 EBOM 清单,其使用方式不同,所以标注的信息也不同。图纸和数模在技术出版物的编制过程中一般有两种用法:一种是将图纸或数模的信息转化为文字信息,例如工作原理说明、部件拆装步骤;另一种是根据图纸或数模生成技术出版物所使用的技术插图。图纸、数模没有工程文件章、节、段的编排方式,因此标注源数据信息时无法对其进一步分解,只需记录名称、编号、版本。EBOM 清单包含了零部件在飞机产品结构树中的上下级装配关系和零部件的属性信息,一般可用于编制技术出版物中的零件表,标注时记录 EBOM 清单所对应的图纸或数模信息。

其他类别的源数据可以参考工程文件的标注方法。源数据使用和标注方式如图 4-6 所示。

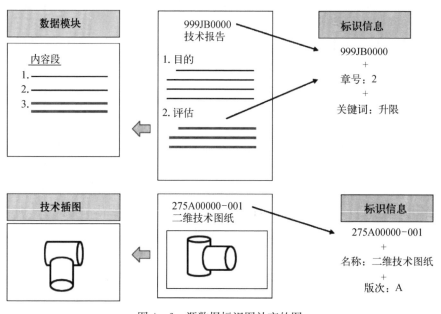

图 4-6　源数据标识图补充的图

## 4.5　制定数据模块需求清单

### 4.5.1　概述

数据模块需求清单(DMRL)是用于确认项目技术出版物所需的数据模块,以制定出版物编写计划、控制项目进度、实施构型控制等。

DMRL 本质上是一张表格,可以不同的格式存在,如 Word 和 Excel。S1000D

规范为 DMRL 也规定了 Schema 结构,从而使 DMRL 本身可以数据模块的形式存放在 CSDB 中进行管理,并遵循信息交换原则在各个项目参与方之间交流。

制定 DMRL 就是要确定在项目中具体计划编写哪些内容。由于可能涉及多个团队参与制定 DMRL,如由供应商、合作伙伴编制各自所承担 DMRL,再由主制造商统一汇总,因此 DMRL 的格式和规则必须在项目一开始就确定并严格遵守。DMRL 建立了所有 DM 的档案,在此基础上,可以与进度信息、责任方、验证、出版模块等信息进行组合,产生不同的管理用信息。在项目初期,DMRL 作为出版物内容规划的最终交付物,标识着项目进入具体的编写过程;在项目进行中,起到监控进度以及与各方分配、交换信息的作用。在项目的完结阶段,可用于信息组合以形成最终交付的手册。

### 4.5.2　如何确定 DMRL

在开始规划时应该先在参与各方中就所使用的信息集达成一致,建立编码规则,之后编制 DMRL。

DMRL 由数据模块相关的信息组成,即所有适用于某飞机型号或飞机系统的数据模块信息,主要包括:

(1) 数据模块编码(DMC):技术出版物数据模块的编码。

(2) SNS 技术名称(SNS technical name):SNS 编码所对应的系统、分系统、分分系统或部件的名称。

(3) 数据模块技术名称(DM technical name):数据模块所描述的系统、分系统、分分系统、部件或功能的名称。

(4) 信息名称(info name):信息名称是对信息码(IC)的简短描述,通常是数据模块的任务或行动的名称。

(5) Schema:数据模块采用的 Schema 类型;

(6) 出版物模块(publication module):数据模块从属的出版物模块类型。

(7) 来源数据(source data):列出用于创建 DM 的各类来源文件的名称,包括工程源文件、制造文件等。

(8) 创建者代码(originator code):负责向最终用户交付数据模块的主体,以 CAGE 编码表示。

(9) 责任伙伴代码(responsible partner code):负责编写 DM 的主体的代码,以 CAGE 编码表示。

(10) 项目协调者代码(coordinator name):主制造商中负责与供应商协调 DM 编写相关事务的人员名称。

(11) 供应商协调者代码(supplier coordinator name):供应商中负责与主制造商协调 DM 编写相关事务的人员名称。

（12）状态（status）：DMRL 中所列数据模块的生命周期状态。

（13）备注（general comments）：任何关于 DMRL 的补充信息。

在实践中，DMRL 的编制通常需主制造商与系统供应商共同完成，DMRL 相应分为主 DMRL（由主制造商完成）和子 DMRL（由系统供应商完成）。在进行主-子 DMRL 编制分工时，有以下两种方式：

（1）系统供应商不负责或只负责少量数据模块编写，可由系统供应商提供子 DMRL，主制造商负责将子 DMRL 的内容汇总到主 DMRL 文件中，并将汇总后的主 DMRL 文件整体导入技术出版物内容管理系统；

（2）系统供应商负责某一系统大部分数据模块编写时，其提交的子 DMRL 文件按照主制造商规定转换为统一的电子文件格式，由主制造商分系统导入内容管理系统；主制造商负责创建主 DMRL，并在主 DMRL 中建立与已导入内容管理系统中的各子 DMRL 文件的参引。

DMC 各码段的编制依据各不相同。在项目初期，为了便于设计团队、制造团队、客服团队之间的交流，建立了标准系统编码（即 ATA 章节号），对编码系统中的项目具有唯一的 6 位编码，这就作为 DMC 中的 SNS 码段。而对于拆分码、信息码等码段，确定依据是划分飞机维护任务的需要。

信息集的确定实际是限定了用于飞机运行和维护的信息种类。从信息集的大类中选取的小类就是 DM 的类型。例如，维修程序信息集，所包含信息的特点是具有唯一执行顺序、通常有准备-执行-收尾，进一步细分小类可以发现，维修程序可以是拆装、测试、检查等，内容虽不相同，但信息结构是类似的，为此需要信息码来标识内容的不同。对于故障隔离信息集，也相应有信息码来规定适合此集合的数据模块类型。

利用标准编码系统（SNS）和信息码（IC）已经能够确定大部分的 DM 编码，如果在某些情况下，还需要对 6 位 SNS 所对应的对象作进一步划分，可以使用拆分码；如果还需要考虑构型的差别，就可以使用系统差异码。

如果项目本身规模较小，对手册内容需求不大，也可以根据经验直接编制 DMRL，而不考虑信息集。缺点是没有综合考虑整个项目的信息需求，尤其对于一些占比较小的信息，例如，货物装载作为一项维修程序可能在规划 DMRL 时遗漏，而其又不需要以手册形式出现。

SNS 技术名称通常和 SNS 编码一起在项目初期就已确定。数据模块技术名称在 S1000D 规范里的定义与 SNS 技术名称区别不大，在实践中，可以采用 SNS 技术名称加信息码对应的名称组合而成数据模块技术名称。例如，21－21－01 加信息码 520，对应的技术名称为混合腔-拆卸。

每个数据模块所对应的出版物模块一般在确定 DMC 后就可以确定，可在项目后期进行调整。

在 DMRL 规划初期来源数据是指确定 DMC 所用的文件,在 DMRL 中根据项目需要可以进一步定义来源数据的信息内容。进入 DM 编制阶段后,可以在来源数据中加入编制具体内容所参考的源数据。国内某型号飞机利用编辑工具记录编制源数据的信息,在数据库中形成 DMC 与源数据的关系表,再通过 DMC 将与 DMRL 相关联。

DM 创建者代码是指向客户交付数据模块的主体,通常指主制造商的代码。

参与项目各方的责任伙伴代码在项目开始时就确定,如果由系统供应商或者合作伙伴承担一部分 DM 的编写任务,则在主 DMRL 中记录相应 DM 编写方的代码。通常 DM 编制的分工由主制造商与供应商的合同确定。如果该 DM 由系统供应商编写,则填入该供应商的 CAGE 编码;如果该 DM 由主制造商编写,则填入主制造商的 CAGE 编码。

DM 状态代码用来表示 DM 处于生命周期的哪个阶段。项目可以自己定义其生命周期状态,常规的状态有新增、作废、有效。在初始 DMRL 中可以默认为“有效”。在项目进行中,在工作计划中也会记录数据模块更为详细的状态,但 DMRL 中的状态仅指是否规划了该数据模块。

供应商协调者代码应填写系统供应商中与主制造商协调的接口人员的姓名。

DMRL 的制定是一个持续的过程,随着项目进行 DMRL 各个信息都可能发生变化,因此初始 DMRL 确定之后,应该对其进行版本的控制,尤其是采用主-子 DMRL 编制分工的项目。

从工作流程上,DMRL 编制应按照以下步骤进行:

(1) 确定数据模块编码体系,包括与 DMC 有关编码(SNS、IC 等);

(2) 根据与供应商的分工或根据飞机系统划分主-子 DMRL;

(3) 主制造商和供应商各自列出所有 DMC,并分配相关的技术名称和信息名称;

(4) 供应商提交编制完成的子 DMRL 文件,主制造商根据编制分工按以下两种方式完成 DM 信息汇总:① 建立主 DMRL 对子 DMRL 的参引,并将主 DMRL 文件和子 DMRL 文件都导入内容管理系统;② 或将子 DMRL 内容合并入主 DMRL 中,形成单独一份 DMRL 文件导入内容管理系统;

(5) 审查 DMRL 的完整性。

### 4.5.3　DMRL 模板介绍

根据 S1000D 规范,可以按表 4 - 20 做出 DMRL 模板。项目可根据自身需要对模板进行定制,可以增加更多信息。该模板在确定之后应该分发给项目各参与方,以便各方可以在统一的格式下沟通、交换模块清单。

表 4 - 20    DMRL 示例

| 项目号 | 系统差异码 | 系统 | 分系统 | 分分系统 | 单元体 | 拆分码 | 拆分码变量 | 信息码 | 信息码变量 | ILC | SNS 技术名称 |
|---|---|---|---|---|---|---|---|---|---|---|---|
|  |  |  |  |  |  |  |  |  |  |  |  |
|  |  |  |  |  |  |  |  |  |  |  |  |
|  |  |  |  |  |  |  |  |  |  |  |  |

| 数据模块技术名称 | 信息名称 | Schema | 出版物模块 | 来源数据 | 创建者代码 | 责任伙伴代码 | 项目协调者代码 | 供应商项目协调者代码 | 状态 | 备注 |
|---|---|---|---|---|---|---|---|---|---|---|
|  |  |  |  |  |  |  |  |  |  |  |
|  |  |  |  |  |  |  |  |  |  |  |  |
|  |  |  |  |  |  |  |  |  |  |  |  |

## 4.5.4    DMRL 制定实践

本节以假想的某飞机型号(型号代码为 ABC)为例,说明 DMRL 的制定过程。

某小型飞机的手册编写根据市场调研和规划,确定飞行和维护人员使用的信息包括维修程序、故障隔离程序、图解图、零件清单、机组操作程序、线路清单,因此确定了维修程序、故障隔离、图解零件、机组/操作信息、布线信息集。维修程序信息集将包括组件的拆卸、安装,功能测试,勤务程序;故障隔离信息集包括故障清单和排故程序;图解零件信息集包括图和零件清单,机组/操作信息集包括机组操作程序、性能、限制等内容。

该项目的 DMRL 确定由主制造商负责制定管理,各系统供应商直接提供合同约定的 DM 清单,因此只需维护一份 DMRL。

手册规划团队首先制定标准编码系统(SNS),然后按照自下而上的方式从各专业收集 PM 需求,确定所有需要拆装的程序(SNS+IC)以及功能测试(SNS+IC),确定勤务、检查程序(SNS+IC);确定图解零件模块(SNS+IC)等。

例如,对于 21 章空调,其专业小组将列出本专业所负责的 DM 清单。所有需要拆卸、安装的部件都可以通过部件所属 SNS 编号和拆卸/安装所对应的信息码(520/720)来指定,拆卸、安装通常成对出现,例如:

ABC - A - 21 - 21 - 01 - 00A - 520A - A 混合腔-拆卸;

ABC - A - 21 - 21 - 01 - 00A - 720A - A 混合腔-安装;

ABC - A - 21 - 21 - 03 - 00A - 520A - A 再循环风扇-拆卸;

ABC - A - 21 - 21 - 03 - 00A - 720A - A 再循环风扇-安装;

ABC - A - 21 - 25 - 01 - 00A - 520A - A 前电子设备通风过滤器-拆卸;

ABC - A - 21 - 25 - 01 - 00A - 720A - A 前电子设备通风过滤器-安装。

有时需要拆分码来对组件进行进一步划分,例如,21－27－01 表示货舱关断活门,而飞机上有前后货舱和出口、入口,共计 4 个关断活门,这样就需要用拆分码来区分。

ABC－A－21－27－01－01A－520A－A 前货舱入口关断活门-拆卸;

ABC－A－21－27－01－01A－720A－A 前货舱入口关断活门-安装。

根据任务要求,大部分拆卸、安装程序完成之后都需要进行测试,以确定故障的消除、功能恢复。例如,货舱入口关断活门之后需要进行货舱通风操作试验,因此规划完拆卸安装任务可以直接列出测试程序,例如:

ABC－A－21－27－00－00A－320A－A 货舱通风-操作试验。

对于各系统的程序,除了拆卸、安装及对应的测试程序,还需要进行检查。例如:

ABC－A－21－50－00－01A－320A－A 左侧制冷系统温度控制手动检查。

有些程序如区域检查、牵引、系留、标准实施等,与具体飞机系统无关,这些程序也要结合 SNS 编码,而信息码的选择则更为广泛。S1000D 规范中明确规定的号码范围可能并不适用具体项目,需要主制造商自行定义。例如,SNS 仅定义了 12－11－18 为燃油勤务,而程序中需要区分压力放油、吸力放油,就需要利用拆分码。

ABC－A－12－11－28－04A－221A－A 压力放油;

ABC－A－12－11－28－05A－221A－A 吸力放油。

各个专业汇总之后,将跨专业或者涉及飞机本身的内容在专业间进行协调,再进行一轮修订并由各专业组确认。

对于如故障隔离的程序,不能完全按照 SNS 来划分模块,首先要进行的故障模式分析,根据分析结果确定可能的故障并进行分类。在设计阶段已经事先定义了各条故障信息,并加载到机载系统中,每次出现故障信息也将有对应的故障隔离程序。所以这些模块直接采用故障编号加信息码的方式,例如:

ABC－A－24－12－11－00A－420A－A 气动电源装置故障隔离;

ABC－A－27－55－01－00A－420A－A 襟/缝翼计算机故障隔离。

图解零件模块的划分方法较为清楚,只需要考虑各组件划分的颗粒度即可,如需继续拆分以便显示细节,可以通过拆分码以获得更多模块。例如:

ABC－A－21－51－00－03A－051A－A 排风单向活门安装;

ABC－A－21－51－00－04A－051A－A 右流量控制阀门安装。

## 4.6　DMRL 维护

### 4.6.1　DMRL 的生命周期

DMRL 的生命周期贯穿整个项目周期,并在飞机投入运营之后继续使用。大体上可以分为初始、完善和持续更新三个阶段。在初始阶段，根据项目规划初步确定了手册的内容范围和信息类型，分配主-子 DMRL 的编制任务，根据编码系统和 LRU 清单等输入形成各方认可的 DMRL。在完善阶段，根据补充的输入文件（如 MTA 分析报告等），进一步细分、更新 DMRL，包括大部分交付客户的 DM，以完成交付手册的定稿为标识。边更新 DMRL 边编写 DM 内容是常规的方法。持续更新阶段伴随着该型号飞机的全寿命周期，此阶段只有少量 DM 信息变动，但必须保证每次更改时首先更新 DMRL。

### 4.6.2　DMRL 管理小组

DMRL 是整个编写项目的框架，也是主制造商和各系统供应商、合作伙伴进行工作界面划分的基础，从项目角度考虑，也涉及工作量的分配，所以修订 DMRL 需要审慎的决策。项目应该成立专门的决策小组负责 DM 的新增和作废。DMRL 管理小组可以由编写项目主管、专业负责人、供应商代表、构型管理人员组成。

需要增加、作废或者更改 DM 信息时，管理小组负责审核并对每一次更新 DMRL 的情况进行记录。

### 4.6.3　DMRL 更新流程

DMRL 更新包括新增、作废和修订。基本原则是要保证信息无冗余，更新的影响能够被识别，DMRL 信息与数据库中实际的模块状态保持一致。新增模块需要确认与 DMRL 中的 DM 有无重复；作废和修订模块需要确认该模块的编写状态，如果已经编写，应该确认有无被参引，并且确定数据库中的模块已经相应地变更为"作废"或者修订完成。

一般而言，参与模块规划、编写、更改的人员都可以提交申请，由 DMRL 管理小组进行评估和审核，可以由专人对 DM 编码进行分配。完成更新后，应通知关联方。

### 4.6.4　DMRL 与编写计划

管理 DMRL 的难点之一是与编写工作计划协调一致。DMRL 完成之后将分配到各个编写团队形成工作计划。除原有的 DM 信息之外，工作计划中还需要包括编写进度、编写人员、起止日期等信息。在开始编写之后，由于输入源的不同以及设计发生的更改，需要对模块信息进行调整（删除、拆分、合并等），工作计划长期处于动态更新之中，不能与 DMRL 保持一致。进入发布阶段前，需要重新核对编写的 DM 与 DMRL 是否一致，并根据 DMRL 中的信息编制发布模块。

管理 DMRL 的第二重困难是，在不同组织间保持 DMRL 的协调一致。在主制造商-系统供应商的模式下，手册编写的分工界面不容易清晰。根据合同签订的条款,主制造商所承担的编写范围有时会覆盖一部分供应商的系统,供应商所承担的编写范围有时会涉及机体本身,初步划分好 DMRL 的分工界面后,各方应对后续 DMRL 的更新进行及时的通告,以防重复占用码段。

### 4.6.5　DMRL 的其他应用

DMRL 是技术出版物编制的纲领,并遵循了统一的格式,S1000D 规范中有专门的 Schema 用于 DM 清单,这给 DMRL 的更多应用提供了方便,根据实践情况大致有以下几种。

(1) 技术出版物验证。根据行业规范和客户要求,完成的技术出版物需要在客户的监督下进行实操以验证其可用性。验证后的状态可能有通过、不通过、修改后验证、修改后无须验证等几种,对应的需要对模块进行不同的操作。客户和主制造商都需要实时看到所有 DM 的状态,因此为了减少重复维护 DM 清单,可以在 DMRL 中增加验证状态;或利用信息技术手段,将验证信息与 DMRL 关联,以便调用查看。

(2) 源数据跟踪。通常数据模块的编写会动用大量的源文件、源数据,而在整个产品生命周期,这些来源都处在变动当中。如果不能对这些源头进行跟踪,将难以保证数据模块内容的准确性。利用信息技术,现在已经可以记录数据模块每个片段所参考、引用的文件或数据信息,并存放在后台数据库中。虽然 DMRL 中一般不会记录这些详尽的信息,因为源头的频繁变动可能造成 DMRL 无法定稿,但利用 DMRL 中每个 DM 的身份信息(DM 编码),可以建立 DM 编码与源文件、源数据的关联,作为更改控制、影响分析等工作的技术基础。

# 第5章　技术出版物编制和管理

■
■
■
■

## 5.1　概述

　　基于 S1000D 规范的民机维修类技术出版物采用模块化、结构化的思想进行技术出版物内容的编写,并采用公共源数据库(CSDB)对技术出版物编写过程中的数据进行单一数据源管理,与传统纸质出版物的编写和管理存在较大差异。本章将围绕技术出版物的编制和管理工作,介绍数据模块及其 Schema、数据模块编写方法及源数据标识信息的应用、CSDB 数据管理机制、公共信息库和适用性信息管理的使用、CSDB 数据交换等内容,为基于 S1000D 规范的民机技术出版物编制和管理工作提供参考。

## 5.2　数据模块 Schema

　　XML Schema[14] 在 2001 年 5 月 2 日成为 W3C 标准。XML Schema 的作用是定义可扩展标记语言(extensible markup language, XML) 文档的合法构建模块,类似文档类型定义(document type definition, DTD)。XML Schema 主要用于描述如下信息:

　　(1) 定义可出现在文档中的元素;

　　(2) 定义可出现在文档中的属性;

　　(3) 定义哪个元素是子元素;

　　(4) 定义子元素的次序;

　　(5) 定义子元素的数目;

　　(6) 定义元素是否为空,或者是否可包含文本;

　　(7) 定义元素和属性的数据类型;

　　(8) 定义元素和属性的默认值以及固定值。

在不久的将来,Schema 将有可能取代 DTD 成为 XML 文档结构的最佳标准,主要理由如下:

(1) XML Schema 可针对未来的需求进行扩展;

(2) XML Schema 更完善,功能更强大;

(3) XML Schema 基于 XML 编写;

(4) XML Schema 支持数据类型;

(5) XML Schema 支持命名空间。

S1000D 规范中给出所有数据模块类型的 Schema 文件,通常针对每一种类型的数据模块,S1000D 规范都会提供一个对应的 Schema 文件来描述其对应的 XML 文档的结构。此外除各种类型的数据模块外,对于 CSDB 中管理的其他 XML 文档对象(如数据分发说明 DDN、出版物模块 PM 和数据模块列表 DML)S1000D 规范也给出其对应的 Schema 文件,表 5-1 给出了 S1000D 4.1 各数据类型对应的 Schema 文件。

**表 5-1　S1000D 4.1 所支持的数据类型**

| 大　分　类 | 数　据　类　型 | Schema 文件 |
| --- | --- | --- |
| 传统类型 | Crew DM | crew.xsd |
| | Description DM | descript.xsd |
| | Procedure DM | proced.xsd |
| | Fault Isolation DM | fault.xsd |
| | Parts (IPD) DM | ipd.xsd |
| | Scheduled DM | schedul.xsd |
| 支持数据 | ACT DM | appliccrossreftable.xsd |
| | CCT DM | condcrossreftable.xsd |
| | PCT DM | prdcrossreftable.xsd |
| | Brex DM | brex.xsd |
| | Container DM | container.xsd |
| | CIR DM | comrep.xsd |
| | CIR update DM | update.xsd |
| 特殊概念 | Wiring Data DM | wrngdata.xsd |
| | Wiring Field DM | wrngflds.xsd |
| | Process DM | process.xsd |
| | Checklist DM | checklist.xsd |
| | Training DM | learning.xsd<br>scocontent.xsd |
| | SB DM | sb.xsd |
| | Front Matter DM | frontmatter.xsd |

续　表

| 大 分 类 | 数 据 类 型 | Schema 文件 |
|---|---|---|
| 其　他 | Publication Module | pm. xsd |
| | SCORM Package | scormcontentpackage. xsd |
| | Data Module List | dml. xsd |
| | Data Dispatch Note | ddn. xsd |
| | Comment | comment. xsd |

图 5-1 是一张典型的 Schema 结构图,展示了 dmAddress 元素的文档结构。

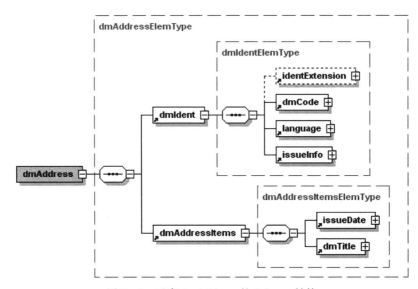

图 5-1　元素 dmAddress 的 Schema 结构

　　Schema 主要用于说明 XML 文档结构,即文档由哪些元素组成,每个元素又由哪些子元素、哪些属性构成,以及每个元素和属性的出现是强制的(M)还是可选择的(O)。而 Schema 结构图则是用一种图形化的方式将这些关系展现出来。为看懂 Schema 结构图,需要清楚 Schema 结构图各个符号的具体含义。表 5-2 所示为 Schema 结构图所有基本符号的说明。

表 5-2　Schema 结构图符号说明

| 结构类型 | 符 号 示 意 | 说　　明 |
|---|---|---|
| 元素内容 | techName | 矩形框内带文本标识符(左上角的三横线)的元素为可包含文本内容的元素 |
| | dmCode | 矩形框右边带"+"号的元素为包含子元素或属性的元素 |

续　表

| 结构类型 | 符 号 示 意 | 说　明 |
|---|---|---|
| 元素内容 | | 矩形框内无文本符号也无"＋"号的元素为空元素,既无子元素和属性,也不能包含文本 |
| 元素出现次数指示符 | | 实框示意的元素为必选元素,且只能使用一次 |
| | | 虚框示意的元素为可选元素,即可使用 0 次或 1 次 |
| | | 带"1..∞"符号示意的元素为可使用 1 次或任意多次的元素 |
| | | 带"0..∞"符号示意的元素为可使用 0 次或任意多次的元素 |
| 属　性 | | 元素的属性,实框中的属性为必选属性,虚框中的属性为可选属性 |
| 连接器 | | 必选的顺序分支,表示分支中包含的子元素必须按先后顺序依次出现 |
| | | 可选且可重复的顺序分支,表示分支中包含的子元素必须按先后顺序依次出现 |
| | | 必选的选择分支,表示分支中必须且只能有一个元素被使用 |
| | | 可选且可重复的选择分支,表示分支中的元素可以以任意顺序出现任意多次 |
| | | 必选且可重复的选择分支,表示分支中的元素可以以任意顺序出现,但至少要使用一次其中的一个子元素 |

续　表

| 结构类型 | 符 号 示 意 | 说　明 |
|---|---|---|
| 连接器 | | 至少出现两次的选择分支,表示分支中的元素可以任意顺序出现,但至少要使用两次其中的子元素 |
| 元素组 | | 元素组,作为容器包含相关的子元素,元素组本身并不出现在最后的 DM 中 |

通过表 5-2,就可以读懂前面的示例的具体含义。元素 dmAddress 有两个子元素,分别是 dmIdent 和 dmAddressItems,这两个元素都只出现一次,并且按照 dmIdent 在前的次序。元素 dmIdent 有四个子元素,分别是 identExtension、dmCode、language、issueInfo。这四个元素必须按次序出现,其中 identExtension 元素是否出现是可选的,其余三个元素都必须出现。元素 dmAddressItems 有两个子元素,分别是 issueDate 和 dmTitle,这两个元素都只出现一次,并且按照 issueDate 在前的次序。

在 S1000D 规范的 3.9.5 节中通过近千页的篇幅给出 S1000D 支持用于编写用的数据模块类型的 Schema 说明,章节编排如表 5-3 所示。

表 5-3　S1000D 4.1 规范中数据模块 Schema 相关章节

| 类　别 | 内　容 | 对应章节 | 说　明 |
|---|---|---|---|
| Chap 3.9.5.1 Identification and status 标识与状态 | Identification and status | Chap 3.9.5.1 | 给出 Schema 中标识与状态段信息的元素和属性说明 |
| | Export control | Chap 3.9.5.1.1 | 特别给出出口控制元素的使用说明 |
| Chap 3.9.5.2 Content 内容 | Common constructs | Chap 3.9.5.2.1 | 给出 Schema 中内容部分所有数据模块类型都使用的通用结构的元素和属性说明,包括更改标记、参引、列表、标题组、标题、表格、插图、热区、准备工作和结束工作、文本元素和受控内容 |
| | Descriptive information | Chap 3.9.5.2.2 | 给出描述类数据模块内容的元素和属性说明 |
| | Procedural information | Chap 3.9.5.2.3 | 给出程序类数据模块内容的元素和属性说明 |
| | Fault information | Chap 3.9.5.2.4 | 给出排故类数据模块内容的元素和属性说明 |
| | Maintenance planning information | Chap 3.9.5.2.5 | 给出维修计划类数据模块内容的元素和属性说明 |

续　表

| 类　别 | 内　容 | 对应章节 | 说　　明 |
|---|---|---|---|
| Chap 3.9.5.2 Content 内容 | Crew/Operator information | Chap 3.9.5.2.6 | 给出机组操作类数据模块内容的元素和属性说明 |
| | Parts information | Chap 3.9.5.2.7 | 给出图解零件类数据模块内容的元素和属性说明 |
| | Wiring data | Chap 3.9.5.2.9 | 给出线路数据类数据模块内容的元素和属性说明 |
| | Process data module | Chap 3.9.5.2.10 | 给出 Process 数据模块内容的元素和属性说明 |
| | Common information repository | Chap 3.9.5.2.11 | 给出公共信息库类数据模块内容的元素和属性说明 |
| | Container data module | Chap 3.9.5.2.12 | 给出容器类数据模块内容的元素和属性说明 |
| | Learning data module | Chap 3.9.5.2.13 | 给出培训类数据模块内容的元素和属性说明 |
| | Maintenance checklists and inspections | Chap 3.9.5.2.14 | 给出维修检查单类数据模块内容的元素和属性说明 |
| | Service bulletin data module | Chap 3.9.5.2.15 | 给出服务通告类数据模块内容的元素和属性说明 |
| | Front matter | Chap 3.9.5.2.16 | 给出正文前资料类数据模块内容的元素和属性说明 |
| | SCO content data module | Chap 3.9.5.2.17 | 给出 SCO 内容类数据模块内容的元素和属性说明 |
| Chap 3.9.5.3 Applicability 适用性 | Applicability cross-reference table | Chap 3.9.5.3.1 | 给出 ACT 数据模块内容的元素和属性说明 |
| | Conditions cross-reference table | Chap 3.9.5.3.2 | 给出 CCT 数据模块内容的元素和属性说明 |
| | Products cross-reference table | Chap 3.9.5.3.3 | 给出 PCT 数据模块内容的元素和属性说明 |
| | Applicability cross-reference table catalog | Chap 3.9.5.3.4 | 给出 ACT 目录数据模块内容的元素和属性说明 |

　　编写人员通常可直接通过 Schema 查看工具（如 XML Spy）查看 Schema 文件，以获取对每类数据模块 Schema 结构的整体了解，在手册编写过程中对于不解的元素和属性可以参照规范相关章节的说明和实例。

　　此外，在 S1000D 4.1 规范的 3.9.6 节中，对许多属性的使用给出了具体要求，如属性值的命名规则和属性值的范围。不同的属性值将代表不同的含义，因此需

要在业务规则制定过程给出每个值的具体含义,以避免编写人员在录入时产生歧义。这类属性的取值范围包括两类:

(1) 项目可配置值(project configurable values);

(2) 固定值(fixed values)。

规范给出 accessPointTypeValue、acronymType 等 63 个属性的取值范围和含义表。以 accessPointTypeValue 属性(口盖类型)为例,表 5 - 4 给出了 S1000D 规范推荐的取值和含义。建议 accessPointTypeValue 属性取值由 accpn 加上三位数字(101~199)组成,其中前三个是 S1000D 规范给出的明确推荐,104~150 预留给 S1000D 规范扩展,151~199 允许项目自身对齐进行扩展。在制定业务规则时需要对这 63 个项目可配置属性的取值进行定义,以规范整个项目中各属性的取值。

表 5 - 4　项目可配置值示例

| 允　　许　　值 | S1000D　推　荐　的　含　义 |
|---|---|
| "accpnl01" | 口盖是舱门 |
| "accpnl02" | 口盖是面板 |
| "accpnl03" | 口盖是电子面板 |
| "accpnl04"–"accpnl50" | 项目不可用 |
| "accpnl51"–"accpnl99" | 项目自定义 |

固定值表示 S1000D 规范已经对属性的取值范围进行了明确的确定,规范中给出 quantityUnitOfMeasure 属性的例子。对于固定值属性具体项目可以对取值范围进行裁剪,但不允许进行修改或添加。

## 5.3　数据模块编写

### 5.3.1　传统文字处理的不足

目前国内通常采用文字处理和排版软件如 MS Word、WordPrefect、PageMaker 和 WPS 等来编写技术出版物。那么为什么在民机上几乎所有的国际制造商都放弃这种技术出版物编写方法,转而使用 SGML 和 XML 来编写出版物呢? 其主要原因有如下三个。

(1) 数据无法交换。目前虽然计算机应用的普及程度大大提高。但软硬件系统的不一致性也进一步加剧,例如,常用的计算机操作系统有 Windows、Mac、各种 Unix 工作站等;常用的文字处理和排版软件有 MS Word、Framemaker、PageMaker 和 WPS 等。这些不同的软硬件系统自成体系,各自拥有不同的用户界面和文档格式。如果以目前这些流行软件的文档格式存放和传递技术信息,将会给信息集成、共享造成极大的困难。其主要弊端表现在：第一，信息无法长久保存。由于信息技术的发展速度快，软硬件系统的更新淘汰十分频繁。一旦旧的软硬件系统被淘汰，使用原有系统编制和存放的信息就有可能无法被新系统识别，进而导致信息无法继续复用。第二，信息无法方便交换。当不同单位和部门之间需要交换信息时，有可能由于使用的软硬件系统不同，导致无法正确读取或需要大量额外的格式转换工作。由此可见，一个统一的、开放的信息格式标准对于技术出版物的编写是至关重要的，而 SGML 和 XML 标记语言正是符合这种需求的信息格式。

（2）内容与样式无法分离。文字处理软件及桌面排版软件的普及应用，极大地提高了技术出版物编制人员的生产效率。例如，使用类似 Word 的字处理软件，使编制人员能够将信息内容的录入加工和信息发布格式的编排这两项工作一气呵成。在局部减少工作环节，降低制作成本，缩短工作周期。然而面对新的形势，这种传统的工作方式显露出其致命的缺陷。由于信息发布格式在信息创作过程中就已经确定，并且与信息内容密不可分地存储在同一个文档中（信息内容与信息格式未分离），因此当信息发布格式发生变化时，尽管内容并未发生变化，却依然需要重复整个制作过程。这无疑在全局上将使技术出版物制作部门工作量大大增加，进而导致制作周期拖延，成本增加，信息出错率加大。

（3）信息无法复用和过滤。使用类似 Word 的字处理软件编制技术信息时，许多的信息（如工具的使用）需要进行多次重复录入，从而造成信息的冗余。信息冗余的必然后果就是加大维护的难度，因为当这些冗余的信息中有一个需要更改的时候，就需要在所有重复的同时进行更改，否则将会产生信息不一致的现象。由于在维修类手册这种现象经常出现，因此采用 Word 编写的手册从整个飞机的生命周期角度来说难以维护。

此外，民用飞机技术出版物相对于军机技术出版物一个最大的特点就是构型管理更加复杂，客户化管理要求更高。采用 Word 编写的手册通常无法实现按客户化通过信息过滤发布手册，只能将所有的信息一起堆积在手册中。

针对上述问题，无论 ATA 2200 规范还是 S1000D 规范都建议使用结构化标记语言 SGML 或 XML 来编写技术出版物。S1000D 规范推荐使用 XML 编写数据模块。

## 5.3.2　基于 S1000D 规范的数据模块编写

基于 S1000D 规范的数据模块编写包括数据模块内容编写、所需技术插图制作、源数据标注和跟踪三部分工作，具体流程如图 5-2 所示。

1. 数据模块内容编写

基于 S1000D 规范的数据模块采用 XML 格式进行描述，将出版物的内容和样式分离，因此数据模块的编写采用专业的 XML 编辑器作为编辑工具，出版物编写人员在编写时只需关注内容，图 5-3 为数据模块编辑界面示例。

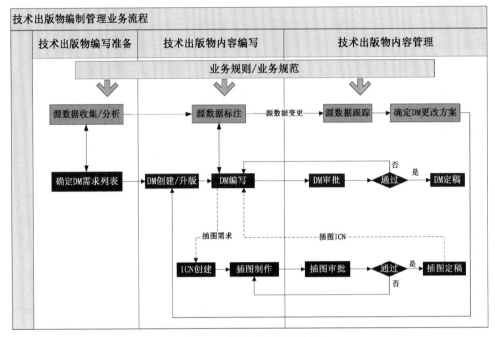

图 5-2　数据模块编写流程

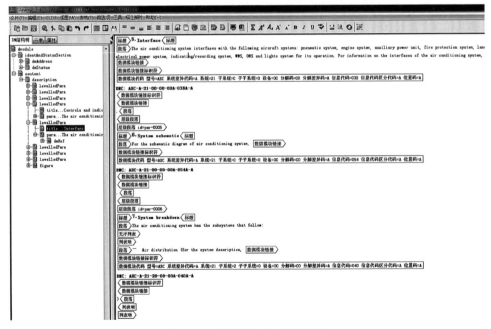

图 5-3　数据模块内容编写界面

数据模块内容编写包括以下步骤。

（1）CSDB 管理员根据各手册的 DMRL 在 CSDB 系统中配置 DM，并分配任务。

（2）DM 编写人员获取 DM 编写任务并通过 XML 编辑器编写 DM 内容。与传统采用 Word 编写出版物的方式不同的是，在 XML 编辑器中编写的 DM 内容除了需考虑技术内容的准确性外，还需要确保编写的 DM 内容符合 S1000D 规范的 Schema 要求以及业务规则要求（即要同时通过 Schema 校验和 BREX 校验）。DM 中需要二维或三维技术插图时，出版物编写人员需向技术插图团队提出插图需求，待所需的技术插图已在 CSDB 中分配了信息控制码（ICN）并已经审批定稿后可插入到当前 DM 中。

（3）DM 审批。DM 内容编写完成并通过 Schema 校验和业务规则而交换（BREX）校验后，由 DM 编写人员启动 DM 审批流程。由相关人员对 DM 技术内容的准确性、完整性、规范符合性等进行检查，通过规范的质量保障流程确保 DM 技术内容满足适航规章、S1000D 规范、型号规范等要求，并与设计数据保持一致。

（4）DM 定稿。DM 所有审批环节通过后将在 CSDB 系统中自动定稿。DM 定稿后如需修改，需对 DM 进行升版，在新版本的 DM 中修改 DM，重新走审批流程。

2. 技术插图制作

技术插图在 CSDB 中作为独立的信息单元进行管理，CSDB 通过 ICN 对技术插图进行标识，DM 中只能使用已上传到 CSDB 中的技术插图。技术插图是数据模块的重要组成部分，技术插图的质量直接影响技术出版物的质量。根据国外民机技术出版物的研制经验，在技术出版物团队中一般都有专门的技术插图团队，负责技术出版物中二维/三维技术插图的绘制工作。技术插图的制作流程一般包括以下几个方面。

（1）ICN 配置。技术插图团队收到 DM 编写人员的插图制作或升版需求后，根据需要在 CSDB 系统中配置 ICN 或基于上一版 ICN 进行升版，并将 ICN 对应的插图制作任务进行分配。

（2）技术插图制作。技术插图制作人员收到插图任务后，根据技术插图需求采用专业的二维/三维技术插图绘制工具完成技术插图制作。制作后的技术插图上传到 CSDB 系统，启动技术插图审批流程。

（3）技术插图审批。技术插图作为 CSDB 中的一个独立的信息对象，需经过相关人员的审批，确保技术插图符合相关标准规范的要求和 DM 编写人员的需求。

（4）技术插图定稿。技术插图所有审批环节通过后将在 CSDB 中自动定稿。技术插图定稿后，可在 CSDB 中任一 DM 中重复使用。

3. 源数据跟踪管理

按照适航规章的要求，在技术出版物编写过程中需建立技术出版物源数据跟踪机制,实现影响技术出版物的信息的可追溯性。为满足适航规章要求,确保技术出版物构型与飞机构型的一致性,在 DM 编写阶段需对技术出版物源数据进行有效的跟踪管理,一般包括以下几项工作。

(1) 源数据收集/分析。DM 编写人员根据 DMRL 规划时形成的源数据清单,收集并分析各 DM 编写所需参考的源数据。

(2) 制定源数据标注方案。制定技术出版物源数据标识策略,明确源数据标识的颗粒度及关联的数据模块内容的颗粒度,最终制定各类数据模块类型的源数据标注方案。

(3) 源数据标注。在 DM 内容编写过程中,按照各类数据模块的源数据标识方案为 DM 内容标注源数据信息,记录所参考源数据的文件编号、版本、名称等信息,建立数据模块内容与源数据之间的关联关系,为后续源数据跟踪奠定基础。

(4) 源数据跟踪。在技术出版物编写和修订过程中,需持续跟踪各 DM 所用源数据的版本状态。

## 5.4　CSDB 数据管理机制

### 5.4.1　CSDB 概述

公共源数据库(CSDB)是实施 S1000D 规范的核心,CSDB 作为整个技术出版物编写所有相关信息对象的统一存储库,还负责管理整个项目。CSDB 存储并且管理的对象称为信息对象(information objects),如图 5-4 所示,包括以下内容:

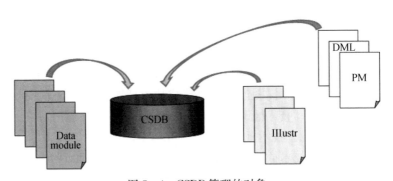

图 5-4　CSDB 管理的对象

(1) 数据模块(data module,DM);

(2) 插图、多媒体和其他与数据模块相关或者调用的数据;

（3）数据模块列表（DML）；

（4）反馈意见单（comments）；

（5）出版物模块（publication module，PM）；

（6）数据分发说明（data dispatch note，DDN）。

除插图和多媒体信息外，CSDB 中管理的其他信息对象均为 XML 格式。按照 S1000D 规范，这些信息对象在 CSDB 中通过标准的、结构化的编码进行标识。在实际工程应用中，必须对这些信息对象的编码规则进行明确定义。其中，数据模块编码和信息控制码分别用于标识数据模块和插图/多媒体，是实际应用中最主要的编码。

### 5.4.2  数据模块版本控制

S1000D 规范通过版本号和版本类型对数据模块进行版本控制。

数据模块版本号由元素＜issueInfo＞所记录，数据模块的更新发布必然引起发布日期的变更和版本号的递增。数据模块的版本号由 3 位的正式版本号（issueNumber）和 2 位的工作版本号（inWork）表示，并与数据模块的版本类型相关联。图 5-5 给出在整个数据模块生命周期过程中数据模块版本号的变更方式。

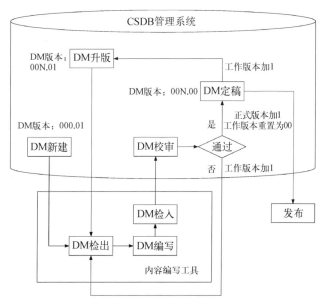

图 5-5  DM 版本号变更方式

数据模块的版本类型由元素＜dmStatus＞的属性 issueType 记录，共有 8 种发布状态。具体说明如表 5-5 所示。

表 5-5   数据模块版本类型

| 状 态 名 | 说　明 |
| --- | --- |
| new | 表示数据模块刚被创建 |
| changed | 数据模块内容发生更改,由更改元素和更改属性进行标识 |
| revised | 数据模块完全更改,由更改元素和更改属性进行标识 |
| status | 数据模块状态段的内容发生变化 |
| deleted | 表示数据模块被删除 |
| rinstate-status | 数据模块从删除状态重新恢复,且状态段发生变化 |
| rinstate-changed | 数据模块从删除状态重新恢复,且数据模块内容发生更改 |
| rinstate-revised | 数据模块从删除状态重新恢复,且数据模块完全更改 |

数据模块的版本类型 issueType、inWork 与 issueNumber 的关联,如表 5-6 所示。

表 5-6   数据模块版本类型与版本号的关系

| 编　号 | 规　则 | 属 性 值 |
| --- | --- | --- |
| 000.01 | 全新的数据模块,第 1 次正式发布前的第 1 次工作或修改,状态属性 issuetype="new" | inWork="01"<br>issueNumber="000"<br>issueType="new" |
| 000.02 | 全新的数据模块,第一次正式发布前的第 2 次修改,状态属性 issuetype="new" | inWork="02"<br>issueNumber="000"<br>issueType="new" |
| 000.NN | 全新的数据模块,第 1 次正式发布前的第"NN"次修改,状态属性 issuetype="new" | inWork="NN"<br>issueNumber="000"<br>issueType="new" |
| 001.00 | 数据模块第一次正式发布,状态属性 issuetype="new" | inWork="00"<br>issueNumber="001"<br>issueType="new" |
| 001.01 | 数据模块第一次正式发布后的第一次修改,状态属性 issuetype="new" | inWork="01"<br>issueNumber="0001"<br>issueType="new" |
| 001.02 | 数据模块第一次正式发布后的第二次修改,状态 issuetype="new" | inwork="02"<br>issueNumber="001"<br>issueType="new" |
| 001.NN | 数据模块第一次正式发布后的第 NN 次修改,状态属性 issuetype="new" | inWork="NN"<br>issueNumber="001"<br>issueType="new" |
| 002.00 | 数据模块的第二次正式发布,假设状态属性 issuetype="changed" | inWork="00"<br>issueNumber="002"<br>issueType="changed" |
| NNN.00 | 第 NNN 次发布,假设状态属性 issuetype="revised" | inWork="00"<br>issueNumber="NNN"<br>issueType="revised" |

### 5.4.3　质量保障

1. 概述

总的来说,质量保障(quality assurance)是一系列提供足够的证据和信任来表明其产品是满足质量要求的活动。具体来说,质量保障分为内部质量保障和外部质量保障两类:

(1) 内部质量保障:在组织内部,质量保障是向管理者提供信任的过程;

(2) 外部质量保障:在签订合同或其他情况下,质量保障是向顾客或他方提供信任的过程。

质量控制和质量保障的某些活动是相互关联的,只有质量要求全面反映用户的要求,质量保障才能提供足够的信任。特别地,对于民用航空技术出版物和数据模块,质量保障是确保其满足目的和技术准确性审查行为。

2. 质量保障要求

客户和民用航空适航当局的要求如下:

(1) 质量是要满足规章要求的,如 ATA 系列规范的;

(2) 制造商对质量和质量保障负责。

民用航空技术出版物和数据模块的质量保障要求如下:

(1) 技术和功能上是成熟的;

(2) 正确和安全的操作;

(3) 有害物质的安全操作;

(4) 准确的性能数据;

(5) 准确的海量数据;

(6) 准确的测试和维修程序(如维护程序、无损检测、拆卸和安装程序等);

(7) 准确的技术数据(如修正和公差值等);

(8) 准确的度量单位;

(9) 准确的故障代码;

(10) 准确的线路数据;

(11) 操作 & 维修数据是准确的;

(12) 技术出版物表现的是已定义的维修理念(如需符合 LSA);

(13) 准确的有效性;

(14) 准确的需求条件;

(15) 准确的支援设备;

(16) 准确的备件和供应商信息;

(17) 准确的技能等级和资质要求;

(18) 全寿命周期内完整的维修计划数据;

(19) 是基于标准的：质量是要满足规章要求的，如 ATA 系列规范、S1000D 规范等。

3. 质量保障过程

为确保技术出版物和数据模块是按照客户要求开发的，制造商必须将合适的质控加入产品生产过程中，并且在质量保障过程中必须包含质量控制过程、内部审查、首次验证等实例。

作为质量保障的一方，客户可以审查承包商的质量控制，包括内部审查和验证，来确保承包商已经达到质量保障要求。

民用航空技术出版物和数据模块仅需要进行一次验证；但客户也可根据需要，让制造商进行二次验证。

1) 质量保障计划

制造商必须制造和维持一个文件化的针对合同约定的技术信息的质量计划。计划必须按需要进行评审来确保计划的有效性，并包含详细的质量保障程序。

质量保障计划应考虑到以下内容：

(1) 生产准备、内部检查程序；

(2) 技术出版物/数据模块验证；

(3) 与设计、生产、产品支援等部门的协同合作，来保证数据源满足标准要求；

(4) 其他方面。

2) 质量保障计划的执行

制造商必须为客户或适航当局准备技术出版物和数据模块质量保障进度表。

3) 技术出版物和数据模块的验证方式

技术出版物和数据模块草稿版的验证方式取决于其中的技术信息类型。验证方式主要有以下两种：

(1) TT(table top)：仅需要验证输出是否满足设计文件，如图纸，测试进度表等；

(2) OO(on object)：包含程序步骤的内容，需要实际验证实例，如使用飞行模拟机验证。

因此，验证的实施共有三种模式：TT、OO、TT&OO。

承包商必须根据其工程经验来决定采取哪种验证模式。值得注意的是，程序验证必须按次序，在合理的适用性的情况下开展，并且包含机载设备程序信息的技术出版物和数据模块必须进行验证。

4. 质量保障标签

在数据模块中采用元素＜qualityAssurance＞元素记录质量保障状态。

图 5－6 所示为标记元素＜qualityAssurance＞的结构示意。

元素＜firstVerification＞的必选属性 verificationType 包括如下取值：

(1) 取值"onobject"，用来指出首次验证采用 OO 模式；

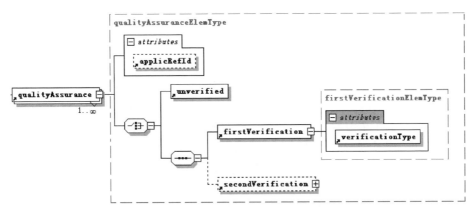

图 5 - 6　标记元素＜qualityAssurance＞

（2）取值"tabtop"，用来指出首次验证采用 TT 模式；

（3）取值"ttandoo"。用来指出首次验证需进行 TT 和 OO 验证。

关于数据模块中标记质量保障信息需要注意如下几点：

（1）操作程序中不得使用未验证的数据模块；

（2）未验证的数据模块必须进行标记；

（3）避免对依赖于适用性的数据模块进行首次验证；

（4）数据模块的任何更改都要进行是否开展重新验证的评估，这一过程应该写入质量保障计划中；

（5）数据模块的每一个更改意味着质量保障状态的更改和版本号的增加。

5．质量控制

质量控制（quality control）是制造商采用一定的工具或方法来保证其产品符合质量要求一些举措。质量控制是质量保障的重要组成部分。

1）产品定义阶段的质量控制工具

产品定义阶段的质量控制工具包括：

（1）标准和需求文件；

（2）质量保障计划；

（3）质量控制计划和质量控制标准；

（4）语法检查，包含数据模块建立和 S1000D 及业务规则的符合性验证；

（5）语义（内容）检查；

（6）IETP 和纸质输出的目视检查、质量控制检查单；

（7）业务规则（项目准则和样式指南）：业务规则为数据编制提供标准的过程，同时使得出版物的检查过程自动化。

2）产品生产和维护阶段的质量控制方法

产品生产和维护阶段的质量控制方法包括：

（1）用 DMRL 来保证产品的完整性和准确的适用性；

（2）使用 CSDB 进行产品版本控制并保证数据完整和一致性；

（3）使用 BREX 数据模块来描述和交换项目业务规则；

（4）使用一个与工程和其他支持学科的共享源数据环境（如从三维设计数据中生成插图）；

（5）通过制定更改管理程序来进行数据模块的构型控制；

（6）在生产过程中进行可维护性测试等；

（7）及时接收并分析来自培训、测试等的反馈意见。

3）技术出版物编制过程中的质量控制工具

技术出版物编制过程中的质量控制工具包括：

（1）SGML 和 XML 编辑器；

（2）插图工具；

（3）表格和公式生成器；

（4）转换器，数据输入过滤器和格式选择器；

（5）源数据信息库；

（6）简化英语检查器；

（7）解析器和语法规则检查器；

（8）IETP 交付验证器。

4）语义质量控制示例

语义质量控制的例子包括：

（1）检查 DML；

（2）检查 LOAP 完整性和出版物结构；

（3）数据模块"TT"验证——标识和状态段，如版本号、适用性、质量保障状态等；

（4）数据模块 TT 验证——内容和一般结构，如参引、更改标记等；

（5）数据模块 TT 和 OO 验证——程序信息，如警告、警戒、程序结构信息等；

（6）数据模块 TT 和 OO 验证——维修计划信息，如时效性、检查的完整性等；

（7）数据模块 TT 和 OO 验证——故障信息，如所有的故障代码信息和可用的故障隔离程序；

（8）数据模块 TT 和 OO 验证——部件信息，如不明确的数据模块标题、适用性的正确性等；

（9）数据模块 TT 验证——设备信息，如数据模块中的设备信息应与 ILC 一致（设备安装在整机上应取 ILC＝A，设备被移除或在安装台上的信息应取 ILC＝B 或者C）。

6. 编制技术出版物常见的问题

在技术出版物编制过程，影响技术出版物质量的常见问题包括：

（1）编制缺乏培训和编制经验；

（2）质量管理体制不健全，缺乏对于 QA 过程的理解和认识；

（3）技术出版物编制过程中的不足（如缺乏完整的定义和编制制度、有效的沟通等）；

（4）缺乏跨部门跨专业间沟通协作，包括生产过程中的产品定型后与更改间的协调等；

（5）不完整的需求信息将导致信息丢失；

（6）不完整和不一致的信息，如警告信息等；

（7）在使用简化英语经验上的不足；

（8）几乎没有内容的数据模块；

（9）参引错误等；

（10）OO 验证上的经验不足等。

### 5.4.4　安全和数据限制

安全和数据限制策略用于防止数据损坏和未经授权访问。数据模块包括的与安全性相关的四种信息类型分别如下：

（1）等级（classification）；

（2）警告（caveat）；

（3）说明（instruction）；

（4）信息（information）。

1. 安全等级

民用飞机技术出版物安全等级应使用安全标签"公开"和"商业秘密"来表示，所有数据模块都需要安全标签。公开是等级中最低标准；商业秘密是等级中最高标准。标记上"公开"的信息可由任何人查阅；标记上"商业秘密"的信息应限于特定客户或供应商查阅。安全等级适用于整个数据模块的内容。

2. 国家警告

国家警告是基于国家技术信息的分发限制。民机项目不使用国家警告。国防项目应使用国家警告。通常该限制是基于国家的。例如，数据模块标记安全级别"机密"和"不允许外国人"查看的国家警告，这就意味着，即使这个人被授权允许查阅最高机密文件，但是禁止他查看该数据模块，因为他来自其他国家。国家警告主要用于军机和国家安全设置。国家警告不适用民机的安全设置。

3. 安全说明

安全说明包括分发、出口控制、处理和销毁。具体定义如下：

（1）分发要求：适用于数据模块，可根据安全等级和用户权限记录在数据模块中；

（2）出口控制：适用于数据模块，如果政府有对外国人或特定个体相关的数据

出口规定,可使用出口控制选项,并记录在数据模块中;

(3) 处理要求:指数据模块/技术出版物的存储方式和存储条件;

(4) 销毁要求:指如何销毁不需要的数据模块/技术出版物的说明,可通过某种方式来销毁不可读和不可用的数据模块或技术出版物。

4. 安全信息

安全信息包括用于数据模块中的版权、政策参引和条件信息。具体定义如下:

(1) 版权信息:给出版权标签、出版日期和版权所有者等信息;

(2) 政策参引:给出数据模块中参引的安全政策文件;

(3) 条件信息:给出用于更改安全等级等情况下的特定条件,如在数据整合条件下,应考虑更改安全等级。

5. 安全等级更改

在创建阶段应给出数据模块/技术出版物安全等级。安全等级可根据以下原因进行更改:

(1) 安全等级的安全检查会引起降级;

(2) 增加新的商业秘密信息,会引起数据模块/技术出版物安全等级升级;

(3) 数据模块的安全等级因为数据模块导入 CSDB 后形成集合而产生的影响。

安全等级更改是数据模块状态更改,并按照数据模块更改要求记录在数据模块中。

## 5.5　公共信息库管理

### 5.5.1　S1000D 公共信息库管理机制

公共信息库(common information repository, CIR)是 S1000D 4.1 版本新提出的一类数据模块类型,用于取代原来 S1000D 4.0.1 版本的技术信息库(technical information repository, TIR)。CIR 是一种特殊的数据模块类型,专门用于存储在技术出版物编写过程中可能多次重复使用的信息,如区域、口盖、工具、警告、警戒等信息。S1000D 规范首先规定了公用信息的类型,并针对每一类信息制定了专门的 Schema 结构,以规范信息记录的范围及存储格式,然后将公用信息以 DM 的形式存放在 CSDB 上,最后通过参引的方式,实现数据模块对 CIR 中同一公用信息的调用。

CIR 的出现主要是为解决数据冗余问题,减少重复数据维护的工作量,其使用的一般方法是:

(1) 首先创建一个 CIR 的 DM,将重复数据放入这个 DM 中;

(2) 将原本参引至具体 DM 中公共信息的参引替换为指向 CIR 的参引;

(3) 信息库中所包含的信息量可以大于"常规"数据模块中所能实现的数据量。

具体的使用方法如图 5-7~图 5-10 所示。

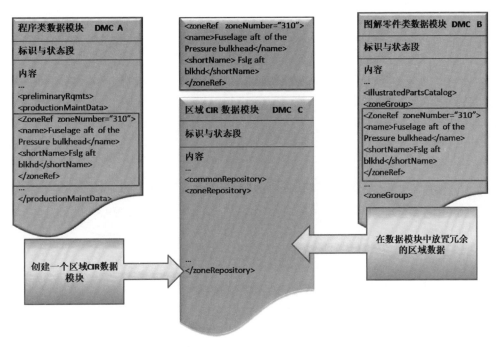

图 5－7　创建 CIR 类数据模块

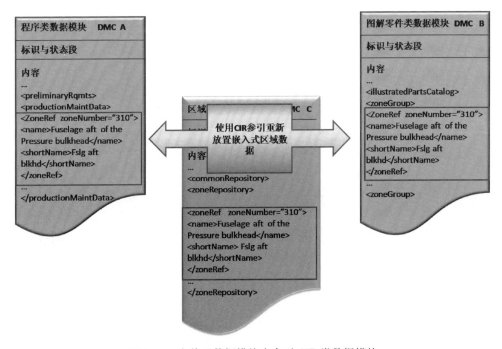

图 5－8　在普通数据模块中参引 CIR 类数据模块

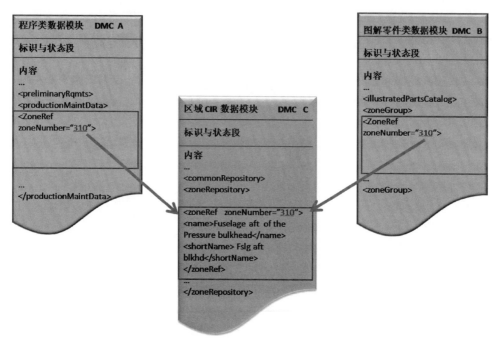

图 5-9　通过标识号参引

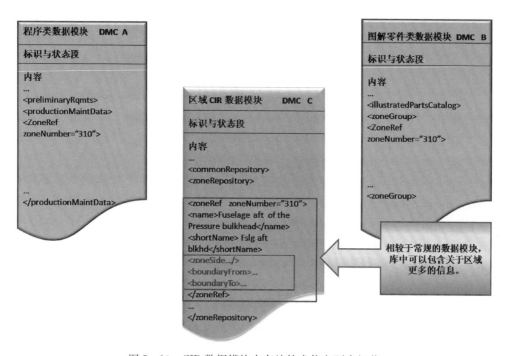

图 5-10　CIR 数据模块中存放技术信息更多细节

在 S1000D 4.1 版本中，包含 14 类公共信息库，如表 5－7 所示。

表 5－7 CIR 信息类型说明

| 信息类型 | 说明 | 信息编码 |
| --- | --- | --- |
| 功能项 | 唯一识别在指定位置的指定系统下，某项功能的实现 | 00E |
| 电路断路器 | 用于唯一识别一个用来关断电路或具有电子设备关断功能的装置 | 00F |
| 部件 | 用于唯一识别设备上的一个部件，或者装配件、子装配件上的组成部分，并且这些部件是可拆除的 | 00G |
| 区域 | 用于唯一标识产品中以结构划分的范围 | 00H |
| 口盖 | 用于唯一标识设备上的一个点，通过这个点可以进入设备 | 00J |
| 企业 | 用于唯一标识参与本项目的一个组织，如制造商、产品、零件的供应商等 | 00K |
| 消耗品 | 用于唯一地标识消耗品（如油料、油脂、涂料等） | 00L |
| 消耗品使用条件 | 用于唯一地标识消耗品使用条件（如何种情况下使用一种或者一组消耗品） | 00M |
| 支持工具 | 用于唯一地标识任何支持工具，包括正确地完成特定的动作、任务和程序所需的标准和特定的工具 | 00N |
| 功能和/或物理区域 | 用于唯一标识产品（如系统、分系统）的功能或物理构成 | 00X |
| 控制器和指示器 | 用于唯一标识完成一项任务所需的控制器和指示器 | 0A1 |
| 适用性 | 用于唯一标识某项任务或某一产品的适用范围 | 0A2 |
| 一般警告项 | 用于唯一标识警告语句（警告语句通常为防止人身受到伤害） | 012 |
| 一般注意项 | 用于唯一标识注意语句（警戒语句通常为防止物品遭到损坏） | 012 |

在具体使用过程中，CIR 可以用做"内部的库"以加强技术出版物内技术数据的一致性，可以在 DM 发布时，将 CIR 中具体的技术信息嵌入其被参引的数据模块中。CIR 可以在型号各相关单位之间进行交换或者分发给客户。

在 CIR 具体编写过程中，CIR 类数据模块的数据模块编码规则如下：

（1）每一个 CIR 中的信息类型都应该分配一个信息码；

（2）建议每一个 CIR 类型仅有一个 CIR 数据模块；

（3）每一个 CIR 类型也可以有多个 CIR 数据模块。

对于数据模块和 CIR 数据模块之间的参引，可以具体表现为以下两种方式。

（1）隐式关联：通过标识符，或者元素属性值来关联。CIR 中的数据必须以没有歧义的形式表示。如图 5－11 所示。

（2）显式关联。使用元素<dmRef>与 CIR 关联。首先通过 dmRef 建立与 CIR 数据模块的关联关系，然后使用 target 属性找到 CIR 中指定的元素。如图 5－12 所示。

在 CIR 参引中的面向页面及 IETP 的表现方式并没有具体指明，可能的表现

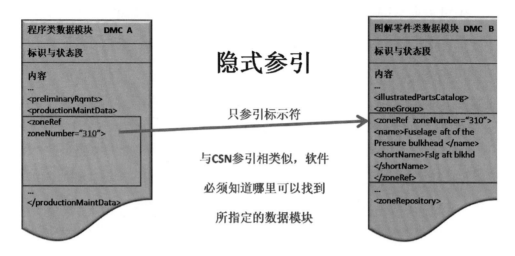

图 5-11　CIR 隐式参引

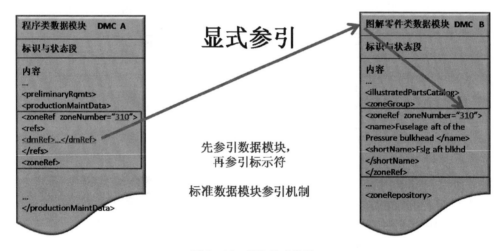

图 5-12　CIR 显式参引

方式包括：

　　(1) 把参引的数据模块片段嵌入通用的 DM 显示中；

　　(2) 在弹出窗中显示参引的数据模块片段；

　　(3) 链接至完整的 CIR 数据模块；

　　(4) 其他方式。

　　总之，使用 CIR 具有许多优点，包括：

　　(1) 方便管理公共信息的细小片段；

　　(2) 减少数据冗余/增加数据重用度；

（3）在重用公共数据片段及交换机制上达成标准方法；

（4）通过重用来促进数据一致性/增强数据一致性；

（5）促进编写效率；

（6）一次编写，多次重用；

（7）一次更新，多处传播；

（8）减少数据交换容量；

（9）CIR 中的参引信息能够包含比其他数据模块中更多的细节信息。

当然，在使用 CIR 的过程中需要注意如下几个问题：

（1）是否有意愿接受所增加的复杂等级；

（2）需要在 CSDB 中增加数据构型管理功能；

（3）需要过程更改及公共数据的强有力的管理；

（4）确保软件/供应商能够提供足够的支持；

（5）确保你和你的客户在交付方式上达成统一。

在实施 S1000D 规范过程中，使用 CIR 有利也有弊，因此决策是否使用，CIR 需考虑以下因素：

（1）是否项目有要求；

（2）项目需要多少公共数据；

（3）项目的预期使用寿命是多少；

（4）公共数据的更改频率是多少；

（5）对于遗留数据，标识及转换这些公共数据的花费是多少；

（6）软件的更新与处理将会出现的费用是多少。

### 5.5.2　公共信息库增量更新

对于 CIR 的更新方式，传了传统的完整更新外，在 S1000D 规范 4.1 版本还提出了 CIR 增量更新的方式。

CIR 增量更新方式指的是对 CIR 数据模块分成多个片段，这些片段对应于从 CIR 数据模块的前一个版本中发生增加、删除、更改或恢复的部分。数据更新文档的使用受限于 CIR 数据模块的更新。它只能在数据交换的背景下使用。

图 5 - 13 为 CIR 增量更新的流程示意图。

由图 5 - 13 可见，使用了 CIR 增量更新，通常只需要更改总量的 5％ 的数据，大大减少了数据冗余量。

使用 CIR 增量更新优势如下：

（1）减少发送的更改数据的容量，从而减少下载的时间量，允许更高的更改频率；

（2）有效地创建和处理更新文档。

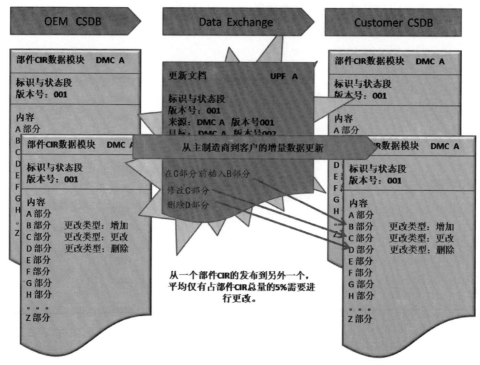

图 5-13　CIR 增量更新方式

## 5.6　适用性信息管理

### 5.6.1　适用性基本介绍

适用性(applicability)提供一种鉴别一个数据模块或一个数据模块中的部分信息所在上下文(context)是否有效(valid)的一种机制。这种上下文通常同产品的物理构型相关联，当然也可以包含其他方面的信息，包括工具的可用性以及所处环境的条件。

适用性提供的功能十分强大，既可以通过在一个数据模块中内容添加一个简单的标注来定义其适用性，也可以复杂到管理整个产品生命周期(包括产品定义、编制和产品实例构型跟踪等)的适用性。本节主要给出了适用性的基本介绍以及管理适用性的基本方法。

整个适用性模型是通过三种特殊的数据模块类型和数据模块内的适用性标记〈applic〉来支持实现的，具体包括：

(1) 适用性交叉索引表(applicability cross-reference table，ACT)；

（2）条件交叉索引表（conditions cross-reference table，CCT）；

（3）产品交叉索引表（products cross-reference table，PCT）。

随着低成本的便携式计算机设备和显示器的普及，在技术通过产品实例来过滤显示的数据变得可行。在 S1000D 规范中，使用了适用性模型以及其相关的一组处理适用性标记的规则实现了过滤视图的机制。

基于适用性进行信息过滤可以用于实现客户化发布。在这种情况下，主制造商发布的一个主数据模块（master data module）包含了对于所有客户的内容，当需要发布给一个特定客户时，可以通过适用性对主数据模块内容进行过滤，只发布适于发布对象的数据内容。例如，客户 A 买了 MSN 为 10101～10103 的三架飞机，客户 B 买了 MSN 为 10104～10106 的三架飞机，他们均只希望拿到针对各自机队的客户化手册，这时针对客户 A 发布的客户化手册中将只包含 MSN 为 10101～10103 三架飞机的技术内容，而针对客户 B 发布的客户化手册中将只包含 MSN 为 10104～10106 三架飞机的技术内容。适用性模型由于其自身过滤的能力可以实现上面的需求。

在纸质出版物或者过滤条件不可用时，需要提供一个适用性及其相关数据的静态视图（static view）。在静态视图中，所有的信息都需要显示，由维修人员自身判断哪些数据适用于哪些产品实例。拿上面的例子来说，客户 A 拿到的客户化手册中显示的是适用于其所有三架飞机的维修步骤，在具体进行手册查阅时，维修人员需要自己根据自己当前正维修的飞机架次号来判断具体的维修步骤。

适用性模型提供了一种管理技术出版物全生命周期内适用性信息的机制。图 5-14 给出了整个适用性生命周期流程，表 5-8 给出生命周期各个阶段的详细介绍。

表 5-8　适用性生命周期阶段介绍

| 生命周期阶段 | 说　明 |
| --- | --- |
| 规划 | 在数据规划阶段，通过分析来自工程部门、后勤保障分析、制造部门和其他来源的信息，鉴别出产品需包含的属性以及确定影响数据适用性的初始条件的集合。规划阶段确定的这些产品属性和初始条件将作为生成数据模块适用性标记的基础。产品的属性和构型管理的信息将存放在 ACT 数据模块，初始条件将存放在 CCT 数据模块 |
| 编制 | 在编制阶段，将来自 ACT 数据模块的属性和来自 CCT 数据模块的条件用于构建适用性标记，这些适用性标记比较将应用到整个数据模块或者数据模块的一部分内容 |
| 产品演化 | 随着产品的不断演化，可能会出现新的产品属性和使用条件（使用 ACT 和 CCT 的好处）。相应地需要对 ACT 和 CCT 数据模块进行相应的修改和升版来反映新产品的属性和使用条件，随后可能需要在数据模块内的新增新的适用性标记或者对已有的适用性标记进行更新 |
| 产品实例的服务阶段 | 在具体的实施阶段，需要维护产品多个实例的生命周期，产品实例的构型将在其生命周期内不断演化，这些信息存储在 PCT 数据模块中。PCT 数据模块在某些情况下（如产品构型十分稳定）可以直接发布；大部分情况下 PCT 数据模块仅仅是一个表达特定时段产品实例构型的临时文件 |

续　表

| 生命周期阶段 | 说　　明 |
| --- | --- |
| 最终显示过滤 | 最终,显示模块从 PCT 数据模块获取产品的构型信息,把这些信息赋予其对应适用性过滤表达式的变量,然后计算适用性过滤表达式的最终结果。一个正面结果表示适用性信息对应的数据适合输出;相应地一个负面结果表示适用性信息对应的数据不适合输出。因此可以实现针对产品实例来输出其对应的数据 |

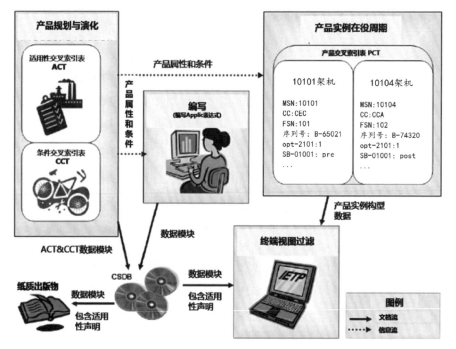

图 5 - 14　适用性生命周期

使用 S1000D 规范应用适用性模型通常包含如下三个步骤:

(1) 声明在数据模块内容中适用性表达式需要用到的产品属性和条件;

(2) 在数据模块内容对应的位置定义适用性表达式,或采用适用性 CIR 统一管理适用性表达式;

(3) 发布时根据产品实际构型,进行适用性过滤。

在 S1000D 规范中,所有的适用性信息包括如下两个部分:

(1) 数据模块中包含的适用性标记;

(2) ACT、CCT 和 PCT 三种类型的数据模块。

此外 S1000D 规范不推荐直接输出 ACT、CCT 和 PCT 三种类型的数据模块的内容。图 5 - 15 中给出了所有适用性信息的关联关系。

适用性标记<applic>是具体在数据模块编写的适用性表达式,适用性表达式

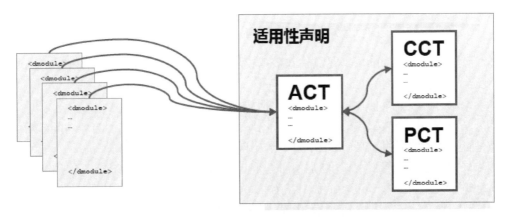

图 5-15　数据模块适用性信息关联关系

规定了其对应技术信息的适用范围,在进行客户化发布时会进行相应的过滤操作。

　　ACT 数据模块用于声明产品的属性,这些属性将影响到数据的适用性。产品属性指的是产品固有的品质,在产品实例生命周期范围内通常不会发生变化,如产品的型号或者序列号。每个项目可以定义一个 ACT 数据模块实例(通常就是一个),ACT 数据模块作为适用性定义的中心,可以引用另一个 CCT 数据模块和 PCT 数据模块的信息。所有需要适用性过滤的数据模块、出版物模块和 SCORM 内容包都需要在其标识状态部分引用一个 ACT 数据模块。

　　CCT 数据模块用于声明可能影响到数据适用性的所有条件类型。条件可以是技术型、操作型、环境型或者是可能影响到技术出版物的所有条件类型。技术条件(technical conditions)通常与产品的构型相绑定,如服务通告或构型的修改。技术条件的状态可能在产品实例的服务周期内发生变化。操作型或者环境型的例子通常是维修的位置、工具的可用性、调整规则、温度、风速或者含沙量等条件。

　　与 ACT 数据模块类似,一个项目可以定义多个 CCT 数据模块实例。使用多个 CCT 数据模块的考虑通常是出于实现多个子系统特定条件相分离,或者多个项目合作者之间条件相分离。

　　CCT 数据模块通常包含三个主要的元素:

　　(1) 定义通用条件类型的元素;

　　(2) 定义特定条件的元素;

　　(3) 定义技术条件编入状态列表(可选)。

　　PCT 数据模块是一个定义产品实例及其属性和条件特定值的存储库。PCT 是一种形式化定义产品实例以及每个实例构型信息的方法。

　　与 ACT 数据模块类似,一个项目可以定义多个 PCT 数据模块实例。项目决定定义多个 PCT 数据模块实例通常是出于实现多个子系统特定条件相分离,或者多个项目合作者之间条件相分离。

### 5.6.2　适用性标记

适用性标记＜applic＞是具体在数据模块编写的适用性表达式,适用性表达式规定了其对应技术信息的适用范围。

在数据模块中,使用适用性标记包括如下两个使用范围。

(1) 适用整个数据模块的适用性标记:在元素＜dmStatus＞下的＜applic＞元素所包含的适用性信息将适用于整个数据模块。

(2) 适用信息片段的适用性标记:在元素＜content＞下的元素＜referenceApplicGroup＞元素中各个＜applic＞元素对应了信息片段所对应的所有适用性表达式,然后需要使用适用性信息的信息片段,通过设置其属性applicRefId与＜referenceApplicGroup＞元素下某个＜applic＞元素相对应,从而设置信息片段的适用性标记。

适用性标记＜applic＞是编写适用性表达式的核心,＜applic＞元素的结构如图 5-16 所示。

适用性表达式的组成其实就是一个逻辑表达式,其核心的组成部分包括如下

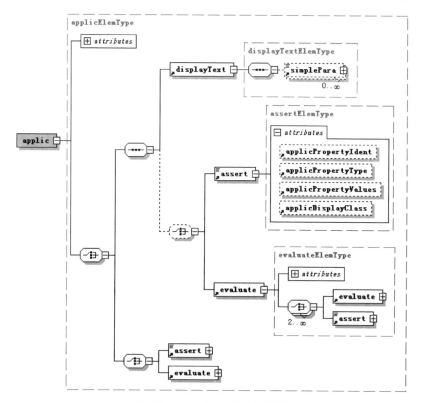

图 5-16　＜applic＞元素结构说明

几个部分。

（1）适用性表达式文字说明，在元素＜displayText＞中描述。文字说明主要用于在发布的出版物（无论 PDF 形式还是 IETP 形式）将适用性表达式展现给客户，如 ON A/C 001－003。

（2）适用性表达式机器说明，通过形式化方式来展现适用性表达式。元素＜assert＞表示适用性表达式一个基本断言，元素＜evaluate＞表示基本断言的逻辑关系（与、或和非），元素＜expression＞给出了更为复杂的适用性表达式的定义。

断言（assert）是适用性表达式的基本判断单元，是适用性表达式可计算分支的一次简单测试。断言将产品属性和条件与一个值或值集进行比较，判断结果为一个布尔值（True 或 False）。

### 5.6.3　S1000D 4.1 适用性管理机制

S1000D 4.1 版本增加了适用性 CIR，使得适用性信息的使用相对之前的版本更加灵活。在 S1000D 4.1 之前，所有适用性标记＜applic＞在各 DM 中编辑。在 S1000D 4.1 中，新增了适用性 CIR，可以实现将所有适用性标记＜applic＞在适用性 CIR 中统一管理，其他 DM 通过元素＜applicrRef＞参引适用性 CIR 中的具体适用性标记，使用原理与其他类型 CIR 类似。图 5－17 为适用性 CIR 的 Schema。图 5－18 为其他 DM 中使用适用性的两种方式。

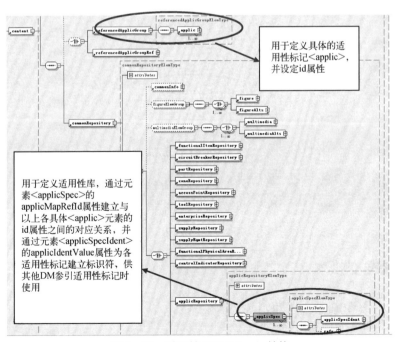

图 5－17　适用性 CIR Schema 结构

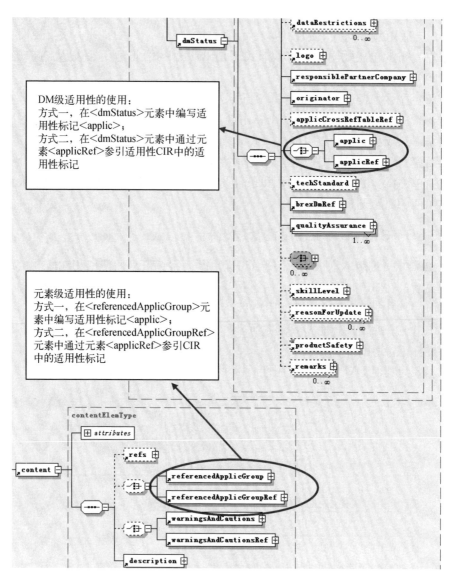

图 5 - 18　DM 中使用适用性的方式

## 5.7　数据交换

### 5.7.1　S1000D 规范数据交换机制

为实现技术出版物在供应商、主制造商和客户之间进行交换，有必要建立一套正式的数据交换标准和程序实现不同 CSDB 之间数据模块的交换。

　　由于数据模块交换的双方实现 CSDB 的技术手段和实现平台各不相同,因此 S1000D 规范建议使用基于文件数据包的数据交换方式。每个文件数据包包含用于数据模块交换所包含的数据模块文件(XML 格式),以及所包含数据模块所参引的所有插图(通常为 TIFF 格式和 CGM 格式)、多媒体文件和 PDF 文档。除此之外,为保证交换文件数据包的完整性,S1000D 定义数据分发说明(data dispatch note,DDN)的数据模块,用于记录本次交换所含的所有信息对象清单。

　　进行数据交换的所有数据对象应通过 ZIP 压缩格式进行打包,且在压缩的数据交换包中不包含目录结构。数据交换包中必须包含一个数据分发说明文件,并且至少包含以下数据文件中的一个:

　　(1) 一个或多个数据模块(DM)及相关联的插图、多媒体等其他数据;

　　(2) 一个或多个 CSDB 状态清单(CSL);

　　(3) 一个或多个数据管理清单(DML);

　　(4) 一个或多个评审意见单及其附件;

　　(5) 一个或多个出版物模块(PM);

　　(6) 一个或多个数据更新文件(UPF)。

## 5.7.2　数据交换文件命名要求

### 1. 一般规则

　　除插图和多媒体文件外,数据包中所有文件的命名均由文件类型、文件控制号、文件后缀三部分组成,其中文件类型和文件控制号之间通过连字符"-"间隔,文件控制号与文件后缀之间通过分隔符句点"."间隔,形式为"文件类型-文件控制号.文件后缀"。

　　注:插图和多媒体的文件控制号中带有前缀 ICN,因此插图和多媒体文件的文件名只包含文件控制号和文件后缀,不包含文件类型。

　　其中,文件类型也称为文件前缀,代表信息对象的数据类型,一般可包括表 5-9 所示的 9 种类型。

表 5-9　文件类型

| 编号 | 文件类型 | 说　　明 | 备　　注 |
|---|---|---|---|
| 1 | DDN | 代表数据分发说明 | 文件命名规则见 5.7.2.2 |
| 2 | DMC | 代表数据模块 | 文件命名规则见 5.7.2.3 |
| 3 | DME | 代表使用扩展标识的数据模块 | 文件命名规则见 5.7.2.4 |
| 4 | ICN | 代表插图与多媒体 | 文件命名规则见 5.7.2.5 |

续　表

| 编号 | 文件类型 | 说　　　明 | 备　　注 |
|---|---|---|---|
| 5 | DML | 代表数据管理清单 | 文件命名规则见 5.7.2.6 |
| 6 | PMC | 代表出版物模块 | 文件命名规则见 5.7.2.7 |
| 7 | PME | 代表使用扩展标识的出版物模块 | 文件命名规则见 5.7.2.8 |
| 8 | UPF | 代表数据更新文件 | 文件命名规则见 5.7.2.9 |
| 9 | UPE | 代表使用扩展标识的数据更新文件 | 文件命名规则见 5.7.2.10 |
| 注：文件类型需大写 | | | |

文件控制号代表文件的唯一标识,一般由以下信息的全部或部分组成,各组成部分之间用下划线"_"间隔:

(1) 数据标识符:各信息对象的编码,如 DM 的编码 DMC,插图的编码 ICN,所有文件的控制号均应包含此信息;

(2) 版本信息:包括版本号(对应元素<issueInfo>的属性 issueNumber)和版次号(对应元素<issueInfo>的属性 inWork),通过连字符"-"间隔,形式为"版本号-版次号",如"002 - 00";

(3) 语言信息:包括语言代码(对应元素<language>的属性 languageIsoCode)和国家代码(对应元素<language>的属性 countryIsoCode),形式为"语言代码-国家代码",如"EN - US"。

各文件类型的文件控制号组成如下:

(1) DDN 和 ICN:仅由数据标识符组成,形式为"数据标识符";

(2) DML:由数据标识符和版本信息组成,形式为"数据标识符_版本信息";

(3) DM、DME、PM、PME、UPF 和 UPE:由数据标识符、版本信息和语言信息组成,形式为"数据标识符_版本信息_语言信息"。

2. DDN 文件命名规则

DDN 文件的命名规则为 DDN - MI - SSSSS - RRRRR - XXXX - NNNNN.XML。其中:

(1) MI 表示型号识别码;

(2) SSSSS 表示数据发送方的单位代码(通常为 CAGE 代码);

(3) RRRRR 表示数据接收方的单位代码(通常为 CAGE 代码);

(4) XXXX 表示数据发送时的年份,如 2014、2015 等;

(5) NNNNN 表示五位流水号,按年度从 00001 开始递增。

示例:DDN - ABC - SSSSS - RRRRR - 2014 - 00003.XML,表示 2014 年从 SSSSS 发送到 RRRRR 的第三个数据分发说明。

3. DMC 文件命名规则

DMC 文件的命名规则为 DMC - DMcode_III - WW_LL - CC.XML。其中:

（1）DMcode 表示数据模块的编码；

（2）III 表示数据模块的版本号，为三位数字，如 001、002；

（3）WW 表示数据模块的版次号，如 00、01；

（4）LL 表示语言码；

（5）CC 表示国家码。

示例：DMC－ABC－A－21－52－00－00A－520A－A_003－01_EN－US.XML，表示 ABC 飞机空调系统拆卸程序的 DM，版本号为 003，版次号为 01，英文版本。

**4. DME 文件命名规则**

DME 文件的命名规则为 DMC-dmeproducer-dmecode-DMcode_III－WW_LL－CC.XML。

在上述的命名规则中，文件控制码包括：

（1）dmeproducer-dmecode 位于＜dmAddrres＞中的＜dmExtension＞的＜dmeProducer＞和＜dmeCode＞两个元素值，同样由连字符隔开；

（2）DMcode 表示数据模块的编码；

（3）III 表示数据模块的版本号，为三位数字，如 001、002；

（4）WW 表示数据模块的版次号，如 00、01；

（5）LL 表示语言码；

（6）CC 表示国家码。

示例：DME－SSSSS－001－ABC－A－21－52－00－00A－520A－A_003－01_EN－CN.XML，表示 SSSSS 单位编制的 ABC 飞机空调系统拆卸程序 DM，版本号为 003，版次号为 01，英文版本的一个扩展版本。

**5. ICN 文件命名规则**

ICN 的文件控制码仅包含文件的数据标识符，即插图和多媒体的信息控制码（ICN）。

示例：ICN－ABC－A－212101－A－SVV19－00231－A－001－01.CGM。

**6. DML 文件命名规则**

DML 文件对应的数据类型包括数据模块需求清单（DMRL）及 CSDB 状态清单（CSL），采用 XML 文件格式。DML 的命名规则为：DML－MI－SSSSS－T－XXXX－NNNNN_III－WW.XML。其中：

（1）MI 表示型号识别码；

（2）SSSSS 表示数据发送方的单位代码；

（3）T 表示 DML 对应的清单类型，其取值可为：S 表示 CSDB 状态清单；P 表示部分的数据模块需求清单；C 表示完整的数据模块需求清单。

（4）XXXX 表示数据发送时的四位年代号，如 2014；

（5）NNNNN 表示五位流水号，按年度从 00001 开始递增；

（6）III 表示 DML 对应数据的三位版本号，如 001、002；

（7）WW 表示 DML 对应数据的版次号，如 00、01。

示例：DML－ABC－SSSSS－P－2014－00003_001－00.XML，表示 SSSSS 单位为 ABC 型号制定的 2014 年的第 3 份部分的数据模块清单，版本号为 001，版次号为 00。

7. PMC 文件命名规则

PMC 文件的命名规则为 PMC－MI－YYYYY－XXXXX－NN_III－WW_LL－CC.XML。其中：

（1）MI－YYYYY－XXXXX－NN 表示 PM 的编码；

（2）III 表示出版物模块（PM）的三位版本号，如 001、002；

（3）WW 表示出版物模块（PM）的二位版次号，如 00、01；

（4）LL 表示语言码；

（5）CC 表示国家码。

示例：PMC－ABC－SSSSS－00001－00_001－00_EN－US.XML，表示 SSSSS 单位在 ABC 型号上出版的第一个 PM，该 PM 为单卷，版本号为 001，版次号为 00，为英文版本。

8. PME 文件命名规则

PME 文件的命名规则为 PMC－extensionProducer-extensionCode-MI－YYYYY－XXXXX－NN_III－WW_LL－CC.XML。其中：

（1）extensionProducer-extensionCode 表示出版物模块的扩展标识，对应元素＜pmAddress＞的子元素＜identExtension＞的两个属性值 extensionProducer 和 extensionCode；

（2）MI－YYYYY－XXXXX－NN 表示 PM 的编码；

（3）III 表示出版物模块（PM）的三位版本号，如 001、002；

（4）WW 表示出版物模块（PM）的二位版次号，如 00、01；

（5）LL 表示语言码；

（6）CC 表示国家码。

示例：PME－SSSSS－001－ABC－SSSSS－00001－00_001－00_EN－CN.XML，表示 SSSSS 单位在 ABC 型号上出版的第一个 PM，该 PM 为单卷，版本号为 001，版次号为 00，为英文版本，且为第一个扩展版本。

9. UPF 命名规则

UPF 文件的命名规则为 UPF－DMcode_III－WW_LL－CC.XML。其中：

（1）DMcode 表示数据模块的编码；

（2）III 表示数据模块的版本号，为三位数字，如 001、002；

（3）WW 表示数据模块的版次号，如 00、01；

（4）LL 表示语言码；

（5）CC 表示国家码。

示例：UPF‐ABC‐A‐00‐00‐00‐00A‐00NA‐A_003‐00_EN‐US.XML，表示针对 ABC 型号版本号为 003 的工具信息库 DM 的数据更新文件，英文版本。

10. UPE 命名规则

UPE 文件的命名规则为 UPE‐dmeproducer-dmecode-DMcode_III‐WW_LL‐CC.XML。其中：

（1）dmeproducer-dmecode 位于＜dmAddrres＞中的＜dmExtension＞的＜dmeProducer＞和＜dmeCode＞两个元素值，同样由连字符隔开；

（2）DMcode 表示数据模块的编码；

（3）III 表示数据模块的版本号，为三位数字，如 001、002；

（4）WW 表示数据模块的版次号，如 00、01；

（5）LL 表示语言码；

（6）CC 表示国家码。

示例：UPF‐SSSSS‐001‐ABC‐A‐00‐00‐00‐00A‐00NA‐A_003‐00_EN‐US.XML，表示针对 ABC 型号版本号为 003 的带扩展标识的工具信息库 DM 的数据更新文件，英文版本。

# 第6章 技术出版物内容验证

■
■
■
■

## 6.1 概述

要确保航空器在投入运营之后的持续适航,正确地使用和维修是保持其安全和可靠运行的基础,而对航空器的正确使用和维修则需要航空器制造商制定和提供正确、合理、详尽、便于使用的各类持续适航文件。如果所编写的持续适航文件(手册)未经过充分验证,则势必导致飞机投入使用后,在使用和维护方面出现差错,导致危险事故或出现故障无法维修等问题,由此也将给客户造成一系列的经济损失。在技术出版物生产的众多环节中,技术出版物验证是重要的一环,技术出版物编制或修订完成后都要进行验证,以保证技术出版物内容的正确性和可操作性,从而指导客户正确使用和维护飞机。

## 6.2 技术出版物验证要求

### 6.2.1 适航要求

技术出版物是指为满足中国民用航空局 CCAR - 25《运输类飞机适航标准》1529 条款、1581 条款、附录 H 和 AC - 91 - 11R1《航空器的持续适航文件》以及 AC - 91 - 24《航空器的运行文件》要求所必需的运行文件和持续适航文件以及其他指导用户运营、维护、修理飞机的技术资料,不包括客户服务文件。

其中,CCAR - 25《运输类飞机适航标准》1529 条款、1581 条款、附录 H 从民用飞机适航总体标准的角度提出民用飞机要长期满足适航要求,必须要提供相应的运行和持续适航文件[15];AC -

91-11R1《航空器的持续适航文件》[16] 以及 AC-91-24《航空器的运行文件》[17] 则是分别从持续适航文件和运行文件角度说明中国民用航空局对航空器制造厂家编制、管理运行和持续适航文件的要求。

AC-91-11R1 和 AC-91-24 中对运行和持续适航文件的验证有如下要求：

（1）无论航空器的初始设计水平和可靠性多高，一旦投入使用后，正确地使用和维修是保持其固有设计水平和可靠性的基础，而正确地使用和维修则需要通过航空器制造厂家制定准确详尽、便于使用的持续适航文件来保证；

（2）航空器的运行文件是保证航空器在经批准的运行范围内得到正确使用的关键信息；运行和持续适航文件在内容编写完成后应当经过工程设计部门的审核，确定所编写内容符合相关的设计和分析、验证报告；

（3）对于经过审核的持续适航文件内容，应当以草稿的形式予以内部出版编辑，并提供预期使用人员（如试飞维修人员、教员、工程支援人员等）进行必要的验证，确认持续适航文件的内容可正确理解和具备可操作性；

（4）验证应当在确认不影响安全的情况下，由验证人员严格按照运行文件和持续适航文件的内容进行操作，否则验证工作视为无效；

（5）对于因研制过程中设计更改和验证问题造成的运行文件内容修订，应当重复上述审核和验证过程，直至航空器设计冻结后形成持续适航文件的初稿，并提供局方审核。

另外，MD-FS-AEG001《驾驶员资格计划编制指南》中"6.5 建议的测试和设备"对运行文件试飞验证有如下要求："对于有型别等级的航空器，一般需建议和准备飞行标准化委员会实施的 T5 测试，即转机型训练的评审。开展 T5 测试的准备条件如下：完成了飞行手册或飞行机组操作手册、快速检查单等运行文件的编制，并经过试飞验证。"

### 6.2.2　验证对象

按照 AC-91-11R1、AC-91-24、MD-FS-AEG001 等局方规章对验证的要求，需开展验证的运行和持续适航文件如表 6-1 所示。

表 6-1　需要验证的运行和持续适航文件

| 序号 | 技术出版物名称 | 英　文　全　称 | 英文缩写 | 批准/认可 |
|---|---|---|---|---|
| 维修类手册 | | | | |
| 1 | 维修计划文件 | Maintenance Planning Document | MPD | AEG |
| 2 | 飞机维修手册 | Aircraft Maintenance Manual | AMM | AEG |
| 3 | 无损检测手册 | Non-Destructive Testing Manual | NDT | AEG |

续 表

| 序号 | 技术出版物名称 | 英 文 全 称 | 英文缩写 | 批准/认可 |
|---|---|---|---|---|
| 维修类手册 | | | | |
| 4 | 故障隔离手册 | Fault Isolation Manual | FIM | AEG |
| 5 | 飞机线路手册 | Aircraft Wiring Manual | AWM | AEG |
| 6 | 系统原理图册 | System Schematic Manual | SSM | AEG |
| 7 | 飞机图解零件目录 | Aircraft Illustrated Parts Catalog | AIPC | AEG |
| 8 | 图解工具和设备手册 | Illustrated Tool and Equipment Manual | ITEM | AEG |
| 9 | 部件手册 | Component Maintenance Manual | CMM | AEG |
| 10 | 结构修理手册 | Structural Repair Manual | SRM | TCT |
| 11 | 动力装置总成手册 | Power Plant Build-up Manual | PPBM | AEG |
| 飞行类手册 | | | | |
| 12 | 飞行机组操作手册 | Flight Crew Operation Manual | FCOM | AEG |
| 13 | 快速参考手册 | Quick Reference Handbook | QRH | AEG |
| 14 | 主最低设备清单 | Master Minimum Equipment List | MMEL | AEG |
| 15 | 客舱机组操作手册 | Cabin Crew Operations Manual | CCOM | AEG |
| 16 | 偏差放行指南 | Dispatch Deviation Guide | DDG | AEG |
| 17 | 飞机飞行手册 | Airplane Flight Manual | AFM | TCT |
| 18 | 重量平衡手册 | Weight and Balance Manua | WBM | TCT |

## 6.2.3 验证时间

民机的研制一般分为立项论证、可行性论证、联合概念定义、初步设计、详细设计、全面试制(首飞)、试飞取证和批生产几个阶段。

根据中国民用航空局的要求,首架机交付客户前必须完成运行和持续适航文件全部项目的验证工作。AC‑91‑11R1 和 AC‑91‑24 中提到,技术出版物验证主要包括编写完成后经过工程设计部门的审核-草稿提供预期使用人员进行必要的验证-重复验证直至形成运行和持续适航文件初稿等三个阶段,与民机研制配合起来,民机的验证工作应在首飞前完成草稿的编制,同时经过工程设计部门的审核;在试飞取证前完成初稿的编制,完成初稿的工程设计部门审核,同时完成所有程序的首次验证;在首架交付或获得标准适航证前完成定稿的编制,同时完成初稿到定稿这一过程中产生技术出版物修订的验证;在民机交付后及批生产阶段,持续开展技术出版物的新增和修订内容验证,直至飞机退役。

(1)首飞前:首飞技术出版物完成工程设计部门的审核。

(2)试飞取证阶段:技术出版物修订内容至少提前两周完成工程设计部门的审核,采取专项验证与使用验证相结合的方式提供预期使用人员验证;使用验证是指将验证与飞机总装、试飞阶段要执行的正常任务结合(也可称为"合并验证"),由预期使用人员按照手册中的程序执行任务(如试飞期间的飞机检查、勤务等),并提出验证意见。专项验证是指对于不适合与总装、试飞任务结合的验证对象,单独安排资源和时间,由实施人员按照手册内容执行程序。

(3) 批生产阶段:结合批生产计划进行手册新增/修订项目的验证;结合交付飞机运营过程中问题处理进行手册新增/修订部分的验证。

## 6.3　技术出版物验证方法

### 6.3.1　验证方法介绍

运行和持续适航文件(手册)内容的验证工作总体上可分为书面验证及操作验证两大类。

书面验证是指将运行和持续适航文件(手册)内容与设计数据、试飞数据、工艺规范、飞机实际技术状态等进行书面比对,审查文件内容的技术依据和数据来源,确保运行和持续适航文件(手册)内容的正确性。根据书面验证的内容不同,书面验证方法可细分为三种方法(表 6-2)。

表 6-2　运行和持续适航文件(手册)验证方法

| 代 码 | 验证类型 | 验证方法名称 | 使　用　说　明 |
|---|---|---|---|
| MV1 | 书面验证 | 书面验证 1 | 运行和持续适航文件(手册)验证内容为文件专有内容,如概述中的目录、有效页清单、缩略语、前言和介绍等,则采用验证方法 MV1 予以验证 |
| MV2 | | 书面验证 2 | 运行和持续适航文件(手册)验证内容涉及技术说明、工艺规范、材料规范、工程图纸、示意图等相关数据源的引用,或涉及带有标记的图片、计算方法、证明方案、飞机手册、维修文件、合格审定计划和产品构型定义文件等,则采用书面验证方法 MV2 |
| MV3 | | 书面验证 3 | 运行和持续适航文件(手册)验证内容如果需要进行实际操作验证,而此内容之前已进行过实际操作验证,则采用验证方法 MV3 进行验证 |
| MV4 | 操作验证 | 非整机地面操作验证 | 运行和持续适航文件(手册)验证内容如果可以在地面非整机状态下实施维修操作验证,则采用验证方法 MV4 进行验证 |
| MV5 | | 整机地面操作验证 | 运行和持续适航文件(手册)验证内容需要在地面整机状态下实施维修操作验证,则采用验证方法 MV5 进行验证 |
| MV6 | | 飞行试验验证 | 运行和持续适航文件(手册)验证内容涉及飞机运行操作程序,需要通过飞行试验验证,则采用操作验证方法 MV6 进行验证 |
| MV7 | | 飞行模拟器验证 | 运行和持续适航文件(手册)验证内容涉及可能会导致安全伤害或结构设备等损坏的运行操作程序,若此类程序不适合采用飞行试验验证,但是可以利用相应型号的飞行模拟器进行操作程序验证,则采用操作验证方法 MV7 进行验证 |
| MV8 | | 地面试验验证 | 运行和持续适航文件(手册)验证内容无法采用 MV6 和 MV7 方法进行操作验证的运行操作程序,则采用操作验证方法 MV8 进行验证 |

操作验证是指对运行和持续适航文件(手册)中的飞行操作程序和维修操作程序通过实际操作实验加以验证,确保所验证操作程序的可操作性。根据验证内容和验证对象的不同,操作验证方法可分为飞行试验验证、飞行模拟器验证、地面操作或地面试验验证等验证形式(表 6-2)。

(1)地面操作验证:飞机在地面时,进行维修操作程序的机上或地面操作验证,包括拆装程序、定检项目,润滑项目和排故项目等。

(2)飞行试验验证:结合试飞科目进行飞机运行类持续适航文件(手册)的验证,包括验证正常操作程序、非正常操作程序、主最低设备清单等内容。

(3)飞行模拟器验证:利用产品型号飞行模拟器对部分运行操作程序进行验证。飞行模拟器验证用于那些可能会导致安全伤害和设备损坏的运行操作程序的验证。

(4)地面试验验证:利用飞行模拟器之外的其他相关设备所进行的运行程序的地面实验操作验证。

通过对文件验证内容的分析梳理,结合运行和持续适航文件(手册)的自身特点,本报告归纳和确定了用于运行和持续适航文件(手册)内容验证的具体方法,如表 6-2 所示。

### 6.3.2　民机技术出版物验证方法选取

每本技术出版物需要根据其内容确定合宜的(可以选择一种或多种方法的组合形式)验证方法进行验证,且按手册编制验证报告,具体如下。

(1)运行和持续适航文件中涉及飞行和维修程序的手册(FCOM、AMM、NDT等)必须进行操作验证,而其他手册可采用书面验证;为确保操作验证的顺利、安全进行,在操作验证开始前首先进行书面验证。对于经验证实施人员、出版物共同评估,不能保证操作验证安全的验证对象,可以由书面验证替代操作验证。

(2)对于运行文件和持续适航文件中的手册专有内容(如概述中的目录、有效页清单、缩略语、前言和介绍等)以及手册样式,应选取书面验证方法一。

(3)若运行文件和持续适航文件验证内容涉及技术说明、工艺规范、材料规范、工程图纸、示意图等相关数据源的引用,或涉及带有标记的图片、计算方法、证明方案、飞机手册、维修文件、合格审定计划和产品构型定义文件等,应选取书面验证方法二。

(4)若运行文件和持续适航文件的某个验证对象需要进行操作验证,而可以证明此验证对象的信息已经在其他验证对象的操作验证时得到了确认,则可以采用书面验证方法三,将验证记录单与该验证对象进行比对,确认该验证对象满足记录单上的验证评估结论。若某个验证对象经过验证得到了验证结论,该结论可以用于另一个验证对象的验证,则后者也视为进行了书面验证三。

(5) 按照咨询通告的要求,工程设计部门会对运行和持续适航文件进行审核,以确定所编写内容符合相关的设计和分析、验证报告,所以进行并通过了设计审核的手册内容可视为满足了书面验证二的要求,设计审核的意见可作为书面验证二的验证记录。

(6) 飞机停在地面时整机和非整机状态下维修操作程序应采用机上或地面操作验证。验证内容包括拆装程序、定检项目,润滑项目和排故项目等。

(7) 结合试飞科目进行的运行文件的验证则采取飞行试验验证。验证内容包括正常操作程序、非正常操作程序、应急程序等。

(8) 验证内容为可能会导致安全伤害和设备损坏的飞行操作程序,可利用本型号飞行模拟器对部分运行操作程序进行的验证则采取飞行模拟器验证。

(9) 利用除飞行模拟机之外的其他相关设备所进行的运行程序验证采用地面试验验证。

(10) 运行手册操作验证应按照模拟机验证、地面操作验证、飞行试验验证的先后顺序选取。

(11) 运行手册修订后操作程序若涉及机组动作的修改,则应重新进行验证。若操作程序仅涉及系统响应、性能数据、文字表述以及格式的修改,则只需进行书面验证。

### 6.3.3 修订验证评估准则

飞机试飞取证结束后,进入首架机交付或取标准适航证和批生产阶段。与试飞取证阶段不同的是,首架机交付或取标准适航证和批生产阶段对技术出版物而言产生了修订,技术出版物修订内容的验证不同于首次验证,不是所有的程序内容都需要再次全部验证,验证评估的准则按维修类手册和运行类手册划分如下。

对已完成编制/新增后的程序进行评估,按以下原则确定维修类手册的验证方式:

(1) 程序中评估与制造执行工艺文件的条件和环境相符的,可以进行书面验证,不相符的还需进行操作验证;

(2) 程序中无具体实施步骤的,进行书面验证;

(3) 涉及图的修订,进行书面验证;

(4) 涉及标准施工的程序进行书面验证;

(5) 程序修订中断路器、口盖、标准件、消耗品或零件的修订,进行书面验证;

(6) 程序修订为参引任务调整的,进行书面验证,经评估后按需进行操作验证;

(7) 新增或修订程序涉及操作步骤的变更较小,对接近方式、操作逻辑无重大调整的,进行书面验证;

(8) 新增或修订程序涉及操作步骤的重大变更需要进行书面验证或操作验证。

对于已通过验证的运行类手册内容,由于设计变更、手册编写规范修订、手册自查等原因导致对手册内容进行修订时,具体验证要求如下:

(1) 对手册内容进行修订后,若不涉及技术内容或操作程序处置逻辑,如勘误、结构调整;

(2) 或简单格式修改等,则可采用上次验证结论,不需要重复验证。若手册逻辑、技术内容发生变化,则需要重新验证。

### 6.3.4　S1000D 规范中对验证信息的记录方式

S1000D 规范定义了验证的两种形式,即首次验证和二次验证。首次验证是指主制造商对技术出版物内容的验证,二次验证实施客户可根据需要,要求制造商进行二次验证。

对于需要首次验证和二次验证的数据模块,S1000D 规范提供的验证方法有如下三种:

(1) table top:验证输出是否满足设计文件,如图纸、测试清单等,同书面验证;

(2) on object:采用实际操作的方式验证程序步骤,同操作验证;

(3) table top and on object:以上两种方式均采用。

S1000D 规范中定义了＜qualityAssurance＞元素标记验证类型。如图 6-1 所示:

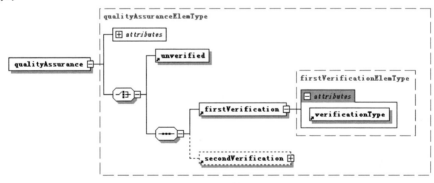

图 6-1　元素＜qualityAssurance＞

＜qualityAssurance＞元素包含三个子元素:

(1) ＜unverified＞:用于标记数据模块未经过验证;

(2) ＜firstVerification＞:用于标记数据模块经过首次验证;

(3) ＜secondVerification＞:用于标记数据模块经过二次验证。

其中,元素<firstVerification>的必选属性 verificationType 包括如下取值:

(1) tabtop,用于指出首次验证采用书面验证;

(2) onobject,用于指出首次验证在验证设施上实施;

(3) ttandoo,用于标识首次验证采用书面和验证设施结合的方式。

二次验证的验证属性标记方式同首次验证。

## 6.4 技术出版物验证流程

验证工作主要分为四个阶段组织进行:规划阶段、准备阶段、实施阶段和总结报批阶段。

(1) 规划阶段主要编制验证方案、制定验证计划。

本阶段的主要工作是根据适航规章要求,制定满足适航规章要求的技术出版物验证方案及各手册验证方案,明确不同技术出版物适用的验证方法及实施记录等要求。同时,根据手册编制进度、飞机的制造进度及试飞进度提出总体的验证计划。

(2) 准备阶段主要完成确定验证方法、确定验证构型、组建验证团队、资源保障准备。

本阶段的主要工作是组建验证团队,提出验证任务清单,对手册和维修程序进行初步评估,确定需操作验证的项目,向验证实施单位提出耗材、设备和工具需求。验证实施单位则按照需求采购耗材、设备和工具,同时确认各项需结合验证的项目并编制相应的工作程序。

(3) 实施阶段包括书面/操作验证实施、验证结果记录、验证结果评估以及按需实施手册修订。

本阶段的主要工作是对需要书面验证的内容,结合验证计划提交工程设计人员进行审核;对需要操作验证的内容,根据验证计划,在正式实施验证前,组织验证各方分析飞机构型状态,以确定最终实施验证的内容。在各种用于验证载体上实施验证,由维修或飞行操作人员现场给出导致验证无法进行的程序问题的技术方案和验证结果评估。对于验证结果组织手册修订,直至验证通过。验证实施过程中发现验证飞机不满足验证条件,如需航线运营真实环境、构型不匹配等,调整验证计划,更改验证载体。

(4) 总结报批阶段主要编制验证报告、验证数据记录归档、整理符合性验证支持材料上报局方。

编制责任单位根据验证记录文件,对于有适航条款要求运行文件和持续适航文件编制技术出版物相关验证报告。

适航管理部将验证报告提交给局方批准/认可,并接收局方反馈意见。若通过,本次验证工作结束。若未通过,编制责任单位应启动技术出版物修订工作,重复验证直至获得局方批准/认可。

验证的主要流程如图 6-2 所示。

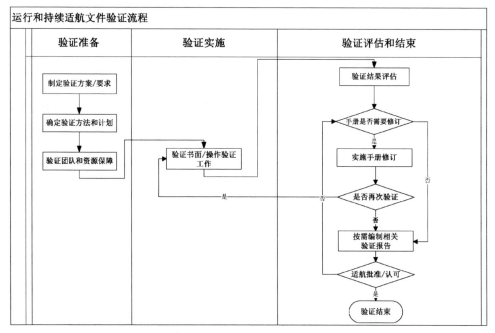

图 6-2　运行和持续适航文件验证流程

# 第 7 章　技术出版物发布管理

## 7.1　概述

技术出版物发布是采用 S1000D 规范编写技术出版物的一个重要环节,也是区别于传统纸质手册编写和采用 ATA 2200 规范编写的一个重要特点。采用 S1000D 规范编写技术出版物,在技术出版物编写阶段主要完成各个独立数据模块的编写工作,在技术出版物发布阶段根据不同出版物的内容和结构要求从公共源数据库(CSDB)选择需要的数据模块构建完整出版物,实现数据模块在不同出版物中的重复使用。本章主要介绍出版物模块的概念和编辑方法、技术出版物的发布流程以及技术出版物的管理等内容,为民机技术出版物的发布管理工作提供参考。

## 7.2　出版物模块编辑

### 7.2.1　出版物模块简介

在 S1000D 规范中,出版物模块(publication module,PM)用于定义技术出版物的内容和结构,包含以下一个或多个信息对象:

(1) 数据模块(DM);

(2) 出版物模块(PM);

(3) 遗留数据(之前非 S1000D 规范的技术出版物)。

PM 是 CSDB 中管理的信息对象之一,在 CSDB 中通过出版物模块编码(PMC)对 PM 进行标识。PM 的组成如图 7-1 所示。

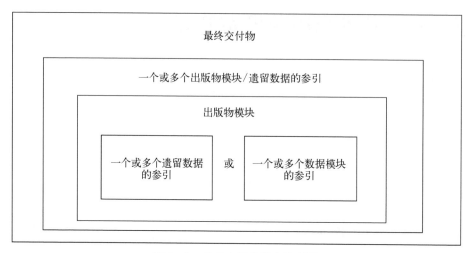

图 7-1 技术出版物发布流程图

### 7.2.2 出版物模块 Schema

在 CSDB 中,PM 采用 XML 格式进行描述,其 Schema 结构如图 7-2 所示。

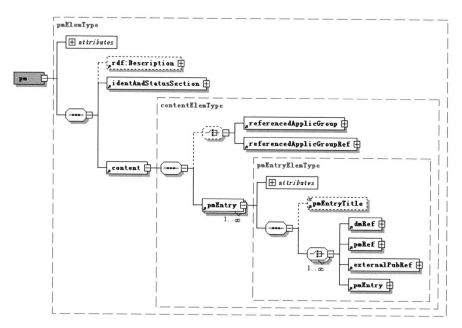

图 7-2 PM 的 Schema 结构

PM 的 Schema 结构与 DM 类似,由标识状态信息和内容两部分组成,其中标识状态信息采用元素<identAndStatusSection>描述,包含与 DM 标识状态信息类似的元素组成,用于对 PM 进行标识和管理;PM 内容部分采用元素＜content＞描述,主要通过逐层嵌套且可重复的出版物模块条目元素＜pmEntry＞描述整个出版物的结构。在 PM 中,一个＜pmEntry＞元素对应出版物的一个章/节,通过逐层嵌套的 PM 条目定义出版物的完整内容结构。

### 7.2.3 出版物模块编写流程

在 CSDB 中,PM 的编写流程一般包含以下步骤:

(1) 确定型号技术出版物清单,并确定各出版物的 PMC。

(2) 在 CSDB 系统中创建 PM,并分配 PMC。

(3) 按照手册结构要求编辑 PM,建立 PM 与 DM 之间的关联,并设置正文前资料,如图 7-3 所示。

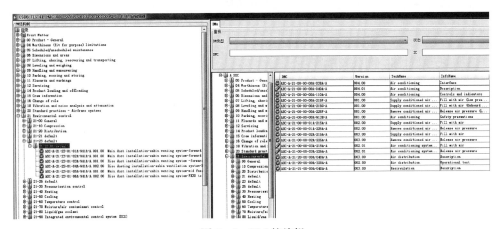

图 7-3 PM 的编辑

(4) 按照设置的 PM 审批流程完成 PM 审批,直到 PM 定稿。

### 7.2.4 出版物模块版本管理

PM 采用与数据模块类似的版本管理方式,通过版本号(元素＜issueInfo＞)和版本类型(元素＜pmStatus＞的属性 issueType)实现对 PM 的版本控制。

1) 版本号控制

只要 PM 所参引数据模块或 PM 发生更新,PM 都要重新发布。PM 的每个正式版本都要按顺序用连续的三位数字来标识。出版物的初始出版编号为"001",用标记属性 issueNumber 表示。属性 inWork 用于为 PM 草稿/修正版或更改版编号,编号方法同数据模块,其属性是两位连续数字。

数据模块在使用周期内,版本号和小版本号会不断变更。

2）PM 变更

元素<pmStatus>的属性 issueType 下定义的取值指明了新版本 PM 的更新类型。属性值定义如下：

（1）"new"＝新的 PM；

（2）"changed"＝PM 内容发生变更，内容发生变化但是未重新定稿；

（3）"deleted"＝PM 已被删除；

（4）"revised"＝PM 内容发生变更并重新定稿；

（5）"status"＝PM 的状态发生变化，内容没有发生变化；

（6）"rinstate-changed"＝PM 被删除后又恢复，且内容发生变化但是未重新定稿；

（7）"rinstate-revised"＝PM 被删除后又恢复，并且内容发生变更并重新定稿；

（8）"rinstate-status"＝PM 被删除后又恢复，并且状态发生变化，内容没有发生变化。

## 7.3 技术出版物发布流程

技术出版物发布流程如图 7－4 所示，主要包括发布申请、发布准备、出版物模块编辑、技术出版物预发布、技术出版物审批等环节。

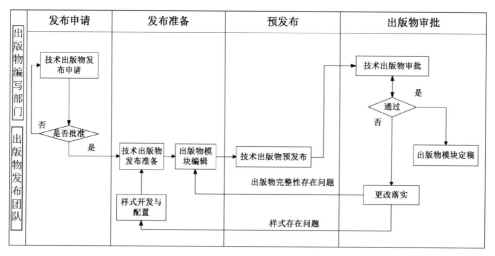

图 7－4 技术出版物发布流程图

1）技术出版物发布申请

根据技术出版物发布需求，由手册主编填写《技术出版物发布申请表》，交技术出版物发布人员审核和技术出版物部门负责人批准。

2）技术出版物发布准备

技术出版物发布人员接收已批准的《技术出版物发布申请表》后，根据需发布手册的具体需求，完成必要的发布准备工作：

（1）根据需发布手册的内容要求，对相关数据的技术状态进行检查，确保所有 DM、实体均已定稿；并且 DM 涉及的构型信息在 PCT 中均有定义，CIR 数据完整、正确；

（2）发布系统检查，确保发布管理系统、发布引擎（PE）的服务均已启动并能正常运行；

（3）样式检查，确保需发布手册的样式已完成开发并配置正确，可正常使用；

（4）准备其他需参考的程序文件，如 PM 编辑需参考的手册编制规定等文件。

3）出版物模块编辑

根据《技术出版物发布申请表》的需求，在发布系统创建 PM，分配 PMC 并指定 PM 的语言、版本日期等信息。PM 创建后，PM 编辑人员根据需发布手册的内容和结构要求编辑 PM，包括正文前资料的设置、各正文章节内容的组织、附录的设置等。

4）技术出版物预发布

技术出版物发布人员按照《技术出版物发布申请表》的需求预发布技术出版物，并提交技术出版物编写部门，启动后续的技术出版物审批工作。

注：预发布的技术出版物所包含的 DM 都应处于定稿状态。

5）技术出版物审批

各技术出版物编写部门对预发布的技术出版物执行审批流程，重点审批技术出版物完整性、技术出版物的有效性和技术出版物样式。审批通过的技术出版物进入技术出版物验证环节；审批不通过的技术出版物，修改意见将反馈至技术出版物发布部门。

6）更改落实

技术出版物发布部门收集技术出版物审批过程中反馈的修改意见，并安排相关人员落实更改。对于技术出版物完整性方面的问题，由 PM 编辑人员根据反馈的具体意见修改 PM；对于技术出版物样式方面的问题，由样式开发人员负责对样式进行修改并重新配置。

7）出版物模块定稿

技术出版物审批通过后，出版物模块自动定稿，本次出版物发布工作结束。

# 7.4　技术出版物发布样式——PDF 样式

## 7.4.1　版面布局要求

1）页面尺寸

纸质样式基于以下页面尺寸定义：

(1) A4(210 mm×297 mm),页面布局要求见图 7-5;

(2) A5(148.5 mm×210 mm),用于幅面较小的技术出版物,页面布局要求见图 7-6;

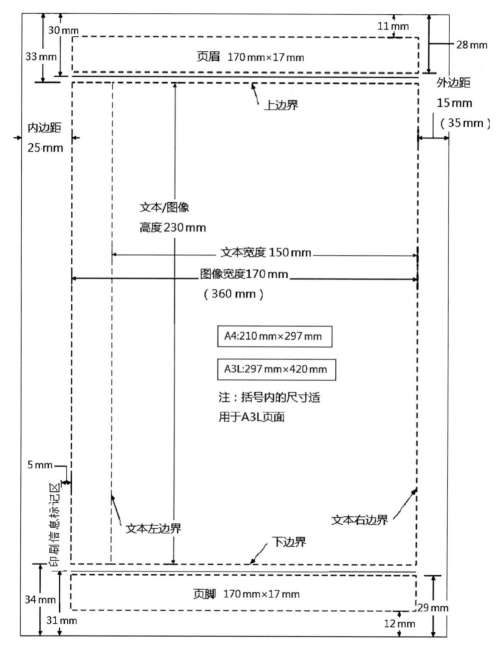

图 7-5 A4 和 A3L 尺寸页面布局

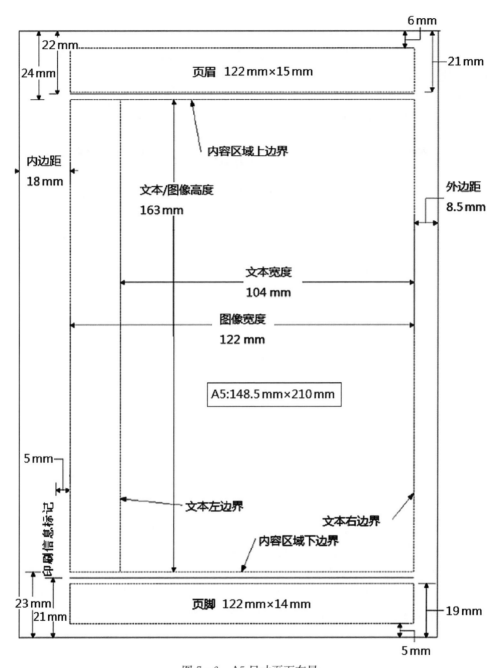

图 7-6　A5 尺寸页面布局

（3）A3L(L 表示横向,297 mm×420 mm),用于线路数据和系统原理图册,页面布局要求见图 7-5。

（2）印刷信息

若某些技术出版物需呈现技术责任方，则责任方的名字采用 6pt 宋体，英文及数字为 Arial 字体，在页边的印刷信息标记显示。在责任方的名字后可添加注释说明打印地点，详细位置见图 7-5、图 7-6。

（3）页眉和页脚

页眉和页脚的布局样式见图 7-7、图 7-8，其要求如下：

图 7-7　A4 和 A3 页面的页眉

图 7-8　A4 和 A3 页面的页脚

a）页眉和页脚须提供纸质内容的标识信息，同时还包括有效性信息和安全等级，出版物编制制造商的 Logo 放置在页眉中；

b）页眉和页脚区域由横跨整个页面的线宽为 1pt 的黑线将其同页面区域分隔开；

c）对于左边的页面采用右边页边的镜像；

d）折页的页眉、页脚尺寸与单张页面的页眉页脚尺寸保持一致，位置见图7-9。

（4）双栏正文

若页面的正文是双栏，两栏应等宽分配且之间有大约 6 mm 的隔条。

表格可在一栏中或横跨整个页面宽度。

除居中标题、全页面图片、全页面表格的标题外，其他标题不能横跨整个页面，须与所属内容同列一栏。

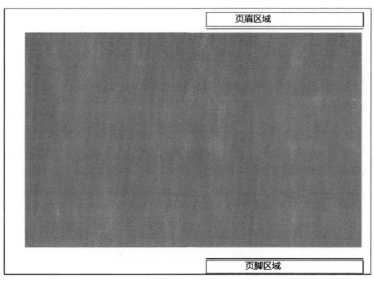

图 7-9　折页的页眉、页脚

若有横跨整个页面宽度的图片和表格,文本流自上而下排列。

## 7.4.2　正文样式要求

1. 层次划分

DM 的正文最多划分到 5 级层次,各层次编排格式如下:

(1) 一级层次:阿拉伯数字,如 1、2、3……;

(2) 二级层次:上一级条目后面加".",之后加阿拉伯数字,如 1.1;

(3) 三级层次:上一级条目后面加".",之后加阿拉伯数字,如 1.1.1;

(4) 四级层次:上一级条目后面加".",之后加阿拉伯数字,如 1.1.1.1;

(5) 五级层次:上一级条目后面加".",之后加阿拉伯数字,如 1.1.1.1.1;

(6) 每级条目可有标题,也可没有标题。

2. 字体及段落

字体及段落格式要求见表 7-1,编排示例见图 7-10。

表 7-1　正文字体及段落样式

| 标题层次 | 字　体 | 字号 | 段前 | 段后 | 行　距 | 对　齐 |
|---|---|---|---|---|---|---|
| 第一级 | 数字及英文:Arial 粗体 | 14pt | 7pt | 无 | 单倍行距 | DM 内容区左对齐 |
| | 中文:黑体 | | | | | 文字内容区左对齐 |
| 第二级 | 数字及英文:Arial 粗体 | 12pt | 6pt | 无 | 单倍行距 | DM 内容区左对齐 |
| | 中文:黑体 | | | | | 文字内容区左对齐 |

| 标题层次 | 字　体 | | 字号 | 段前 | 段后 | 行　距 | 对　齐 |
|---|---|---|---|---|---|---|---|
| 第三级 | 数字及英文：Arial 粗体 | | 10.5pt | 5pt | 无 | 单倍行距 | DM 内容区左对齐 |
| | 中文：宋体 粗体 | | | | | | 文字内容区左对齐 |
| 第四级 | 数字及英文：Arial | | 10.5pt | 无 | 无 | 单倍行距 | DM 内容区左对齐 |
| | 中文：宋体 | | | | | | 文字内容区左对齐 |
| 第五级 | 数字及英文：Arial 斜体 | | 10.5pt | 无 | 无 | 单倍行距 | DM 内容区左对齐 |
| | 中文：宋体 斜体 | | | | | | 文字内容区左对齐 |
| 正文 | 数字及英文：Arial | | 10.5pt | 无 | 0.5 行 | 单倍行距 | 文字内容区左对齐 |
| | 中文：宋体 | | | | | | |

XX–XX–XX　　XXXX—XXXXXXX

**1**　　　　XX

1.1　　　XX
　　　　XXXXXXXXXXXXXXXXXXXXXXXXXXXXXXXXXXXXXXXXXXXXXXXX
　　　　XXXXXXXXXXXXXXXXXX

1.2　　　**XXXX**
　　　　XXXXXXXXXXXXXXXXXXXXXXXXXXXXXXXXXXXXXXXXXXXXXXXX
　　　　XXXXXXXXXXXXXXXXXXXXXXXXXXXXXXXXXXXXXXXXXXXXXXXX
　　　　XXXXXXXXXXXXXX

　　　　XXXXXXXXXXXXXXXXXXXXXXXXXXXXXXXXXXXXXXXXXXXXXXXX
　　　　XXXXXXXXXXXXXXXXXXXXXXXXXXXXXXXXXXXXXXX

1.3　　　**XXXXX**
　　　　XXXXXXXXXXXXXXXXXXXXXXXXXXX。

**2**　　　　**XXXXXXX**

2.1　　　XX
**2.1.1**　XXXX
　　　　XXXXXXXXXXXXXXXXXXXXXXXXXXXXXXXXXXXXXXXXXXXXXXXX
　　　　XXXXXXXXXXXXXXXXXXXXXXXXXXXXXXXXXXXXXXXXXXXXXXXX
　　　　XXXXXXXXXXXXXXXXXXXXXXXXXXXXXXXXXXXXXXXXXXXXXXXX
　　　　XXXXXXXXXXXXXXXXXXXXXXXXXXXXXXXXX

图 7 - 10　正文编排样例

3. 数据模块通用元素样式

1）无序列表和有序列表

列表由列表题目与列表项组成，列表题目为可选项。

无序列表可分层次进行列举，第一层用前缀"—"表示，左对齐，文本缩进 0.74 厘米，第二层用前缀"●"表示，文本在上一层级基础上再缩进 0.74 厘米，第三层继续用"—"前缀表示，缩进以此类推。同层次的列表项单倍行距，段前、段后均无间距。不同层次之间有 0.5 行间距。同一层级中不同段落之间有 0.5 行的间距。"警告"、"注意"中的无序列表与正文中的无序列表样式一致。无序列表样例见图 7 - 11。

**2.3.2**　XXXXXXXXXXXXXXXXXX
XXXXXXXXXXXXXXXXXXXXXXXXXXXXXXXXXXXXXXX

— XXXXXXXXXXXXXXXXXXXXXXXXXXXXXXXXXXXXXXXXX
　XXXXXXXXXXXXX
— XXXXXXXXXXXXXXXXXXXXXXXXXXXXXXXXXXXXXXXXX
　XXXXXXXXXXXXXXXXXXXXXXXXXXX
— XXXXXXXXXXXXXXXXXXXXXXXXXXXXXXXXXXXXXXXXX

　● XXXXXXXXXXXXXXXXXXXXXXXXXXXXXXXX
　● XXXXXXXXXXXXXXXXXXXXXXXXXX

　　— XXXXXXXXXXXXXXXXXXXXXXXXXXXXXX
　　　XXXXXXXXXXXXXXXXXXXXXXXXXX
　　— XXXXXXXXXXXXXXXXXXXXXXXXXXXXXX
　　　XXXXXXXXXXXXXXXXXXXXXXXXXXXXXXXXXXX

　　　XXXXXXXXXXXXXXXXXXXXXXXXX

　　XXXXXXXXXXXXXXXXXXXXXXXXXXXXXXXXXX

图 7 - 11　无序列表编排样例

有序列表使用阿拉伯数字 1,2,3…进行编号,字体为 Arial 体,中文为宋体,10.5pt,列表项缩进 0.74 厘米,行距为单倍行距,段前 0 行,段后 0.5 行。列表项中还可以包含子列表项,编号为 1.1,1.2,1.3…。有序列表中也可以包含无序列表(第二层)。有序列表一般不用于程序类的步骤信息。有序列表样例参见图 7 - 12。

2) 图

图(除 IPD、线路图册之外)的样式要求如下:

(1) 图的标题与 ICN 在图下方显示;

(2) 图题为英文,数字为 Arial,中文为黑体,10.5pt,图号与图题之间空 2 个字符,居中,段前、段后各 0.5 行;

(3) ICN 为 Arial,10.5pt,右对齐,段前 0.5 行;

(4) 图注在图标题下方;

(5) 同一图组中的每张图,应在图题后注明"(共 Y 张,第 X 张)"。

3) 表格

(1) 表题使用黑体;10.5pt,在表格上方的居中,由表序号和标题组成;

(2) 序号为表在该数据模块中的顺序编号,序号和标题之间空两个字符,段前 0.5 行;表头文字宋体加粗,10.5pt,左对齐,垂直居中,表格正文,左对齐段后 0.5 行;

(3) 表脚注在表格中以上标形式出现,在表格下方再加一栏显示,10pt,脚注

2.3.1　XXXXX

XXXXXXXXXXXXXXXXXXXXXXX

1　XXXXXXXXXXXXXXXXXXXXXXXXXXXXXXXXXXXXXXXXXXX
XXXXXXXXXXXXXXXX

2　XXXXXXXXXXXXXXXX

3　XXXXXXXXXXXXXXXXXXXXXXXXXXXXXXXXXXXXXXXXXXX
XXXXXXXXXXXXXXXXXXXXXXXX

4　XXXXXXXXXXXXXXXXXXXXXXX

4.1　XXXXXXXXXXXXXXXXXXXXXXXXXXXXXXXXXXXXXXXX
XXXXXXXXXXXX

4.2　XXXXXXXXXXXXXXXXXXXXXXXXXXXXXXXXXXXXXXXX
XXXXXXXXXXXXXXXXXXXXXXXXXXXXXXXXXXXXXXXXXXX
XXXXXXXXXXXXXXX

XXXXXXXXXXXXXXXXXXXXXXXXXXXXXXXXXXXXXXXXXXX
XXXXXXXXXXXXXXX

5　XXXXXXXXXXXXXXXXXXXXXXXXXXXXXXX

- XXXXXXXXXXXXXXXXXXXXXXXXXXXXXX
- XXXXXXXXXXXXXXXXXXXXXXXXXXXXXX

  - XXXXXXXXXXXXXXXXXXXXXXXXXXXXXXXXXXXXXXXXXX
  XXXXXXXXX
  - XXXXXXXXXXXXXXXXXXXXXXXXXXXXXXXXXXXXXXXXXX
  XXXXXXXX

图 7 - 12　有序列表编排样例

与表格底线 0.5 行,与最低线 0.5 行,脚注之间无间距;

（4）无表题和表头行的表格为不规则表格,不规则表格不参与表格的计数。

4）警告

警告内容显示在文本内容区域,黑体,加粗,10.5pt,"警告"两字加粗,加下划线,与警告内容空 1 个字符,段前段后各 0.5 行。文本内容缩进 1.3 厘米。如图 7 - 13所示。

**2.3.3**　XXXXXXXXXXXXXXXX

<u>**警告**</u>：XXXXXXXXXXXXXXXXXXXXXXXXXXXXXXXXXXXXXXXXXXXXXXX
XXXXXXXXXXXXXXXXXXXXXXXXXXXXXXXXXXXXX

图 7 - 13　警告样例

5）警戒

警戒内容显示在文本内容区域,黑体,10.5pt,"警戒"两字加粗,加下划线,与警戒内容空 1 个字符,段前段后各 0.5 行。文本内容缩进 1.3 厘米。如图 7 - 14所示。

**2.3.4**　　XXXXXXXXXXXXXX

**警戒**：XXXXXXXXXXXXXXXXXXXXXXXXXXXXXXXXXXXXXXXXXXXXXXXXXXXXXXXXXXXXXXXXXX XXXXXXXXXXXXXXXXXXXXXXXXXXXXXXXXXXXXXXXX

图 7－14　警戒样例

6）注

注内容显示在文本内容区域。在‘注：’和注的内容之间没有空格，当注的内容换行时，换行文字的起始字与上行文字的起始位置对齐。如图 7－15 所示。

**2.3.5**　　XXXXXXXXXXXXXX

XXXXXXXXXXXXXXXXXXXXXXXXXXXXXXXXXXXXXXXXXXXXXXXXXXXXXXXXXXXXXXXXXXXXXX XXXXXXXXXXXXXXXXXXXXXXXXXXXXXXXXXXXXXXXXXXXXXXX

**注**：XXXXXXXXXXXXXXXXXXXXXXXXXXXXXXXXXXXXXXXXXXXXXXXXXXXXXXXXXXXXXXXX XXXXXXXXXXXXXXXXXXXXXXXXXXXXXXXXXXXX

图 7－15　注样例

7）数据模块引用

数据模块引用的表现形式为：显示被引用数据模块的 DMC 以及数据模块的标题，带下划线表示。

8）更改标记

DM 的更改内容要加更改条进行标记，更改条为竖直线，线条粗细 4 磅，位置距页面左边界 2 厘米。

表格的更改标记位于更改内容所在行的左侧。

9）上标和下标

10.5pt 字的上下标应为 10pt 字，有一定的垂直偏移量。

10）符号

符号在行内显示。若符号的高度超过该行的高度，行距做相应调整。

## 7.5　技术出版物发布样式——IETP 样式

### 7.5.1　版面布局要求

正文一般占 IETP 浏览器正文显示区域的 90%，如图 7－16 所示。

### 7.5.2　正文样式要求

1. *层次划分*

层次划分：正文可划分为下述层次：

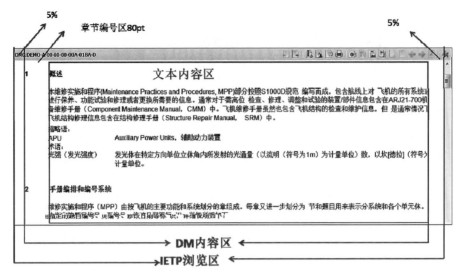

图 7-16　IETP 布局样例

一级条目：阿拉伯数字，如 1.、2.、3.……；

二级条目：上一级条目后面加"."，之后加阿拉伯数字，如 1.1、1.2、1.3……；

三级条目：上一级条目后面加"."，之后加阿拉伯数字，如 1.1.1、1.1.2、1.1.3……；

四级条目：上一级条目后面加"."，之后加阿拉伯数字，如 1.1.1.1、1.1.1.2、1.1.1.3……；

五级条目：上一级条目后面加"."，之后加阿拉伯数字，如 1.1.1.1.1、1.1.1.1.2、1.1.1.1.3……。

每级条目可以有标题，也可以没有。

2. 字体及段落

按照不同的标题层次，各层次所采用的字体及段落样式采用表 7-2 中的形式，图 7-17 所示为按照正文样式要求编制的 IETP 的正文样例。

表 7-2　正文字体及段落样式

| 标题层次 | 字 体 | 字号 | 段前 | 段后 | 行 距 | 对 齐 |
|---|---|---|---|---|---|---|
| 第一级 | 数字及英文：Arial 粗体 | 14pt | 7pt | 无 | 单倍行距 | DM 内容区左对齐 |
| | 中文：黑体 | | | | | 文字内容区左对齐 |
| 第二级 | 数字及英文：Arial 粗体 | 12pt | 6pt | 无 | 单倍行距 | DM 内容区左对齐 |
| | 中文：黑体 | | | | | 文字内容区左对齐 |
| 第三级 | 数字及英文：Arial 粗体 | 10.5pt | 5pt | 无 | 单倍行距 | DM 内容区左对齐 |
| | 中文：宋体 粗体 | | | | | 文字内容区左对齐 |

续　表

| 标题层次 | 字　体 | 字号 | 段前 | 段后 | 行　距 | 对　齐 |
|---|---|---|---|---|---|---|
| 第四级 | 数字及英文：Arial | 10.5pt | 无 | 无 | 单倍行距 | DM 内容区左对齐 |
| | 中文：宋体 | | | | | 文字内容区左对齐 |
| 第五级 | 数字及英文：Arial 斜体 | 10.5pt | 无 | 无 | 单倍行距 | DM 内容区左对齐 |
| | 中文：宋体 斜体 | | | | | 文字内容区左对齐 |
| 正文 | 数字及英文：Arial | 10.5pt | 无 | 0.5 行 | 单倍行距 | 文字内容区左对齐 |
| | 中文：宋体 | | | | | |

**1　概述**

**1.1　目的**
本章包含的编制规则和编码的据，在适当情况下，模块产品描述和操作（的 D&O）信息和相关示意图图。

**1.2　适用范围**
它涵盖的信息编制规则，这将使技术精湛的维修人员了解系统的建设，功能，操作和控制，子系统，子子系统和单位的产品。信息必须包括识别和位置相关的系统和维护培训显著概述项目。

准备提供的示意图来说明的要求整个产品和一些组件的电路也包括在内。示意描绘系统，以补充足够详细的故障隔离和了解维修人员的系统操作。

**1.3　标准和定义**
本章中给出的标准和定义是通用的。

**2　描述和操作**

**2.1　简介**
**2.3.1　功能，数据和描述**
这些数据模块（IC0XX）的目的，必须说明的位置，建立和功能一个完整的系统，其子系统。组件说明必须包含了解足够的建设和运作所必需的限度内维护功能的性能。对于简单的系统，IC040（说明它是如何并不能细分的功能）。因此，它是必须提交的资料理解技工学员必须在合适的形式。

图 7 - 17　正文编排样例

3. 数据模块通用元素样式

1）无序列表和有序列表

列表分为有序列表和无序列表。列表包含两部分题目与列表项，列表题目为可选项。

有序列表使用阿拉伯数字 1，2，3…进行编号，字体为 Arial 体，中文为宋体，10.5pt，列表项缩进 0.74 厘米，行距为单倍行距，段前 0 行，段后 0.5 行。列表项中还可以包含子列表项，编号为 1.1，1.2，1.3…。有序列表中也可以包含无序列表。

有序列表一般不用于程序类步骤信息。有序列表如图 7 - 18 所示：

无序列表可分层次进行列举，第一层用前缀"—"表示，左对齐，文本缩进 0.74

2.3.2　**有序列表中缩进与行距**

以下规则适用于有序列表中的样式规则：

1　有序列表必须要用阿拉伯数字进行编号。这些数字，从"1"开始，必须要左对齐。

2　文本要缩进 7mm。

3　两个层级的列表的每个列表项之后要与文本段落一样添加额外的间距，8pt。

4　编号的最后一位数字后绝对不能加句点 [.] 。

　　4.1　分有序列表必须要编号。编号要以前面的项目号开始，继从 1 开始的数字。中间用 [.] 间隔。

　　4.2　分有序列表中的编号要左缩进 7mm。文本要在此基础上再缩进 7mm（14mm 离左边）。必要时，文本缩进可以以 7mm 为一级进一步延长，例如，如果编号中其中一个数字大于 9，像 6.12、12.6、10.10 等。在每个有序或无序列表中，缩进一定要保持一致。

　　　　在任何一级中，每个列表项可以包含一到多个段落，并且要用额外的 8pt 行距来分隔。

5　有序列表可以包含分无序列表（level2）和分分无序列表。

- 有序列表中可以包含分无序列表（level2）项
- 一定要使用 para 2.6.2 里的样式规则
  - 有序列表和分有序列表中也可以包含分分无序列表（level 3）项。

图 7-18　有序列表样例

厘米，第二层用前缀"●"表示，文本在上一层级基础上再缩进 0.74 厘米，第三层继续用"一"前缀表示，缩进以此类推。

同层次的列表项单倍行距，段前、段后均无间距。不同层次之间有 0.5 行间距。同一层级中不同段落之间有 0.5 行的间距。如图 7-19 所示。

2.3.3　**无序列表中的前缀，缩进和间距**

以下规则适用于无序列表的呈现样式（使用缺省前缀值"pf02"）：

- 第一层的无序列表项以短破折号 [-] 作为前缀开头，并左对齐。文本必须缩进 7mm。
- 在所有三种层次的无序列表中列表项必须要用正常的行距分隔，11pt，在同一层级的无序列表项目之间不添加额外的空行（间距）。
- 这三个层级，每种层级无序列表的最后一个列表项要添加额外的 8pt 空行。
  - 分无序（level 2）列表项要以黑点 [●] 开始，并有 7mm 左边缩进
  - 文本进一步缩进 7mm（离左边 14mm）
    - 分分无序（level 3）列表项以短横线作为前缀开始，并向左边缩进 14mm。文本要进一步缩进 7mm（左缩进 21mm）
    - 任何一层级无序列表的每个列表项都可以包含一个或多个段落。
      
      每个列表项中的段落必须增加额外的 8pt 的行距。
      
      这适用于所有层级的无序列表。
      
      每个列表项的最后一个段落后要添加额外的 8pt 行距。

图 7-19　无序列表样例

2）图

图在正文中仅以图标标示此处有一张图,点击图标后,将在文本区域左边打开,最初显示的大小为图的原始大小,之后可以通过内嵌的图形浏览插件对图进行放大缩小,并可在独立窗口中局部放大缩小以查看图的细节部分。正文中出现的图号及其标题使用蓝色表示,并带下划线。图注在图标题下方。如一组图由几张图组成时,在正文中图片符号横向排列,不同图组的图竖向排列。同一图组中的每张图,应在图题后注明"(共 x 张,第 y 张)",如图 7 - 20 所示。

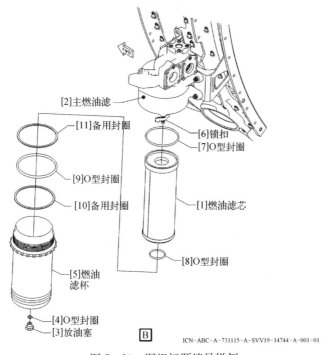

ICN-ABC-A-731115-A-SVV19-14744-A-001-01

图 7 - 20　图组标题编号样例

3）表

表格在文本内容区域显示。如果表格过宽,可在整个 DM 内容区域显示。表题使用黑体;10.5pt,在表格上方的居中,由表序号和标题组成。序号为表在该数据模块中的顺序编号。序号和标题之间空两个字符,段前 0.5 行;表头文字宋体加粗,10.5pt,左对齐,垂直居中。表格正文,左对齐段后 0.5 行。

表脚注在表格中以上标形式出现,在表格下方再加一栏显示。10pt,脚注与表格底线 0.5 行,与最低线 0.5 行,脚注之间无间距。

没有表题和表头行的表格为不规则表格,不规则表格不参与表格的计数。

4）警告

非弹出式警告内容显示为红色,在文本内容区域,黑体,加粗,10.5pt,"警告"

两字加粗,下加下划线,与警告内容空 1 个字符,段前段后各 0.5 行。文本内容缩进 1.3 厘米。如图 7-21 所示。

> **2.3.4**　　**在正/副驾驶的驾驶盘和襟/缝翼控制手柄处放置警告牌。**
>
> 　　　　**警告:**　在对襟/缝翼进行作业或在襟/缝翼区域附近工作前, 需先切断襟/缝翼操纵系统电源, 使襟/缝翼处于地面维修状态, 否则意外操纵襟/缝翼可能引起人员伤害及设备损坏。
>
> **2.3.5**　　**断开以下断路器并放置断路器止动环。**

图 7-21　警告样例

弹出式警告会自动弹出,"警告"14pt,加下划线,警告内容 12pt,红色。如图 7-22 所示。

图 7-22　弹出式警告样例

5) 警戒

警戒内容显示为橙色,在文本内容区域,黑体,,10.5pt,"警戒"两字加粗,加下划线,与警戒内容空 1 个字符,段前段后各 0.5 行。文本内容缩进 1.3 厘米,如图 7-23 所示。

> **2.2**　　**从 1#‘2#和 3#系统卸掉地面维护压力快卸街头[2]和地面维护回油快卸街头[3]的接头盖。**
>
> 　　　　警戒:　如果地面液压源的回油接头未与飞机液压系统回油街头连接, 不要打开地面液压系统增压, 否则将破坏飞机液压系统。
>
> **2.3**　　**将地面液压源的压力快卸街头与地面维护街头连接。**

图 7-23　警戒样例

弹出式警戒如图 7-24 所示:

6) 注

注的内容显示为绿色。在'注:'和注的内容之间没有空格,当注的内容换行

图 7-24　弹出式警戒样例

时,换行文字的起始字与上行文字的起始位置对齐。注的内容为宋体,10.5pt,缩进 0.75 厘米。样例如图 7-25 所示。

| 2.4 | 按以下步骤拆卸下壁板油箱区口盖[1]: |
| --- | --- |
| | 注:不同位置的口盖、密封型材、铝合金编织衬垫、压环、紧固件是不同的,<br>　　当拆除它们时必须标记出它们所在的位置。 |
| 2.3.6 | 拆卸口盖上的螺栓[5]; |
| 2.3.7 | 拆卸压环[4]; |
| 2.3.8 | 拆卸铝合金编织衬垫[3]; |
| 2.3.9 | 拆卸口盖[1]; |
| 2.3.10 | 拆卸密封型材[2]。 |

图 7-25　注样例

7) 数据模块引用

数据模块引用的表现形式为:显示被引用数据模块的 DMC 代码以及 DMC 的标题,并以蓝色,带下划线表示,且为一个链接,点击后可跳转到被引用的数据模块。点击之后该连接变为紫色。

如下所示:

参见 ABC-A-00-00-00-00A-131A-D(XXXX——XXXX)

点击之后

参见 ABC-A-00-00-00-00A-131A-D(XXXX——XXXX)

8) 热点链接

热点 ID 会自动连接到图上的相对应热点,点击文本中的热点,将会在 IETP 浏览器右边显示出图片,图片上相对应的热点会以红色高亮显示。且文本中的热点也会以蓝色高亮显示。采取插图在左,文本在右的方式。

三维插图热点:

鼠标移动(非点击)到文本中热点,文本热点以暗灰色表示,插图中相应热点会高亮显示。鼠标移动到 3d 插图中的热点,文本中相应热点会暗灰色显示。

点击文本中热点,文本热点显示黄色高亮,此时,插图自动移动到热点区域,并黄色高亮以最佳视域(放大/缩小及转换视角)呈现。点击插图中热点,热点黄色高亮显示，文本中对应热点以高亮黄色显示，并自动移动到文本区域顶端，方便查看。如图 7 - 26 所示。

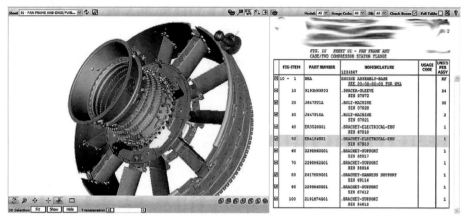

图 7 - 26　三维插图热点链接样例(后附彩图)

二维插图热点：

鼠标移动(非点击)到文本中热点，文本热点以暗灰色表示，插图中相应热点会绿色高亮显示。鼠标移动到 2d 插图中的热点，插图中相应热点会绿色高亮显示，文本中相应热点会暗灰色显示。

点击文本中热点，文本热点显示黄色高亮，插图相应热点以黄色高亮呈现。点击插图中热点，热点黄色高亮显示，文本中对应热点以高亮黄色显示，并自动移动到文本区域顶端，方便查看。如图 7 - 27 所示。

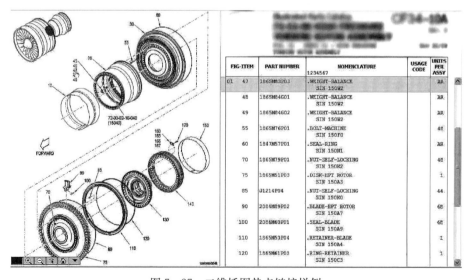

图 7 - 27　二维插图热点链接样例

9）更改标记

DM 内容的更改标记为黄色高亮，同时在左侧的导航栏相应的 DM 也高亮显示。更改标记一般只记录新增和更改的信息，不记录删除的信息。

段落的更改如图 7－28 所示。

14　　转动燃油滤杯[5]使其从主燃油滤[2]上拆下。

15　　将燃油滤芯[1]从燃油滤杯[5]中拆下。

16　　将O型封圈[7]和[8]从燃油滤芯[1]上拆下并报废。

17　　将O型封圈[9]从燃油滤杯[5]中拆下并报废。

18　　将备用封圈[10]和[11]从燃油滤杯[5]中拆下。

图 7－28　段落更改标记样例

图的更改反应在图的标题上，如图 7－29 所示。

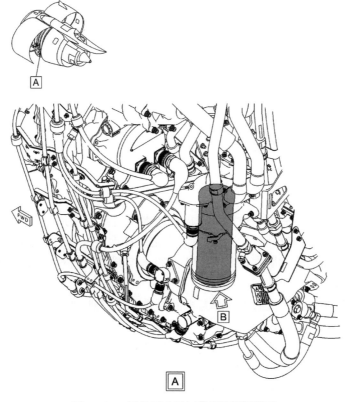

图 7－29　图片更改标记样例（后附彩图）

表的更改有两种表示：

当更改标记标注在单元格元素的属性中时，表示单元格内容发生了更改，更改标记如表 7-3 所示。

表 7-3　表格单元格内容更改标记样例

| 参　　考 | 名　　称 | 规　　范 |
| --- | --- | --- |
| 03-009 | 发动机滑油 | MIL-PRF-23699 |
| 18-003 | 保险丝 0.032 in(0.8 mm) | CP8001 |
| 04-020 | 凡士林 | TBD |
| 18-022 | 揩布 | 商用 |

当更改标记标注在表格元素的属性中时，表示整个表发生了更改，更改标记如表 7-4 所示。

表 7-4　表格整体更改标记样例

| 编　　号 | 位　　置 |
| --- | --- |
| 411 | 左发动机 |
| 421 | 右发动机 |

10）上标和下标

10.5pt 字的上下标应为 10pt 字，有一定的垂直偏移量。

## 7.6　技术出版物管理

### 7.6.1　技术出版物版本管理

技术出版物发布后需通过审批定稿后才能交付给最终用户。因此，在出版物发布过程中，需通过对出版物的版本管理来记录技术出版物的审批记录及发布/更改历史。技术出版物的版本控制与 PM 的版本控制机制相对应，其版本变化模型如图 7-30 所示。

技术出版物版本按大版本＋小版本的形式进行管理，即由大版本（A，B，C，…）和小版本（1，2，3，…）组成。

（1）大版本记录了技术出版物内容发生变更的次数，即对应于技术出版物正式发布的版本号，对应 PM 的大版本 issue number；

（2）小版本记录了在技术出版物审批流程过程中，进行"编辑、修改"的次数，对应 PM 的小版本 inwork number。

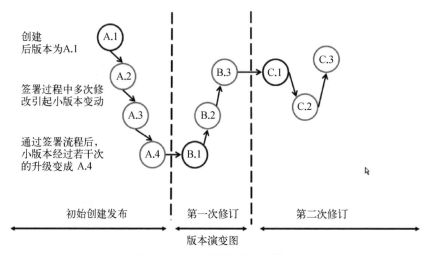

图 7 - 30　出版物版本变化模型

## 7.6.2　技术出版物存储管理

民机技术出版物具有种类多、客户多等特点,在对技术出版物进行管理时,可将发布后的技术出版物按飞机型号、对象类型、客户、出版物格式、出版物名称、语种等进行分类存储管理,如图 7 - 31 所示。

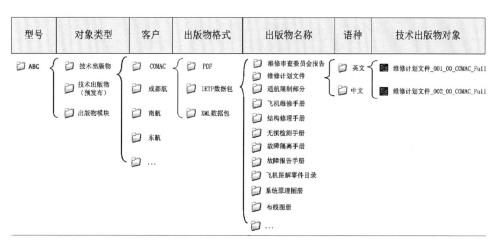

图 7 - 31　技术出版物对象存储结构图

# 第 8 章　技术出版物交付管理

## 8.1　概述

技术出版物交付作为技术出版物全寿命周期的最后一个环节，其交付的准确性、便捷性、适用性将直接影响客户的使用。

本章详细介绍了技术出版物交付的方式、种类、介质、渠道、流程等。

## 8.2　技术出版物交付管理要求

### 8.2.1　适航要求

技术出版物的交付管理首先应满足适航的管理要求，具体要求如下。

（1）持续适航文件在编制完成后（包括草稿和初稿阶段）应当及时分发给制造厂家内部相关部门，以便在相关的工作中参考并实施验证。

（2）持续适航文件应当在航空器交付时将适用的持续适航文件一同提供航空器的所有人（或运营人），并进行客户化或单机化出版编辑，但应当建立出版编辑规范以实施有效控制，保证内容的适用性。

（3）持续适航文件可以以纸质、电子文档（光盘、网络）或者其组合的方式分发，但以电子文档方式提供时应当保证任何人无意或者有意情况下都不能修改其内容。

（4）为保证制造厂家内部相关部门和航空器的所有人（或运营人）及时获得和使用最新有效的持续适航文件，应当建立一个持续适航文件分发清单,并以合适的方式提供查询现行有效版本的渠道,包括定期提供持续适航文件有效版次清单或通过网络更新通知等方式。

## 8.2.2　S1000D 规范要求

S1000D 规范的最大优点在于可以基于中性格式进行数据交换,改变了传统的基于纸质、PDF 等格式的交付方式,新增了数据包的交付方式。

数据交换可以在次级供应商和主供应商之间,或者在主制造商和客户之间。当接受单位也有 CSDB,并且希望处理数据甚至包含更改时,可以采用基于 S1000D 数据交换的交付方法。数据交换在两个 CSDB 之间完成,一个发送的 CSDB,一个接收的 CSDB,数据交换包括主要的数据模块以及附加的插图和多媒体文件。PM、SCORM 内容包模块以及支持的文件如数据管理清单、DDN 等都可以数据交换。

交付方法包括产生可直接使用的出版物或者是培训内容包,或者是带有 CIR 和不带有 CIR 的方法。

当 CSDB 使用者、供应商或者客户交付最终产品,包括纸质出版物或者是电子出版物 PDF,后者有一些连接机制,交付物也可以是 IETP 或者是培训相关的产品。后者可用于 SCORM。其流程如图 8-1 所示。

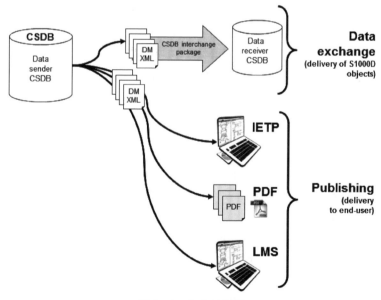

图 8-1　主交付流程

数据模块交换可以在自包含或者是 CIR 独立的数据模块中完成。一个 CIR 独立数据模块的交换包可以伴随着相关的 CIR。一个自独立的数据模块不需要包括 CIR,但是在供应商与次级供应商之间也可以交换 CIR,以使用相同的耗材、支援设备以及警告、警戒信息。

图 8-2 显示了不同 CSDB 间的数据交换流程,以及通过中立的 IETP-X 格式,生成 IETP 的流程。

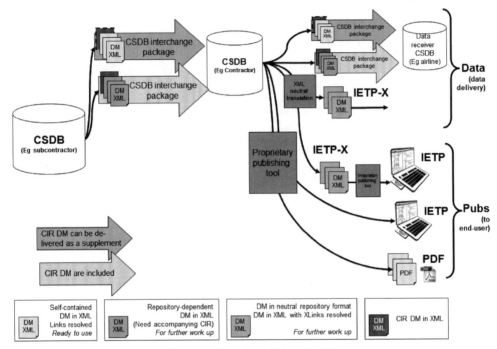

图 8-2　CSDB 间的数据交换流程

## 8.2.3　行业惯例要求

1. 交付数据

民机技术出版物按照持续适航文件要求提供飞行运行类手册、维修要求类手册、维修程序类手册、构型控制类手册和其他类手册。主要包括以下手册。

1)飞行运行类手册

(1)飞机飞行手册(AFM)。AFM 用于指导飞行机组驾驶飞机在允许的飞行包线范围内安全飞行,主要供飞行机组使用。AFM 的内容主要包括使用限制、正常操作程序、应急操作程序、非正常程序、性能数据等。

(2)飞行机组操作手册(FCOM)。FCOM 用于向空勤人员提供必要的飞机各系统说明、操作程序和性能、特性数据资料,用做空勤人员和有关技术人员的培训教材。

(3)快速检查单(QRH)。QRH 规定了飞行人员对飞机的检查和操作程序,以便及时处理空中故障、恢复正常操作或评定飞机的剩余能力,确保飞机安全飞行。其内容主要包括应急/非正常程序检查单、正常程序检查单、正常检查单、性能数据。

(4) 客舱机组操作手册(CCOM)。CCOM 是供飞机乘务员使用的技术出版物,它为乘务员所使用的设备提供了说明和操作程序,以及正常和非正常情况下的处置程序。

(5) 重量平衡手册(WBM)。WBM 用于为客户的重量工程师或其他有关人员提供分析和确定飞机使用重量和平衡的数据及程序所需的重量和平衡方面的详细资料。

(6) 主最低设备清单(MMEL)。MMEL 手册规定了允许某些飞机带有不工作的设备、仪表或功能在一定的条件和限制下飞行,并规定了可用设备和仪表的最低数量要求。MMEL 是保证飞机安全飞行最低设备数量的基本要求文件。它用于指导和规范客户最低设备清单(MEL)的制定工作。MEL 是用户针对所执管的特定型号的飞机,根据自己的使用条件、使用经验及飞行和机务人员技术水平状况而制定的。

(7) 性能程序手册(PPM)。PPM 是电子化性能分析软件的说明书,客户可以使用该软件生成客户化的起飞性能数据表,进行航路性能计算。

(8) 机组检查单(PCL)。PCL 属于简明飞行技术文件,以问答形式叙述了由飞行人员进行的、对飞机项目的检查和操作。PCL 供飞行机组人员在执行飞行任务时使用。

2) 维修要求类手册

(1) 维修审查委员会报告(MRBR)。MRBR 是飞机维修工作的纲领性文件,它规定了保证飞机安全使用的初始最低预定维修/检查要求,这些要求用来指导客户制定某型飞机结构、发动机、各系统及附件的持续适航维修方案。

(2) 维修计划文件(MPD)。MPD 是根据 MRBR 生成的文件,是对 MRBR 的进一步细化和补充,是飞机制造商推荐执行 MRBR 的程序、方法的参考文件。其目的是为飞机实施维修和维修管理提供指南,用于客户制定符合其维修实际状况的维修方案和配备维修资源提供依据。

(3) 适航限制项目(ALI)。ALI 可以单独成册,可以包含在 MPD 中。

3) 维修程序类手册

(1) 飞机维修手册(AMM)。AMM 用于指导维修技术人员在航线或在机库内对飞机进行维修,以确保飞机的持续适航和人员的安全。内容包括维护安装在飞机中的全部系统和功能部件的描述,以及用来指导航空公司人员进行维修操作。需要交互式三维电子功能。

(2) 动力装置总成手册(PPBUM)。PPBUM 包括组装完整发动机的所有外部安装的附件信息、示图以及发动机构型和飞机构型等，以及安装动力装备所需的专用工具和设备，装配程序资料。

（3）结构修理手册（SRM）。SRM 为客户提供有关允许的损伤和修理的方案说明。对结构强度和寿命有重要影响的严重损伤，SRM 提供将其结构恢复到满足设计功能要求的状态进行修理工作所需要的资料。SRM 以文字说明和图解形式为飞机用户提供结构识别和修理用的资料。

（4）部件维修手册（CMM）。CMM 含有将部件或设备修理、恢复到可使用状态所需的技术资料和校验程序。以供系统部附件维修人员在内场对机载设备实施维修工作时使用。

（5）故障隔离手册（FIM）。FIM 是飞机在正常使用期间，当飞行机组报告发生的故障或维修人员检测到故障时，维修人员按照 FIM 中的程序排除。故障分析任务提供针对所有 EICAS 信息、观察到的故障、客舱故障以及存储在 CMC 中的维修信息的分析程序。FIM 是在 EICAS/CMC 信息的逻辑分析、MSG‑3 分析和客户使用的反馈信息的基础上编制的。

（6）图解工具和设备手册（ITEM）。ITEM 含有对飞机机体、发动机和零部件的故障进行检测和分析、地勤保养和修理时所需要的所有专用工具和设备（包括试验和故障检测设备）的有关资料。ITEM 供飞机客户的工程技术人员使用和维修这些专用工具和设备时使用；ITEM 还可作为客户订购专用工具、设备及其零部件的参考文件。

（7）无损检测手册（NDT）。NDT 供受过专门培训、有资格的技术人员在航线或在机库内实施无损检测时使用。含有对飞机主要结构、次要结构和/或承力件（包括发动机和部分机载设备）进行无损检测的要求，包括进行无损检测工作所使用的设备、材料、操作程序、注意事项及有关参考资料等。

（8）维修设施计划（MFP）。MFP 手册用于为客户提供飞机维修方面的信息，为客户制定在停机坪/航站或机库对飞机进行维护、修理和大修以及进行设备、部件的试验等维修工作的维修设施规划提供相关资料。

（9）维修工作卡（MTC）。MTC 是维修大纲、维修计划文件和飞机维修手册等文件的内容所编制的操作性文件。为飞机客户的机务维修人员提供维修活动的依据以及应遵循的规定和程序，是对飞机进行维修/保养的基础文件。因各客户的工装设备、维修技术人员的技术水平、维修经验的差异，可根据客户自己的实际情况编制或参考飞机制造商编制的 MTC 编制适用于客户的 MTC。

4）构型控制类手册

（1）飞机图解零件目录（AIPC）。AIPC 手册含有识别飞机上所有可更换的零（组、部）件、机载设备的有关信息，为飞机维修技术人员实施维修工作提供指导。图解零件目录为客户订购飞机备件（零件、组件、部件及标准件等）提供重要依据。

（2）飞机线路手册（AWM）。AWM 供客户维修技术人员了解电气和电子系统的工作原理,在飞机维护过程中对电气和电子系统进行故障分析、维护、修理及保养。AWM 包括电气和电子设备目录、标准实施、电气和电子布线图和原理图、电气和电子图表和清单等内容。

（3）标准件手册（SM）。SM 汇总了飞机上使用的所有标准件的技术出版物资料,是飞机客户在维护和修理飞机时识别和选购标准件的重要依据之一。该手册是飞机维修手册、图解零件目录、结构修理手册的辅助文件。

5）其他类手册

（1）供应商信息手册（VIM）。VIM 用于向客户提供飞机的机载设备或部件等与成品相关的信息,包含负责客户服务各个方面业务的联系人、电话、传真、电子邮件地址等,以便客户了解供应商的各种服务信息和采购成品。

（2）用于机场计划的飞机特性手册（ACAP）。ACAP 以标准格式提供飞机特性数据,作为编制机场计划时的参考。

（3）飞机抢救手册（ARM）。ARM 是帮助航空公司和航空管理局在短时间内制定针对阻碍机场交通的损坏飞机的抢救方案,并进行器材和技术准备以及实施对损坏飞机进行抢救的重要参考资料。ARM 含有适用于抢救飞机的调查和准备工作、稳定/顶起损坏的飞机、移动损坏的飞机、工具和设备及以前抢救飞机的经验。

（4）消耗品手册（CPM）。CPM 是根据飞机型号配备的技术出版物,CPM 含有进行飞机维护/修理/大修工作所需的所有消耗品的识别和采购信息。

2. 交付语言

根据适航规章的要求以及客户使用的要求,民机技术出版物交付语言可考虑英文和中文两种。

采用中文,主要考虑到中文为母语,国内航空公司更适应于看中文资料,用中文进行交流,作为主制造商在手册的编写以及表达上使用中文也是更为准确和易读。

采用英文主要基于以下考虑:

（1）由于英文已作为国际公认的民用航空交流语言,无论欧美发达国家的航空公司,还是非洲等第三世界发展中国家的航空公司,包括我国国内的航空公司,都已习惯使用英文版技术出版物;

（2）民用航空英语的使用有统一的规范规定,技术出版物采用英文编写更能保障手册表达的统一性、准确性;

（3）如果民机同时进行 CAAC 取证和 FAA 取证,FAA 取证要求技术出版物语言为英文,CAAC 取证要求语言为中文或英文,民机技术出版物采用英文编写将更便于 FAA 和 CAAC 同时取证。

3. 交付形式

民机技术出版物交付格式主要有 PDF 格式、纸质手册、IETP 以及 XML 数据包格式。

PDF 格式手册和纸质格式手册是传统的手册交付方式,随着电子手册的出现,纸质手册逐渐取消,目前主要是飞行类手册还需要交付纸质手册。

XML 数据包格式是随着数字化编制技术的发展而产生的,交付 XML 格式的数包可便于客户进一步信息化处理和管理。

IETP 作为一种电子手册,不仅实现了技术手册的数字化,而且由于具有交互功能,使用方便,可进行交互式查阅、快速定位所需内容。从而减少查找时间,提高使用效率。

民机技术出版物应提供电子飞行包格式的飞行类手册以及维修类 IETP,实现手册内容的快速查询、手册间的有效链接以及图文的直接对应,从而提高工作的效率。

维修类 IETP 将按手册应用对象的不同打包交付给客户,同时在 IETP 功能上满足维修使用要求。

4. 交付介质

对于 PDF 格式的手册、XML 以及 IETP,民机技术出版物可通过数据光盘或者网络交付,纸质的手册需打印交付。

5. 交付时间

客户首架飞机交付前一年开始,分四批交付,分别是飞机交付前一年,半年,三个月和随机交付。需要提前交付的主要是维修计划类文件、主最低设备清单等手册。后续飞机的硬拷贝手册在飞机交付时交付。后续飞机构型信息提前三个月通过更改形式反映在先前交付的手册中,包括纸质手册和电子手册。

## 8.3 技术出版物交付管理流程

技术出版物的交付分为交付需求提出、交付准备、交付实施和交付记录归档四个环节。

### 8.3.1 技术出版物交付需求收集

技术出版物的交付需求主要包括交付对象、交付内容、交付形式、交付渠道、交付时间等,需求收集阶段主要明确交付需求,确定交付任务。首先需明确交付对象,民机技术出版物的交付对象主要有飞机所有人/运营人、维修机构、适航当局、试飞中心等相关使用方。另外还需明确交付哪些手册,是正常更改还是临时更改,以什么形式交付,PDF、XML、IETP 或者纸质手册,如何交付,光盘还是网络等。

### 8.3.2　技术出版物交付准备

在交付需求收集后,应进行交付准备。对于纸质和光盘形式的技术出版物按照相关工作要求进行出版物的印制或光盘刻录工作。网络形式的技术出版物按规定完成出版物的上传工作。

上传过程应做到:

(1) 纸质形式技术出版物上注有版权信息且明确声明出版物内容不可被更改;

(2) 光盘形式技术出版物首先应保证对写入光盘的技术出版物进行过加密处理,其次需使用不可重复写入的 CD－R/DVD－R 进行制作,以保证光盘内的技术出版物不可被编辑修改;

(3) 网络形式技术出版物,在将技术出版物的数字版本上传网络平台前对其加密处理,以防后续操作和使用过程产生数据误修改。

### 8.3.3　技术出版物交付实施

根据交付对象的需求实施交付。

1. 纸质和光盘形式的技术出版物分发

技术出版物完成印制或光盘刻录后,分发人员正式启动分发实施工作。

对于首次交付,应在规定时间内,将准备完成的纸质和纸质和光盘形式技术出版物采取物流等形式发给交付对象,并记录交付信息,同时保存相关凭证。

对于正常修订,应在按照分发需求信息,采用物流等形式将纸质和光盘技术出版物正常修订分发至分发对象,并记录交付信息,同时保存相关凭证。纸质技术出版物正常修订换页时,手册使用单位应移除旧版本并予以作废,插入新版本的修订页完成换版;光盘形式技术出版物正常换版时,需将旧版本光盘(包括上一版正常修订或临时修订光盘)作废,在光盘封面空白框内标注"×"字样或按使用单位的文件作废规定执行。

对于临时修订,当完成临时修订分发准备后,技术出版物分发人员按照分发需求信息采用加急物流等形式(如加急快递、邮政特快专递等),将技术出版物临时修订分发至分发对象。并记录交付信息,同时保存相关凭证。纸质技术出版物临时修订进行换页时,手册使用单位应插入技术出版物修订部分内容页;光盘形式技术出版物临时修订进行换版时,需将旧版本光盘(包括上一版正常修订或临时修订光盘)作废,在光盘封面空白框内标注"×"字样或按使用单位的文件作废规定执行。临时修订光盘内容将包含现行有效的正常修订及临时修订。

2. 网络形式技术出版物分发实施

技术出版物及修订上传至客户服务门户平台供客户在线浏览。

3. 分发通知

技术出版物分发实施后,需通过电话、邮件或传真等方式通知分发对象查收,分发对象可通过同样的方式反馈签收信息。

技术出版物的首次分发和正常修订分发都会附有《适用性技术出版物清单》。临时修订会通过邮件或电话等通信形式向分发对象说明技术出版物的现行有效版次。分发对象也可以通过网络平台查询下载《适用性技术出版物清单》以核实所持所有技术出版物的现行有效性。

### 8.3.4 交付记录归档

纸质和光盘形式技术出版物分发完成后,技术出版物部完成客户服务交付记录工作,归档相关资料。

# 第9章 技术出版物更改管理

## 9.1 概述

民用飞机技术出版物是民用飞机客户服务的重要组成部分,是保障飞机安全运行、持续适航的基础。现代民用飞机的运营和维护要求在飞机全寿命周期内,保持技术出版物内容的现行有效性及其与飞机构型状态的一致性,这既是技术出版物管理的核心和难点,也是必须满足的民航规章的基本要求。因此在飞机全寿命周期实施技术出版物的实时更改可保证技术出版物的完整性、正确性、准确性和具有良好的可操作性。

技术出版物的全寿命更改管理是以闭环管理系统为基础,以基于事件管理机制的源数据监控策略及基于任务驱动的过程控制管理策略为依托,采用 S1000D 规范的管理力度及管理方式,实现技术出版物更改从启动到最终关闭全部过程的控制及管理,确保所有更改处理过程受控、可查、可追溯、无遗漏。

技术出版物更改管理的核心在于闭环控制、可追溯,关键在于设计合理的变更流程和响应机制,并利用软件介入流程控制,提供完善的通知、响应、记录和查询功能。技术出版物整个更改控制流程可以分为三个部分,即源数据控制环节、内容控制环节和构型控制环节。对于技术出版物更改管理的整体流程,需要做到以下几个方面:

(1)建立技术出版物结构化内容与设计数据、制造数据及客户对技术出版物更改意见等源数据对应关系和标识;

(2)建立整个技术出版物更改闭环体系,对于每个更改节点都有明确的输入输出关系;

(3)建立技术出版物有效的监控和审批流程。

## 9.2　技术出版物更改管理要求

### 9.2.1　技术出版物源数据要求

技术出版物是飞机产品的重要组成部分,是飞机在全寿命周期内正常运营、持续适航及安全飞行的重要技术保障。

技术出版物源数据的范围确定是技术出版物在全寿命期间进行更改管理的最初始的一个环节,也是最为重要的环节之一。技术出版物的更改需要依托于源数据,但是对于没有界限的源数据的跟踪是不现实的。技术出版物需要一个在一定范围之内的源数据清单,这个清单越准确,有效性越高,就越能提升技术出版物的更改效率及正确率。

根据咨询通告 AC‒91‒11R1《航空器的持续适航文件》[16] 和 AC‒91‒24《航空器的运行文件》[17] 的要求,技术出版物的编写应当基于合适的源头文件,并实时监控源头文件的修订和新的源头文件的发布情况,按需启动源头文件的定义工作,及时修订技术出版物,保持技术出版物技术内容的实时有效。

AC‒91‒11R1《航空器的持续适航文件》规定的合适的源头文件包括:

(1) 航空器的设计定义和图纸;

(2) 系统安全分析文件;

(3) 结构分析和实验报告;

(4) 部附件供应商的分析和实验报告;

(5) 其他适用的工程设计文件。

AC‒91‒24《航空器的运行文件》规定的合适的源头文件包括:

(1) 飞行机组操作手册应当基于飞行手册,或在飞行手册内容不完备前直接参考航空器的设计定义和分析、验证报告;

(2) 快速参考手册应当基于飞行机组操作手册或飞行手册;

(3) 载重平衡手册应当基于飞行手册的载重平衡数据和出厂载重平衡报告;

(4) 偏差放行指南应当基于主最低设备清单和外形缺损清单;

(5) 客舱机组操作手册应当基于经型号审定部门批准的客舱构型和有关符合性报告(如水上迫降、应急撤离程序等)。

项目开始之初,应该对所编写的技术出版物的源数据进行范围框架的搭建,范围应以项目内的数据为界,并且不能超出适航规定的要求。

### 9.2.2　技术出版物内容更改要求

1. 更改要求

飞机技术出版物更改管理是集合飞机设计、制造、工程、供应商输入以及客户信息等完整信息链的闭环管理。

技术出版物的内容更改原因大致可以分为工程更改、服务通告、适航指令、供应商手册更改以及客户意见等。

这里的客户意见泛指所有手册使用者或审阅者的意见,不仅仅是指航空公司的机务人员,还包括适航审定人员、出版物审查人员等。一般来说,客户意见不能直接作为技术出版物更改的依据,必须根据客户意见来查询相对应的编写源数据,来对客户意见进行进一步的评估,才能最终决定是否更改。

技术出版物技术内容的更改必须对应于源数据的更改。规范类的更改可以依托于技术出版物自身的知识范畴加以更改。

技术出版物更改的最小粒度为 S1000D 规范中所界定的数据模块。但是源数据标注的粒度可在数据模块内的片段中加以标注,标注的内容应在初始制定的源数据清单内,如果超出清单范畴,需要评估是否需要在清单中添加新的源数据后再加以标注。

整个更改流程以更改触发为起始点,源数据更新为终结点,可分为更改方案控制、验证控制、数据模块控制以及源数据控制四个模块,整体流程如图 9-1 所示。

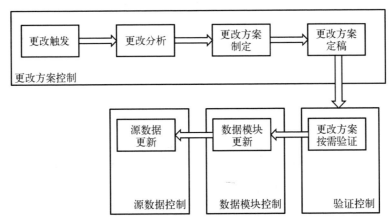

图 9-1　技术出版物更改分块流程

首先由更改触发(工程更改、客户意见等)引起了更改分析,在更改分析为需要更改后,则开展更改方案的制定,更改方案必须包含更改原因(为什么更改)以及更改说明(如何更改),在更改方案通过校对、审核后达到定稿状态。这一阶段为更改方案的控制阶段。

其次是必须按照验证程序的范围来判断此次更改是否需要进行操作验证,所有的更改都必须通过纸面验证。这一阶段为更改验证控制阶段。

然后是将验证后的更改方案落实到相应的数据模块中,并通过校对、审核后达到定稿状态。

最后是将更改后的源数据进行更新,这一阶段以源数据控制来进行最后的终结点。

所有修订方案应判断是否需要进行机上操作验证。

所有技术出版物的修订都必须经过严格的审签流程。

2. 更改分类

民用飞机技术出版物的更改可分为临时更改和正常更改。

1）临时更改

在情况较为紧急时应采用临时更改方式对技术出版物进行更改。

临时更改通过临时更改单实施,于更改单签署 5 天内发出。临时更改应用临时更改单直接表示更改内容,临时更改只能用于规定一个"题目"的更改,并将临时更改单插入被更改页之前,在临时更改 90 天内应通过正式更改确认更改内容或删除临时更改。

2）正常更改

正常更改通过更改单实施,正常更改通常在更改单定稿后 30 天内进行更改落实,如果无法在 30 天内完成更改,需要确保能够在正常更改周期（通常为 90 天）内能够进行更改落实。对于纸质手册,正式更改随更改单附有更改后的新页,用更改后的新页替换被更改页。

### 9.2.3　技术出版物构型控制要求

1. 技术出版物适用性

技术出版物的更改有很大一部分是对其构型更改的控制,当飞机的构型发生了改变,技术出版物也需要作出相应的更改。如何保证技术出版物的构型与飞机的构型相一致,确保技术出版物在更改中不会错误跟踪飞机的构型,并且保持一定的跟踪效率,这是技术出版物构型控制所提出的要求。

技术出版物使用适用性标签来对其内容与飞机构型进行一致性标注。飞机的构型项种类繁多,纷繁复杂,因此,如何合理地定义适用性类型,创建及使用适用性标签就显得极为重要。合理地设置适用性信息类型,可在保证飞机构型与技术出版物适用性一致性的前提下,节省大量的人力物力以及财力。

技术出版物适用性通常使用制造序列号（MSN）、飞机架次号（ASN）、客户标识号（Customer Code）和飞机注册号（Registration Number）等来对技术出版物内容进行标注。

2. 适用性模块应用流程

基于 S1000D 规范的适用性体系很好地将内容编写者与适用性管理人员进行了分割管理。

首先,构型管理人员梳理出适用性信息,再将其编制成为适用性标签存放

ACT、CCT、PCT 以及 CIR 公共信息库内(ACT、CCT、PCT 以及 CIR 详细内容,参见 5.6 节)。

其次,内容编写者只需要关注自己所编写内容的构型,不需要关心此构型所对应的机队序列号、客户标识号等飞机构型信息,只需要在 CIR 公共信息库中找到并添加与自己编写内容相对应的适用性标签即可。

最后,技术出版物适用性信息会通过适用性管理的四个模块所过滤出相对应的飞机构型信息。

适用性信息运转流程如图 9-2 所示。

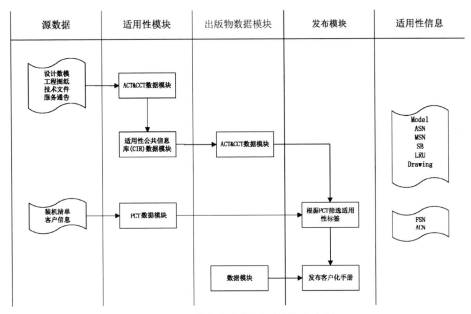

图 9-2 技术出版物适用性信息流程

举例说明:假设 A 准备编写的数据模块存在一个选装件"臭氧发生器",A 在编写完这个数据模块之后,会在 CIR 公共数据库中找到该选项标签"OPT-OZONIZER",进行选择并添加即可完成数据模块的编制工作。而"臭氧发生器"相对应的飞机架次号、客户标识号等信息会通过存放在 ACT 及 PCT 中的信息所过滤出。

此类构型控制方法摒弃了传统的由内容编写人员直接添加适用性的做法,将编写人员从构型文件中解放出来,可以在很大程度上提高数据模块编写人员的工作效率。并且,由适用性管理人员主动进行公共信息库的更新从整体效率上来说也相对较高。并且,随着飞机数量的增多,所需控制的飞机构型的复杂性的提升,此类技术出版物构型控制方法可在最大程度上减少构型的控制压力,并提升其准确性。

3. 适用性模块应用范例

假设某型号飞机有三种不同型的客舱娱乐系统,分别是基础型、增强型及豪华型。对其属性值分别赋值为 basic、advanced 和 luxury。如图 9-3 所示。

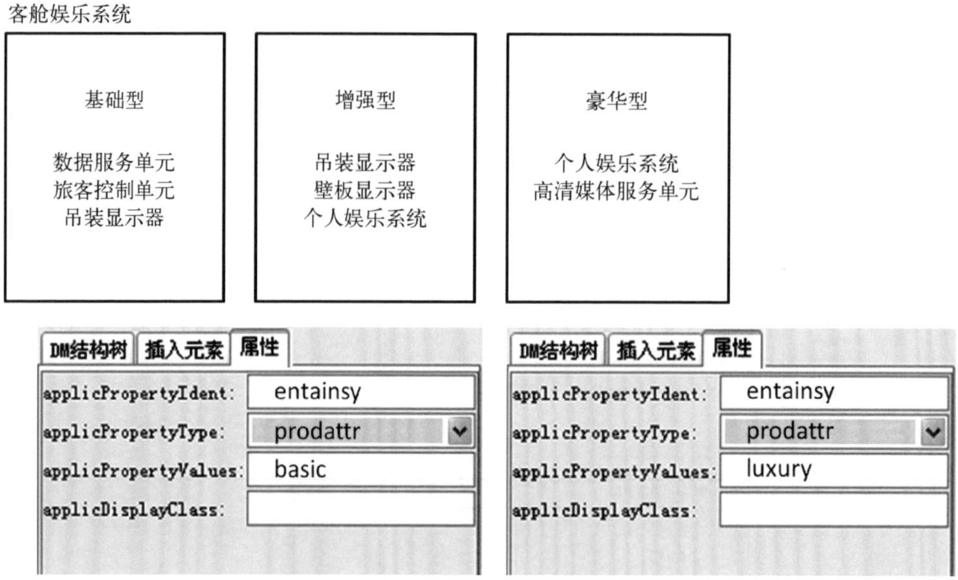

客舱娱乐系统

图 9-3 客舱娱乐系统适用性标识

需要注意的是,该处不能用 basic,value=yes|no 来表示,因为三种构型已经完整表示了对同一功能(客舱娱乐)的不同满足方式,而 basic,value=yes|no 不能表示所有情况,所以在筛选时,选择 luxury,value=yes 也仍然会把 basic,value=yes 的内容选择进来。

从图 9-3 可以看出,对于其中的吊装显示器,其适用于基础型和增强型两种客舱娱乐类型。所以对于"吊装显示器的拆卸"这一程序,其属性值的记录可以如图 9-4 所示。

同时,该型号飞机空调系统可以选装"货舱加温系统"和"空气干燥系统",可以对这两个选装件设置属性如图 9-5 所示。

当某一选项或更改需要包括多个子组件、零件时,如果所有零组件必须成套使用,则标签可以用顶级的选装名称,上述例子中为"货舱加温系统"或"cargoheating"。所有适用于货舱加温系统或下级零组件的程序或受影响的其他内容都可以用"cargoheating,value=yes"标识。如果下级零组件中还有选装件,或者有更改的情况,可单独设计适用性标签。

在 PCT 模块中,将这些不同构型的选装件,与不同的飞机序列号、型号及客户一一进行对应,则可以组成完整的飞机状态清单。如图 9-6 所示。

举例：吊装显示器的拆卸
（该显示器用于基本型和增强型）

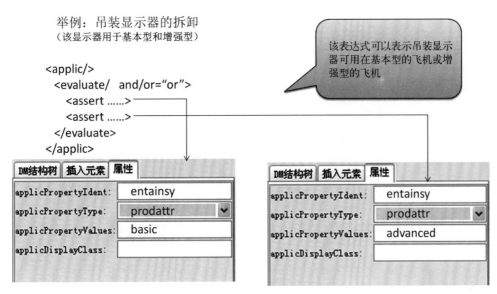

图 9-4　客舱娱乐系统适用性标识

空调系统

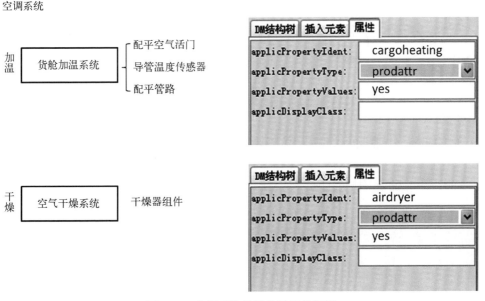

图 9-5　空调系统选装件适用性标识

根据 PCT 中所记录的飞机不同构型状态，可以将每一个数据模块的适用性一一进行解析，最后得出此数据模块构型所属的序列号、型号以及客户等信息。可以保证数据模块与飞机构型很好地保持统一。

| 序列号 | MODEL | 客户 | 客舱布局 | 高频收发 | 高频耦合 | SDU | 平视显示 | 视景增强 | 货舱加温 | 空气干燥 | SB-01001 |
|---|---|---|---|---|---|---|---|---|---|---|---|
| 10101 | ABC | 东航 | basic | no | yes | yes | no | no | no | no | pre |
| 10102 | ABC | 东航 | basic | no | yes | yes | no | no | no | no | pre |
| 10103 | ABC | 东航 | basic | no | no | yes | no | no | no | no | pre |
| 10104 | ABC | 南航 | luxury | yes | yes | no | yes | yes | Yes | Yes | pre |
| 10105 | ABC | 南航 | luxury | yes | no | no | yes | yes | yes | yes | post |
| 10106 | ABC | 南航 | enhanced | no | no | no | no | yes | no | no | post |

图 9 - 6   飞机状态清单

图 9 - 7 标识了技术出版物构型管理员如何在整个更改流程中运作的图示。

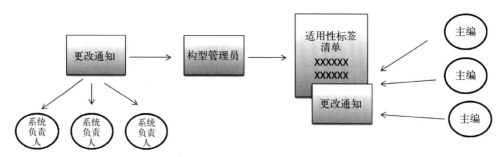

图 9 - 7   构型管理员工作流程规划

## 9.3   技术出版物更改管理流程

### 9.3.1   更改团队组成

技术出版物的更改一般分为上游与下游两方面的触发点,上游为从设计、工程以及适航方面触发的更改,下游为手册使用者或审阅者提出的意见。完整的技术出版物更改流程,一般需要四个团队对信息进行处理。

更改管理团队负责更改源的收集与分析,并进行初步分析过滤。更改管理团队就像是人体的中枢神经,负责整个更改方案制定的资源调配。

更改方案编制团队负责对于有影响的更改源进行更改方案的编制,并负责对所编制的方案按需要进行验证。更改方案编制团队就像人类的大脑,负责思想的输出。

更改方案审核团队负责对于更改方案的最后确认,并进行方案的最终定稿。更改方案审核团队通常是由有着丰富技术出版物编写经验和飞机系统理论知识的员工担任,属于整个更改团队的技术负责团队。更改方案审核团队就像大脑中的确认信号,只有得到了大脑的最终确认,我们的思想才能对外输出。

更改方案落实团队负责将更改方案中的内容落实的手册中去,并对手册中所标注的源数据进行相应更新。更改方案落实团队好比人体的双手,我们通过双手来执行我们的思想。

更改流程中的四个团队相互衔接,互相配合,贯串成为一整条完整的更改信息链。

### 9.3.2 技术出版物更改流程

每一家飞机主制造商对于其技术出版物的更改流程各不相同,但是就其根本的逻辑,却是一样的。

民用飞机技术出版物更改管理总体流程图如图 9-8 所示。

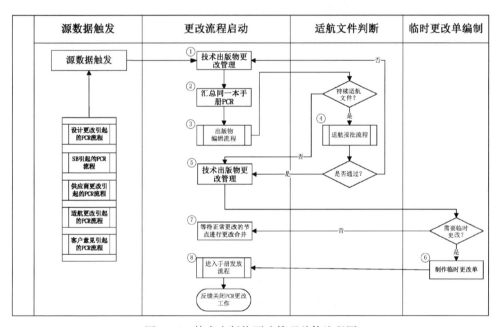

图 9-8 技术出版物更改管理总体流程图

(1) 接收批准的技术出版物更改申请(PCR)。技术出版物更改管理人员接收来自设计更改、服务通告(SB)、适航指令、供应商和客户意见引起的技术出版物更改申请。

对接收到的 PCR 进行记录,关闭 PCR 编制记录表中相关工作项目。

(2) 对 PCR 按手册进行分类,提交给手册主编执行更改方案,在 PCR 执行记录表中进行记录,启动出版物编辑流程。

（3）技术出版物编辑流程。如需发临时更改,需制作临时更改单,临时更改单号向技术出版物更改管理人申请。持续适航文件的更改需要编制适航符合性说明文件。

（4）属于持续适航文件的更改内容要进入适航报批流程。没有通过适航审批的更改内容返回技术出版物更改管理人员,由更改管理人员返回 PCR 申请人员。

（5）技术出版物更改管理人员接收适航批准的更改内容和适航批准文件,或接受其他技术出版物完成情况信息。

（6）如果是临时更改,则进入技术出版物分发流程。

（7）如果是正常更改,在正常更改的时间节点,将临时更改和未合并的更改都合并到此次正常更改的版本中。技术出版物更改管理人记录版本信息。

（8）技术出版物分发流程。

（9）分发完成后技术出版物更改管理人接收客户反馈信息,并关闭相关工作。

### 9.3.3 技术出版物更改分工

技术出版物更改的内部流转同样需要不同团队对整体更改信息流进行信息处理。

技术出版物团队信息流处理如图 9-9 所示。

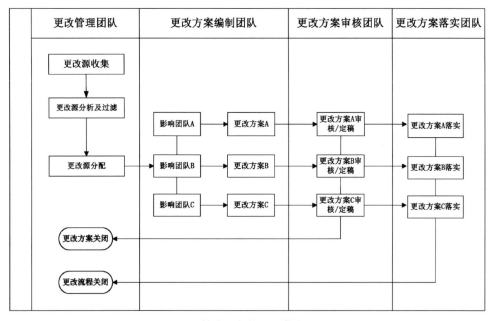

图 9-9 技术出版物团队信息流处理

首先,更改管理团队负责从工程数据、设计文件、适航指令、供应商手册、客户意见等更改源处进行更改源的收集,并将不在源数据清单中的更改源进行过滤。将清单中的更改源以及客户意见与技术出版物数据模块进行匹配,分配给更改方案编制团队。更改源和客户意见与数据模块可以是一对多的关系,即一个更改源或一条客户意见可能触发多个数据模块的更改。

其次,更改方案编制团队获取相对应的更改源或客户意见后,进行源数据的影响性分析,并编制更改方案。需要指出的是,客户意见并不能作为技术出版物更改的源数据,只有由客户意见推导出的源数据才能作为更改源数据。更改方案编制团队将编制完成的更改方案递交至审核人员进行审核通过后,更改方案才能定稿。延续上一段的讲述,当更改源和客户意见与数据模块是一对多的关系的时候,只有当所有的更改方案全部定稿完成之后,全部定稿完成的更改方案需要返回至更改管理团队进行更改方案的关闭。

最后,更改落实团队接收到定稿完成的更改方案,并将其内容在具体的数据模块中进行落实,并将相应的源数据进行更新。同时,更改落实团队需要将落实的信息反馈至更改管理人员加以统计和管理。

需要补充的一点是,更改方案编制团队不仅仅是手册的编写团队,还包括适用性模块的管理人员以及公共信息库的管理人员。

## 9.4 源数据标识信息在更改管理工作中的应用

源数据标注信息在更改管理工作中,起着举足轻重的作用。

技术出版物编写人员在编写数据模块时,应同时将内容编写所参考的源数据标注在同一个数据模块中。

源数据标识信息应遵守以下准则:

(1) 源数据标识信息应被包含在源数据清单中;

(2) 源数据标注的颗粒度应为数据模块中的片段部分;

(3) 源数据标注应包含源数据编号(供设计平台上搜索用)、源数据名称、源数据版本、源数据类型以及源数据内的定位号(如页码等)。

技术出版物中的内容编制,都应有其源数据作为支撑,数据模块编写人员进行源数据标注一是为了注明其内容的源数据来源,提供校对和审核的人有据可查,二是将所标注的源数据与平台上的源数据进行关联,就能够在源数据发生改变的同时,触发数据模块内容的更改分析。

源数据标注首先对数据模块中的片段赋予 ID 值,再以此 ID 值对源数据进行标注。同一个数据模块中,ID 值不能重复。

技术出版物的源数据标注通常如图 9-10 所示。

图 9-10 中,总共有三个内容 ID 标注以及一个插图 ID 标注,每一个 ID 值标

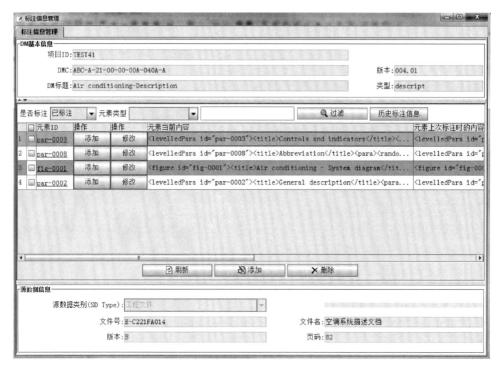

图 9-10　技术出版物源数据标注

注都应有文件号、文件名以及版本号的注释。

将所标注的源数据与平台上的源文件进行关联后，在源文件发生改变后，可以直接触发相关联的数据模块的更改，图 9-11 所展示的是源数据更改后所显示的受影响的 DM 数量。

| 序号 | CL编号 | ECR编号 | ECP编号 | 编制人 | 通知时间 | 更改通知类型 | 状态 | 受影响的DM数量 | 操作 |
|---|---|---|---|---|---|---|---|---|---|
| 1 | CL-545-C1-000119-0 | | ECP-545-C1-000119-0 | 蒋祖武 | 2015-12-09 08:19 | 数模改版 | 进行中 | 2 | 查看 |
| 2 | CL-531-C1-000699-0 | ECR-CCAC-C1-000046-0 | ECP-531-C1-000699-0 | 傅磊 | 2015-12-02 09:27 | 数模改版 | 进行中 | 1 | 查看 |
| 3 | CL-226-C1-000070-0 | ECR-221-C1-000030-0 | ECP-226-C1-000070-0 | 汪凌飞 | 2015-07-14 10:17 | 数模改版 | 进行中 | 1 | 查看 |
| 4 | CL-963-C1-000069-0 | | ECP-963-C1-000069-0 | 王慧珊 | 2015-07-09 14:06 | 文件换版 | 进行中 | 1 | 查看 |
| 5 | CL-234-C1-000057-0 | ECR-234-C1-000057-0 | ECP-234-C1-000057-0 | 胡应东 | 2015-07-09 08:11 | 文件换版 | 进行中 | 1 | 查看 |
| 6 | CL-536-C1-000317-0 | | ECP-536-C1-000317-0 | 戚兵 | 2015-07-08 10:28 | 数模改版 | 进行中 | 1 | 查看 |
| 7 | CL-131-C1-000003-0 | ECR-CFM-C1-000030-0 | ECP-131-C1-000003-0 | 徐春雨 | 2015-07-08 10:28 | 文件换版 | 进行中 | 2 | 查看 |
| 8 | CL-941-C1-000012-0 | ECR-941-C1-000020-0 | ECP-941-C1-000012-0 | 陆鹏 | 2015-07-07 08:35 | 文件换版 | 进行中 | 3 | 查看 |
| 9 | CL-232-C1-000063-1 | | ECP-232-C1-000063-1 | 杨鹏 | 2015-07-06 11:24 | 数模改版 | 进行中 | 3 | 查看 |
| 10 | CL-229-C1-000132-0 | | ECP-229-C1-000132-0 | 陈雷 | 2015-07-06 10:28 | 数模改版 | 进行中 | 1 | 查看 |
| 11 | CL-20150618-002 | | ECP-961-C1-000002-0 | 刘厚存 | 2015-06-19 12:30 | 文件换版 | 进行中 | 2 | 查看 |
| 12 | CL-961-C1-20150609-002 | | ECP-961-C1-000002-0 | 刘厚存 | 2015-06-09 14:34 | 文件换版 | 进行中 | 1 | 查看 |

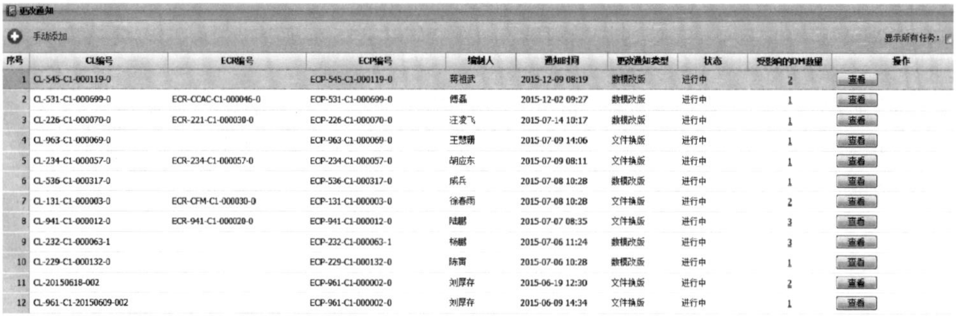

图 9-11　技术出版物更改单触发

图 9-12 所展示的是对源数据点击查看后的源数据详细信息,包括文件编号、文件名以及文件版本等信息。

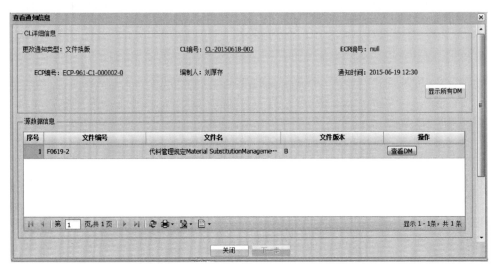

图 9-12　技术出版物源数据信息

图 9-13 所展示的是由源数据更改所触发的关联数据模块的显示。

| 序号 | 项目ID | DMC | DM版本 | DM状态 | DM标题 | DM负责人 | 语言 |
|---|---|---|---|---|---|---|---|
| 1 | TEST41 | ABC-A-21-00-00-00A-040A-A | 005 | WIP | Air conditioning-Description | 410557(彭和平) | sx_US |
| 2 | TEST41 | ABC-A-21-00-00-03A-225A-A | 003 | WIP | Air conditioning system air suppl... | 410557(彭和平) | sx_US |
| 3 | TEST41 | ABC-A-21-00-00-03A-215A-A | 003 | WIP | Air conditioning system air suppl... | 410557(彭和平) | sx_US |

图 9-13　关联数据模块展示

源数据标注的最大功能在于,当源数据发生更改后,可以直接定位到所影响到的数据模块,从而可以针对性地分析源数据更改后对数据模块的影响性。

除此之外,当源数据标注为数据模块内的片段时,可以更为准确地定位到源数据更改后影响到数据模块内的具体内容,这就使得更改的评估更加具有针对性。

技术出版物更改管理的本质是对上游源数据的跟踪与分析,利用计算机系统对已经分类和结构化的源数据进行标注有利于整个跟踪环节的系统化和条理化,避免了对大量源数据分析以及海量数据模块的定位问题,从而提高技术出版物更改和维护的效率。

# 第 10 章　交互式电子技术出版物

## 10.1　IETP 系统发展趋势

随着信息技术的不断发展,技术出版物的发展趋势是用交互式电子手册逐渐替代传统的纸质技术出版物和 PDF 电子技术出版物。整个飞机技术出版物向标准化、智能化、集成化和网络化发展。技术出版物的发展趋势如图 10－1 所示。

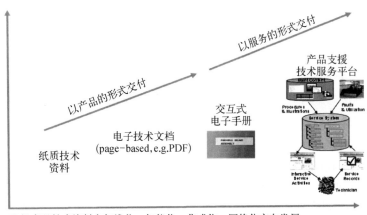

图 10－1　技术出版物的发展趋势

受应用对象、背景、条件等因素的影响,实际应用中的 IETP 系统并不是、也不可能按照一种模式发展。IETP 系统的分类方法有许多种,但是影响最大的是美国海军给出的分类方法[18-20],如图 10－2所示。依据 IETP 系统的内容结构、数据格式、显示方式和功能,通常可以分为以下五类。

（1）电子化分页索引文件（electronically indexed pages）。此类

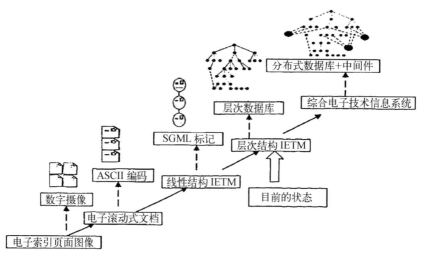

图 10-2　IETP 系统的分类

IETP 系统是一系列从现有的纸质技术手册扫描转换成的数字图像组成的电子文件。具备整页浏览、换页、页的查询和页次的集成能力,其信息存放格式通常为 BMP 或其他图像格式。此类 IETP 系统对所包含的数字图像建立了标题索引,并提供简单的信息检索功能。此外,它的数字图像具有移动、缩放、局部热点链接等功能。

　　(2) 电子化滚动式文档(electronically scrolling documents)。此类 IETP 系统是 ASCII 字符形式的电子文档,其显示功能包括:① 滚动式文字窗口;② 以超级链接形式查看文字或图形;③ 具有使用帮助功能(关键字查询、联机索引等);④ 可选择启动外部进程。其中的文字部分存储格式为 ASCII 格式,图形图像部分存储格式以 BMP 或 CGM、IGES 为主。此类 IETP 系统的文档可以选择使用 SGML 标记语言。

　　(3) 线型结构化交互式电子技术手册(linearly structured IETP systems)。此类 IETP 系统采用 SGML/XML 标记信息内容,其显示功能包括:① 一个整段做成一个逻辑窗口(而非滚动式文字窗口)显示基本信息对象;② 采用对话框实现与使用者之间的交互;③ 具备上一页、下一页以及索引帮助等使用工具。

　　(4) 层次结构化交互式电子技术手册(hierarchically structured IETP systems)。此类 IETP 系统的主要特点在于将 SGML 元素和属性与数据库结构集成。采用数据库管理系统存储和管理信息内容。在显示方面,除了包含第(3)类 IETP 系统的显示功能外,主要变化在于相关的文字和图形同时显示在不同的窗口中。

　　(5) 集成信息库(integrated data base)。此类 IETP 系统也可以称为交互式电子技术信息系统。它不仅包含第(3)类、第(4)类 IETP 系统的全部功能,而且在功能方面有较大的扩展。它既是一个信息系统,又是一个专家系统,同时是一个信息沟通节点,具有人工智能的某些基本特征。可以与其他信息系统甚至硬件系统交换信息,具有很强的灵活性和可扩展性。能够根据从外部获取的信息改变自己的行为,具有学习功能,此类 IETP 系统的交互性是无边界的。能够与众多诊断控制单元、基于 Web 的信息系统和各种远程通信系统等外部处理器连接、交换信息。

上述五类 IETP 系统若以功能性而论,前两类只能算做电子技术手册(ETP),后三类可称为 IETP 系统。而第(5)类才是真正意义上的 IETP 系统。上述五类在先进性方面,从第(1)类至第(5)类依次递增;在开发难度和开发成本方面,也是从第(1)类至第(5)类依次递增。目前,发达国家已经将开发和应用的重点放在了第(4)类上,并取得了一定的应用效果,而第(5)类开发尚处于试验阶段。

IDC 对全球 430 家使用 IETP 系统的机构调查的统计数据,表明 IETP 系统在提升效率和信息管理方面成效显著。尽管 IETP 系统级别越高,用户使用起来越方便,发挥的效益也越大,但与之相对应的,编制的时间和成本也会大幅度增加。因此,国外企业也并非一味地追求高级别的交互式电子手册,而是根据不同的手册类型分别对待。

对于竞争更为激烈的民机领域,确保随机技术出版物高效、便捷、准确和低成本地提供,是决定飞机竞争力的重要因素之一。由于在军事用途上的显著成效和信息技术的不断进步,欧洲和美国逐渐将 IETP 系统技术引入民机领域,给波音公司和空客公司带来了显著成效,波音 787、空客 A380 和 A350 XWB 已经开始应用。目前支撑 IETP 系统的标准中最广泛应用的是 ATA2200 规范和 S1000D 规范,而其中 ATA2200 仅能支持 1~2 级的 IETP 系统,而 S1000D 可以支持 1~4 级全部的发布系统。由于 S1000D 即将代替 ATA 标准成为通用的 IETP 系统标准,所以基于 S1000D 规范搭建 IETP 系统是未来国内民用航空的必然趋势。

## 10.2　IETP 系统功能要求

在 S1000D 规范中,IETP 系统的功能要求使用功能矩阵(functionality matrix)来界定,功能矩阵主要被采购专家用于确定项目或组织需求的辅助工具,功能矩阵提供了技术出版物项目功能需求文档化的一种规范格式,并且给出每个功能以标准定义,这样供应商和客户可以清晰描述他们对应技术出版物服务的需求和功能。

本节所列出的功能项都是作为技术出版物浏览模块(IETP 系统浏览器)或数据发布机制常见的功能项。在附录 C 给出一个功能矩阵来定义针对各种类型技术出版物其页式出版物和 IETP 系统实现所需具备的功能。该矩阵用于帮助 IETP 系统实施方来鉴别项目和组织的需求。

### 10.2.1　功能项分类

本节给出功能项的具体分类,作为功能矩阵中行分组的一个依据。表 10 - 1 详细介绍了 S1000D 规范中功能矩阵的功能项分类。

表 10 - 1　功能项分类说明

| 功能项分类 | 说　　明 |
| --- | --- |
| 访问控制 | 用于允许或限制用户访问特定的数据 |
| 标注 | 用户添加注释或其他标注,以及建立书签 |
| 交付与发布 | 交付(delivery)指的是将技术出版物从一个签约的供应商转移到其客户手中的方法;发布(distribution)指的是将技术出版物从一个初始点转移到所有终端用户的过程。对于交付和发布的物理媒介和方法的选择可能导致成本的差异,但是选择媒介和方法最为重要的一个考虑因素就是无论选用什么方法,用户一级的可读性是最为重要的 |
| 故障诊断与预测 | 故障诊断(diagnostics)指的是鉴别一个故障的并且找到其对应的排故程序中所经历的所有步骤。故障诊断既包括一些相对独立故障排故,也包括结合产品和其他维修系统的故障排故。故障预测(prognostics)指的是根据维修和操作数据的输入和实时数据监控来预测系统退化或可能发生的故障。诊断和预测重要的优点是可以减少维修的时间和总成本,当然同时要考虑其开发自身的成本所带来对整个出版物开发的影响 |
| 外部程序 | 数字化环境有助于允许技术出版物系统通过与外部的应用程序进行集成和交互来检索和传递信息 |
| 插图 | 可以在 IETP 系统中实现不同级别的图形展示、显示、交互和导航功能。例如:<br>(1) 点击图形元素来显示插图的细节信息;<br>(2) 热点链接到文本或表格信息;<br>(3) 高亮显示电路图中某个特定的连接器;<br>(4) 基于图形的系统仿真。<br>其他更为复杂的插图功能项的实现需要考虑一个系统软硬件需求和成本之间的折中问题 |
| 链接 | 基本的链接功能项包括:<br>(1) 出版物内部的链接,如从目录到对应内容块的链接;<br>(2) 手册间的交叉索引功能;<br>(3) 到外部数据项的链接,包括物料处理信息或与其他相关信息的集成 |
| 导航与追踪 | 支持多种不同的导航方法来实现数据线性和非线性的导航。在导航实现中一些基本的功能,如"next"和"previous"、书签的搜索和使用是必须要实现的,并且需要与当前页面数据呈现技术保持一致。此外更为复杂的导航技术,如对话框驱动交互、语音声控命令和不同过滤技术(如根据机型号、识别码、进行过的修改和用户资格),作为一些高级功能的实现。追踪功能项主要提供一种记录电子出版物访问的审计日志,以及之后对这些日志的检索 |
| 打印 | 一些出版物其自身的特性就是适合用户于电子数字化环境,其打印的功能主要限于任务导出和屏幕打印输出。如果硬是将其组装成一个纸质的技术手册来发布,其结构就是成本和复杂性的提高 |
| 特殊内容 | 由于当前计算机呈现技术的发展,在 IETP 系统中包含并呈现其他类型的数据格式(如音频、视频、动画)变得更为容易,当然这些内容的生成可能带来更多的成本。此外还要考虑到的是这些多媒体数据对于系统性能带来的影响 |
| 数据更新 | IETP 系统有多种不同的更新方法,包括修订、更改和紧急更改,这些方法影响到其生命周期的成本。常用的一些方法包括更改标记或更改指示。此外更应该包括初次交付后所有的交付数据 |
| 用户操作模式 | 这一类功能项主要涉及 IETP 系统的基础架构以及用户于数据源互联能力 |

### 10.2.2　功能项说明

功能项矩阵第一行是功能列各个列的标题,包括功能项、页式出版物复杂性、IETP 系统复杂性、需求、所有数据集和 S1000D 信息集的列表。

复杂性(complexity)：在功能项矩阵中,有两列表明了实现特定功能项的相对复杂性以及实现代价(复杂性越高,实现难度和代价越大)。在大部分情况下,同一功能项在页式出版物的实现和在 IETP 系统的实现复杂度是不一样的。如果某一个功能项的复杂性没有填写表示该功能项无法实现或者实施中项目组不想去实现。

页式的出版物以一种线性的方式来展现文档内容。文档编辑者需要事先定义数据展现的顺序。页式出版物通常被设计用于产生纸质出版物或电子出版物。电子出版物通常被称为 IETP 系统。IETP 系统数据通常以一种非线性的方式显示,相比页式出版物,IETP 系统中数据与用户具有更好的交互性。数据的展示通常作为用户输入事件的响应。IETP 系统实现通常需要使用 Process 数据模块和一个逻辑引擎。这两列提供的复杂性因子主要用于给出实现各种不同功能项的复杂程度,其中复杂性因子为 1 表示最为简单;而复杂性因子为 5 表示最为复杂。

需求(requirement)：第三列为需求,主要表示项目团队在实现 IETP 系统的过程中是否特别需要这个功能项。如果需要,则采购方可以在确定最终的采购需求前获取和协调项目中功能项重要程度。

所有的信息集(all information sets)：第四列为所有信息集,主要用于表示这个功能项是否将应用到所有信息集当中,如果是则值为 A。当然还有些功能项仅针对特定的几个信息集。

具体信息集(information sets)：剩下的列中,每一列针对一个信息集类型。这些列的内容用于项目团队去判断各个功能项需要包含哪些数据集合。功能项矩阵中提供的信息集应该与 S1000D 规范中的信息集类型相一致,当然并不一定需要列出所有的信息集类型,项目团队可以根据实际情况对信息集类型进行裁剪。

具体的功能项说明如表 10-2 所示。

表 10-2　功能项说明

| 功　能　项 | 说　　　　明 |
| --- | --- |
| 访问控制 | |
| 登录 | 登录(login)功能指 IETP 系统能够根据用户 ID、角色和安全等级,提供不同的数据访问权限。最基本的用户角色包括两类：管理员和一般用户。一般用户只具有部分权限,而管理员具有高级权限,不仅能使用 IETP 系统的全部功能,也可以增加、删除其他用户,分配用户的角色。系统根据用户角色级别的高低限制或开放相应的功能,如阅读、打印、注释、反馈等。用户登录后,受限功能项对应的按钮自动变灰或不显示 |

续　表

| 功 能 项 | 说　　明 |
|---|---|
| **访问控制** | |
| 暂停和重启 | 暂停(suspend)功能指 IETP 系统允许用户暂时退出 IETP 系统,系统在后台记录用户退出前的活动数据。当用户下次以"重启"方式登录后,系统能够自动恢复到上次"暂停"退出时的环境。例如,在一个维修过程中,一个部件已拆下,但是替换的部件缺货,此维修活动应暂停,当部件到货后,再重新启动 |
| 退出 | 退出(exit)功能指 IETP 系统能够结束一个会话。<br>如果是以暂停方式退出 IETP 系统,系统需要保留状态和位置信息;否则清空 |
| **注　释** | |
| 操作完成提示 | 动作完成提示(action complete indicator)功能用于指示某项操作已完成 |
| 全局数据注释 | 全局数据注释(global data annotation)功能表示 IETP 系统浏览器允许添加、存储和显示全局适用的补充数据。全局性的注释应限制在一定范围内,需要通过用户质量保障过程的认可,并可被制造商使用。例如,在表示一种新型润滑剂时,可以使用全局数据注释。CD - ROM 数据用户可以通过这些全局数据声明一次性地实现全局更改数据的更新 |
| 局部数据注释 | 局部数据注释(local data annotation)功能表示 IETP 系统浏览器允许添加、存储和显示局部适用的补充数据。例如,在沙漠环境下,要求维修人员使用附加的过滤装置 |
| 个人注释 | 个人注释功能(personal annotation)指的是 IETP 系统允许用户对数据进行批注。个人注释可以根据需要进行添加和删除,用户在维修活动结束后,建议删除个人注释信息。 |
| 文本红线标记 | 文本红线标记(redlining text)指的是在出版物开发和验证过程中,允许用户用红线对文本中的错误进行标记。例如,给要删除或添加的文本加红线进行标记,添加的红线标记可以保存并进行反馈,以便于修订 |
| 插图红线标记 | 插入红线标记(redlining graphics)指的是在出版物开发和验证过程中,允许用户用红线对插入中的错误进行标记。例如,给插图划红线表示错误区域,添加的红线标记可以保存并进行反馈,以便于修订 |
| **交付与发布** | |
| 纸质出版物 | 实现能够从数据模块生成纸质出版物 |
| 物理介质 | 实现能够将 IETP 系统部署或发布到硬件介质上(如 CD - ROM、DVD)。物理发布的典型做法是发布一个完整的数据库,以替代正在使用的数据。这种替换的方法是定期实施的,包含所有更新数据 |
| 网络发布 | 实现能够通过互联网来发布 IETP 系统。这是一个基础设施建设(infrastructure)的功能发布方式可以通过安全的 FTP(HTTP)或其他传输协议。实现网络发布时需要考虑到带宽、安全和使用环境,并且能够支持实时的更新 |
| **故障诊断与故障预测** | |
| 故障诊断-用户驱动 | 故障诊断-用户驱动(diagnostics-user determined entry to data)指的是故障隔离程序的任务通过基本文本引用来叙述。在预定义的故障树中通过"If 语句"结构提供多种选择,用户根据文本描述决定维护行为的起始点 |
| 故障诊断-软件驱动 | 故障诊断-软件驱动(diagnostics-software driven entry to data)指的是使用推理或逻辑引擎来决定维修活动的起始点。通过对各种个人或系统中得到的输入以及多种故障代码进行分析,确定这些故障代码、信息与维修活动之间的关系 |

续　表

| 功 能 项 | 说　　明 |
| --- | --- |
| 故障诊断与故障预测 | |
| 动态故障诊断 | 动态故障诊断(dynamic diagnostics)功能指 IETP 系统能够使用在线监控设备(如 BIT)、保障或测试设备增强故障探测和隔离的能力。基于设备返回的结果,动态故障诊断可以直接进行故障隔离和排除,无须收维修人员的输入。在这种故障诊断方法中,故障排除数据中没有预先确定的路径,路径通常是基于模型生成的 |
| 电路/流体系统追踪 | 电路/流体系统追踪(wire/fluid system tracing)指的是在电路、流体管路、环控管路等图标或示意图中,以连续高亮的方法显示电路或流体的路径 |
| 系统仿真 | 系统仿真(system simulation)功能指的是 IETP 系统能够显示系统功能或故障现象和特征,以判断或重现问题。系统仿真允许用户输入激励(如压力、阀门位置、温度、电压、传感器输入、开关位置),通过模型计算,显示系统运行的结果。 |
| 故障预测 | 故障预测(prognostics)功能指 IETP 系统能够在部件性能退化或临近故障时发出警报,提醒维修人员根据实际情况更换部件。故障预测的目的是实现自主式保障,通过收集来自系统的各种电信号,确定、规划与执行预防性维护 |
| 外部程序集成 | |
| 导出数据 | 导出数据(transmittal)指的是 IETP 系统可以将其技术资料数据导出给外部系统(如零部件订购系统、维修管理系统、培训系统、系统动态更新配置数据、缺陷报告、操作者工作报告、飞行性能模块、资源安排等) |
| 获取数据 | 获取数据(retrieval)指的是 IETP 系统可以从外部资源(如保障技术手册、保障技术信息、培训数据和多媒体、工程源数据、可用零部件、危险材料处理信息和布线数据等)中,获取信息来源以提高维修支援能力 |
| 零件订购 | 零件订购(parts ordering)功能指的是 IETP 系统可以与航材备件对应的系统集成,实现零部件订货的功能 |
| 信息反馈 | 信息反馈(deficiency/improvement report transmittal)指的是 IETP 系统允许用户提交其发现的缺陷和更改建议报告 |
| 维修数据集 | 维修数据集(maintenance data collection)指的是 IETP 系统可以收集飞机构型更改数据(如拆卸和安装的零部件号信息)、任务下达情况、任务执行情况、工作结果和发现的问题等信息,用于提供给外部的数据仓库或维修应用程序 |
| 操作任务报告 | 操作任务报告(operator debriefing)指 IETP 系统可以对飞机产品的特征进行标识和描述。该报表可以由人工录入,也可以自动生成 |
| 资源调度 | 资源调度(resource scheduling)指 IETP 系统可以为飞机产品的维修活动分配任务、人员和物资。资源规划可以在多位人员或软件系统之间进行协调。为将资源冲突降低到最低,这些软件将遵守一组约定。自动资源规划是复杂的自动化的后勤保障系统的典型特征。例如,发动机维护人员可以根据可靠性数据、任务的有效性和备件的可用数据将"测试和修理"维修行为变更为"拆卸和更换" |
| 知识管理 | 知识管理(knowledge management)指为增强组织机构的任务执行能力,建立知识和环境模型,对信息进行跟踪、访问和综合。知识管理系统可以根据给定条件和所学知识建议采取不同的维修行为。例如,一个特殊的系统故障可能有三种故障原因,通常情况下是电气故障引起的,但在灰尘较多的情况下,黏附性空气滤清器时最可能引起故障的部位。知识管理系统将据此调整故障隔离程序的顺序,以确保维护人员在多尘环境下首先检查空气滤清器。又如,通过学习日志积累起来的技术维护数据,提出对后勤保障范围进行调整的建议,以提高保障效率 |

续　表

| 功　能　项 | 说　　明 |
|---|---|
| 插图操作功能 | |
| 平移、缩放、展开、旋转、放大 | 平移、缩放、展开、旋转、放大(pan，zoom，expand，rotate，magnify)指的是 IETP 系统中的插图浏览组件所应具有的最基本的功能。即可以对插图图形进行平移、缩放、展开、旋转、区域放大等控制。附加功能还包括望远镜视图、文字搜索、图形和窗口复原等 |
| 装配/分解 | 装配/分解(assembly/disassembly)指 IETP 系统可以通过图形的方式来描述系统部件的装配、分解、拆卸和安装关系 |
| 安装位置图 | 安装位置图(locator graphics)指的是 IETP 系统支持显示一个部件相对于其他部件的位置 |
| 3D 建模 | 3D 建模(3D modeling)指的是使用三维模型、立体图为系统建模。3D 建模允许使用动画、仿真和虚拟现实等手段对系统部件进行虚拟装配、分解、拆卸和安装 |
| 链接功能 | |
| 外部引用 | 外部引用(external references)是指链接到当前数据模块以外的数据。例如,在一个数据模块中引用另一个数据模块的内容。外部引用的链接应是双向的,当阅读完被引用的数据模块后,用户应该能够返回 |
| 内部引用 | 内部引用(internal references)指的是可以链接到同一个数据模块中的其他位置 |
| 提示 | 提示(hot reference)指的是现实附加内容,如缩写词、工具栏提示等。例如,当鼠标移到"查询"按钮时,显示"查询所需资料"提示。鼠标移到图形上时,显示"点击浏览大图"的提示,用户点击后全屏显示图形 |
| 零件数据引用 | 零件数据引用(link to separate parts data)是指在图解零件目录中,图形与零部件列表之间应有双向链接功能。点击图形区中的某个组件(件号)热区,零部件列表中相应的零部件信息应整行高亮显示;反之,点击零部件列表中的一列,在图形区可以高亮显示该项所对应的组件 |
| 内容、插图、表格和照片列表 | 内容、插图、表格和照片列表(table of contents，lists of figures，tables and photos)指的是 IETP 系统提供获取当前数据模块中图、表和照片的信息,并将信息标题以列表方式组织,点击列表项后显示相应的数据 |
| 热点引用 | 热点引用(hot spotting)指的是通过图形中某个区域显示其他相关信息。例如,CGM 图形与文字、图表之间的交互。CGM 图形中的零件编号可以设置热区,当点击该热区时,在列表窗口中会突出显示其对应的信息。同理在列表中选择该条目时,在图形中突出显示该编号及其对应的部件 |
| 导航和追踪功能 | |
| 前后翻页 | 前后翻页(next and previous)指的是 IETP 系统允许按预先定义好的逻辑顺序浏览其技术信息 |
| 回退 | 回退(return)指的是 IETP 系统按链接的顺序逐级返回 |
| 历史记录 | 历史记录(history of traversed links)指的是 IETP 系统能够记录用户已阅读资料信息的列表。例如,用户打开 IETP 系统的前言(A),通过链接又浏览了起落架(B),再通过引用浏览了调整步骤(C)。这样,历史记录中会列出 C、B、A |
| 书签 | 书签(user creation of bookmarks)指的是用户可以创建和删除自定义书签。通过书签,用户可以记录某些特定位置,以便随后进行访问。通过书签功能,用户可以构建出个性化的目录 |

续　表

| 功 能 项 | 说　　　明 |
|---|---|
| 导航和追踪功能 ||
| 系统/子系统导航 | 系统/子系统导航(system/subsystem navigation)指的是 IETP 系统允许用户按照自上而下的路径遍历系统结构。用户可以沿着物理或功能结构达到低一级的层次。例如,技术人员可以按照飞机的结构层次浏览 IETP 系统,先是整个飞机,下一步到机身,从机身再到飞行员座椅,最终浏览的主题可能是飞行员座椅的调整 |
| 恢复初始界面 | 恢复初始界面(restore initial navigation view)指的是将 IETP 系统显示界面的所有框架布局恢复到原始状态 |
| 日志管理 | 日志管理(audit trail)指的是 IETP 系统将会记录会话期间内所有用户与 IETP 系统交互的记录 |
| 图形导航 | 图形导航(graphical navigation)指的是 IETP 系统允许用户通过图形的热区来实现对 IETP 系统导航的功能。例如,用户可以从飞机的外形图中选择机翼,然后机翼视图显示出来;用户接着选择襟翼,于是襟翼视图显示出来;用户再选择调节器,有关调节器的信息显示出来 |
| 对话框驱动交互 | 对话框驱动交互(dialog-driven interaction)指的是 IETP 系统根据用户输入的信息作出响应,导航到相应位置。例如,在故障隔离过程中,IETP 系统弹出对话框,注明"请输入TP5 显示的电压"。如果用户输入 5(正常值),IETP 系统转向正常程序的下一个步骤。如果输入值为 0(短路故障值),IETP 系统会转向"拆卸并更换"的程序 |
| 声控命令 | 声控命令(voice-activated commands)指的是 IETP 系统可以实现使用语音实现 IETP 系统的导航。该功能需要高质量的语音识别技术 |
| 全文搜索 | 全文搜索(search-full text)指的是 IETP 系统允许用户对 IETP 系统内的任何文字进行查询。文本检索不依赖于预先定义的关键字,可以输入多组检索文本,个文本之间可以按照预先定义的逻辑关系进行组合 |
| 自定义逻辑搜索 | 自定义逻辑搜索(search-user defined boolean)是指允许用户定义检索词之间的逻辑关系(与、或、非)来检索 IETP 系统中的技术信息 |
| 跨库搜索 | 跨库搜索(search-across multiple databases/files)是指 IETP 系统允许用户在多个数据库中进行关键词和全文检索 |
| 上下文搜索 | 上下文搜索(search-context)是指 IETP 系统允许用户在特定元素中进行关键词或全文检索 |
| 关键字搜索 | 关键字搜索(search-key word)是指 IETP 系统允许用户在技术资料预先定义的关键词中进行搜索。注意:每个数据模块的关键词应该是预先定义好的 |
| 适用性过滤 | 适用性过滤(filter content per applicability)是指 IETP 系统可以按照适用性信息对技术资料进行过滤,为用户提供符合条件的信息列表 |
| 多种内容对象的同步显示 | 多种内容对象的同步显示(simultaneous display of multiple content objects)是指 IETP 系统可以同步具有关联关系的内容对象(文字、图表等)。例如,为了给用户提供完整的信息,文字及其相对应图形必须同时显示 |
| 窗口捕捉 | 窗口捕捉(tear off window)是指 IETP 系统允许用户抓取当前窗口或屏幕的图像 |
| 打　印 ||
| 打印屏幕 | 打印屏幕(print screen)是指 IETP 系统允许打印用户正在浏览屏幕的内容。除技术数据外,还应考虑时间/日期标记,失效通知和日期,以及失效的安全要求等 |
| 打印数据模块 | 打印数据模块(data module specific printing)是指 IETP 系统允许用户打印所选中数据模块所包含的全部内容。除了技术数据之外,还应考虑时间/日期标记,失效通知和日期、销毁通知、销毁日期以及销毁要求等 |

续　表

| 功 能 项 | 说　　明 |
|---|---|
| **打　印** | |
| 打印相关数据 | 打印相关数据(print linked data)是指 IETP 系统允许打印所有与当前显示数据模块相关的数据(仅限于链接的第一层)。除了技术数据之外,还应考虑时间/日期标记,失效通知和日期、销毁通知、销毁日期以及销毁要求等 |
| 打印手册 | 打印手册(fully formatted/book version)是指按照预先设置的出版物格式,将组成手册的数据模块组合在一起,打印输出一本完整的手册(出版物) |
| **特殊内容** | |
| 正文前资料 | 正文前资料(front matter)是传统的纸质技术出版物手册正文前的附件信息,包括标题、更改信息、验证状态、出口限制项、警告、安全性概要、内封、有效页目录、有效数据模块目录、更改摘要、插图清单、缩写词清单、术语清单、符号清单、技术标准记录、目录、前言、IETP 系统手册功能、"警告""注意"和相关的安全性数据、数字索引、字母或文字索引、特殊设备清单、危险设备清单、相关数据清单、介绍、供应商清单、适用性信息和版权等<br>由于技术数据的情况不同,每本手册对应的正文前资料其内容也不同 |
| 支持性数据 | 支持性数据(supporting technical data)是指对用户有帮助,但不属于传统技术出版物的那部分数据。支持性数据可以链接到 IETP 系统中系统中,如概论、零部件和加工过程手册、日常用书、商业手册、参考资料、培训数据、工程图等 |
| 警告信息 | 警告信息(warnings and cautions)包括技术数据中的"警告"、"注意"和"注"。显示这些信息要醒目,内容前面可以加个特定的标识 |
| 应急程序 | 应急程序(emergency procedures)是指显示某个系统、子系统或子系统下所包含的所有应急程序 |
| 照片 | 照片(photos)指技术资料中包含的照片。用来显示系统的真实外观 |
| 音频 | 音频(audio)是指在 IETP 系统中提供声音播放的能力 |
| 视频 | 视频(motion video)是指在 IETP 系统中通过视频来记录设备的使用、操作步骤和一些实际的案例。视频中不仅包含图像信息,还可以包含音频信息。一般情况下,视频信息作为单独的外部文件链接到数据模块中 |
| 动画 | 动画(animation)在 IETP 系统中作为文字的补充,常常用来说明复杂的拆卸程序和电气或液体传输的过程 |
| 技术数据帮助 | 技术数据帮助(content sensitive help, technical data help)指的是 IETP 系统可以对当前正在显示的数据或执行的任务进行说明,如缩略语词列表和定义 |
| 功能帮助 | 功能帮助(context sensitive help, viewer help)指的是对 IETP 系统的功能进行说明,如当鼠标停放在某个按钮之上时,弹出该按钮的说明信息 |
| 用户培训 | 用户培训(user training)既可以集成到 IETP 系统中的一个模块,也可以作为一个独立的模块,通过 IETP 系统的链接进行访问,用户培训应该能追踪和记录用户的学习过程 |
| **更　新** | |
| 隐形更改指示与标记 | 隐形更改指示与标记(passive change indications and markings)是将更改数据以列表方式集中显示,而不是分散标注在数据模块中,如更改列表或更改说明 |
| 显性更改指示与标记 | 显性更改指示与标记(active change indications and markings)是指在数据模块中通过更改属性标识所更改的数据,不同标识方法其实现的复杂程度不同 |
| 完全更改 | 完全更改(full change)是指用更改后的数据全部替换原先发布的技术数据,数据不包含更改标记 |

| 功 能 项 | 说 明 |
|---|---|
| | 更 新 |
| 定期更改与紧急更改 | 定期更改与紧急更改(block cycle and urgent changes)中,定期更改是指在预先确定的时间间隔段,周期性地对全部数据信息进行更新和发布,如每半年进行一次定期更改。紧急更改是指在预先确定的更新周期之间的更新 |
| 准实时更新 | 准实时更新(near real time updates)是指当用户得到授权后,无须遵守事先约定的时间节点即可获取最新数据 |
| Web 浏览器阅读 | Web浏览器阅读(Web browser viewable)指用户通过 Web 浏览器来访问技术数据信息,既可以通过 Web 浏览器,也可以是其他辅助的应用程序(adobe acrobat)或是插件(ISO view)来浏览 |
| 单机模式 | 单机模式(stand-alone mode)是指从网络或其他传输介质(如 CDROM 或 DVD)将数据信息下载到本地,用户在单机上使用 IETP 系统。在这种操作模式下,需要考虑数据的更新问题。"完全更新"所需费用最低。另外,还可以进行部分更细,只更新变化的数据 |
| 网络连接 | 网络连接(network connectivity)是指用户通过网络访问 IETP 系统。技术数据可以下载到客户端,或在客户端进行浏览。技术数据在服务器端更改,更新的数据通过网络传输 |

## 10.3 IETP 系统界面设计

本节主要给出 IETP 系统界面设计的一些行业最佳实践经验,用于指导 IETP 系统的用户界面开发。

### 10.3.1 窗口布局

IETP 系统的窗口布局主要可以分成外窗口、标题栏、内窗口三个部分,如图 10-3 所示。

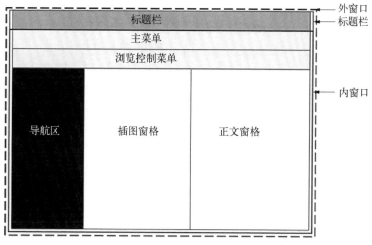

图 10-3 IETP 系统窗口布局

（1）外窗口：IETP 系统浏览器占用 IE 浏览器工作显示区，它包围在标题栏和内窗口外面。

（2）标题栏：水平的标题栏出现在 IETP 系统浏览器窗口的顶部，显示 IETP 系统浏览器名称。

（3）内窗口：IETP 系统浏览器主体部分，包括导航区、内容显示区、功能菜单区。如图 10-4 所示。

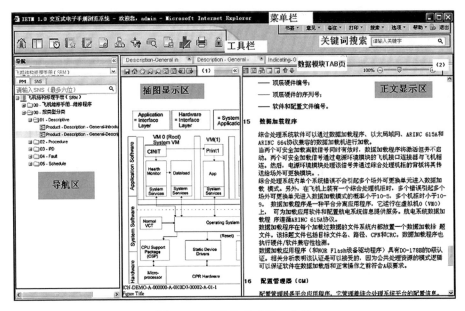

图 10-4　IETP 系统窗口布局

（1）导航区：通过 Tab 切换显示 PM 的结构树或 SNS 结构树。

（2）内容显示区：包括插图显示区和正文显示区。

（3）功能菜单区：包括系统工具栏，菜单栏和关键词搜索工具。

导航区的窗口布局如图 10-5 所示，具体说明如表 10-3 所示。

表 10-3　导航窗口布局说明

| 名　　称 | 说　　明 |
| --- | --- |
| 导航区折叠/展开 | 折叠、展开导航区 |
| 出版物下拉选择框 | 在下拉选择框中选择要加载的出版物。下拉选择框中列出了当前机型里的所有出版物 |
| 树结构切换 | 以不同方式查看树结构，支持 PM 结构树、SNS 结构树两种形式的结构树 |
| SNS 搜索 | 输入最多六位 SNS，对 PM 节点进行过滤 |
| 树结构折叠/展开 | 折叠和展开树结构中的节点 |
| 导航区调整栏 | 可以横行调整导航区域的大小 |

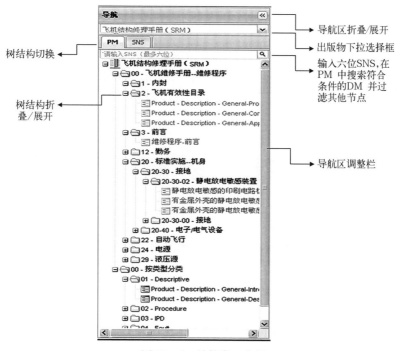

图 10－5　导航窗口布局

内容显示区的布局如图 10－6 所示。

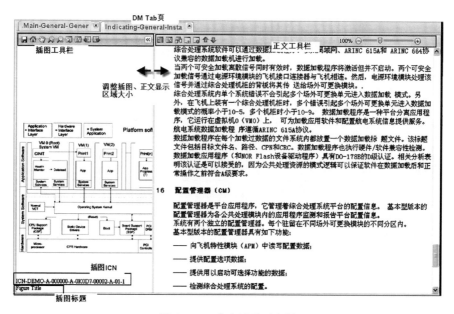

图 10－6　内容显示区布局

内容显示区由一层 DM Tab 页包裹,在 Tab 页上显示的是当前 DM 的标题 (TechName 和 InfoName)。

内容显示区分为两部分:插图显示区和正文显示区。插图显示区默认情况下是自动隐藏的,可以通过点击插图显示区的展开/折叠按钮控制它的开启和关闭。

插图显示区和正文显示区分别由各自的工具栏:插图工具栏和正文工具栏。工具栏布局如图 10-7 所示。

插图工具栏　　　　　　　　　　　　　　　　　正文工具栏

图 10-7　工具栏布局

插图工具栏的布局如图 10-8 所示,具体说明如表 10-4 所示。

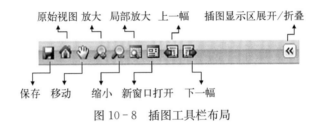

原始视图　放大　局部放大　上一幅　插图显示区展开/折叠

保存　移动　缩小　新窗口打开　下一幅

图 10-8　插图工具栏布局

**表 10-4　插图工具栏说明**

| 名　　称 | 说　　明 |
| --- | --- |
| 保存 | 将插图显示区的图片、多媒体保存到本地 |
| 原始视图 | 将插片恢复至打开时的大小和位置 |
| 移动 | 移动插图 |
| 放大 | 将插图放大 |
| 缩小 | 将插图缩小 |
| 局部放大 | 局部放大插图 |
| 新窗口打开 | 将插图在新窗口中打开 |
| 上一幅 | 显示当前 DM 中的上一幅插图 |
| 下一幅 | 显示当前 DM 中的下一幅插图 |
| 插图显示区展开/折叠 | 关闭、打开插图显示区域 |

正文工具栏的布局如图 10-9 所示,具体说明如表 10-5 所示。

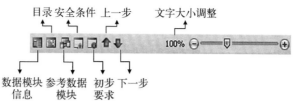

图 10 - 9　正文工具栏布局

**表 10 - 5　正文工具栏说明**

| 名　　称 | 说　　　　明 |
|---|---|
| 数据模块信息 | 显示数据模块的元数据信息 |
| 目录 | 显示数据模块的目录 |
| 参考数据模块 | 显示当前数据模块中所参考的数据模块列表 |
| 安全条件 | 显示程序类数据模块的安全条件 |
| 初步要求 | 显示程序类数据模块的初步要求 |
| 上一步 | 分步显示操作程序的"上一步" |
| 下一步 | 分步显示操作程序的"上一步" |
| 文字大小调整 | 调整正文区域中文字大小的显示 |
| 反色显示 | 默认情况下,正文区域的文本显示是白底黑字,使用反色显示后会将文本显示为黑底白字 |

功能菜单区根据使用功能和对象的不同分为系统工具栏、菜单栏和关键词搜索工具,如图 10 - 10 所示。

图 10 - 10　菜单栏和系统工具栏

其中,系统工具栏中提供了在使用 IETP 系统浏览器时常用功能的快捷键,具体说明见表 10 - 6。

**表 10 - 6　系统工具栏说明**

| 名　　称 | 说　　　　明 |
|---|---|
| 首页 | 回到登录 IETP 系统后的首页,可以重新选择机型、出版物和飞机有效性 |
| 导航目录 | 展开或折叠位于 IETP 系统浏览器左部的导航目录 |
| 历史记录 | 可以查看在 IETP 系统浏览器中所浏览过的所有数据模块记录 |
| 添加书签 | 为当前数据模块添加书签 |

续　表

| 名　　称 | 说　　明 |
| --- | --- |
| 添加意见 | 为当前数据模块添加意见 |
| 添加备注 | 为当前数据模块添加备注 |
| 适用性 | 输入飞机批架次信息,对 IETP 系统浏览器中的数据模块内容进行过滤 |
| 高级搜索 | 高级搜索提供了多项搜索条件,对出版物内容进行特定的搜索 |
| 打印 | 打印当前数据模块 |
| 锁定 | 锁定 IETP 系统浏览器,只有解锁后才能继续浏览 IETP 系统中的内容 |

菜单栏给出了 IETP 系统操作使用的常用菜单,每个系统根据需要可以设置自独特的菜单项。搜索栏给出一种可以快速在众多数据模块之中找到所需信息的机制。

## 10.4　典型 IETP 系统介绍

### 10.4.1　波音 MPT 系统

波音 MPT(maintenance performance toolbox)系统是波音公司为客户提供的符合 ATA2200 规范和 S1000D 规范的 IETP 系统,主要用于 737 系列、747 系列、777 系列和 787 系列的维修类技术出版物的查询。既可单机使用(MPT Remote 版本部署在 Maintenance Laptop 中或 MPT Mobile 版本部署在 IPAD 中),也可以安装到 Web 服务器上,通过互联网方式访问。波音 MPT 系统的主要定位是一个航空公司维修类技术信息查询和管理平台,主要服务于航空公司的系统维修工程师、结构维修工程师、培训教员、航材管理工程师和维修计划工程师,并且具有如下特点:

(1) 它是一个集成化的软件应用套件;

(2) 用于实现航空公司客户的维修人员和工程人员快速提高工作效率和工作能力;

(3) 快速查找关键技术信息;

(4) 实现客户内部以及客户和波音、合作伙伴和供应商的协作;

(5) 允许用户控制自己的技术内容;

(6) 通过按需培训提高维修工作效率。

波音 MPT 系统功能架构如图 10 - 11 所示。

波音 MPT 系统共有八大功能模块,具体如下。

(1) Library 模块:以树形结构方式组织波音提供的技术出版物,允许用户进

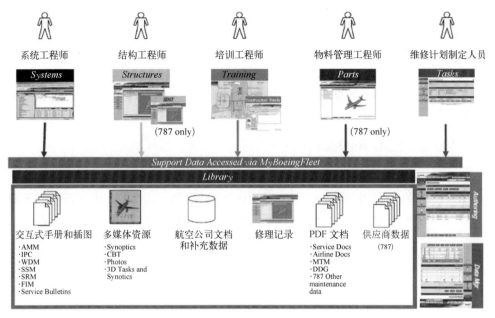

图 10-11　波音 MPT 系统功能架构

行自定义分类、浏览交互式技术出版物、集成相关维修数据和飞行数据、技术出版物的搜索、链接供应商信息、链接到发动机制造商信息、数据下载、数据有效性过滤和在线更新和机队数据诊断。

（2）Document Viewer 模块：通过交互式方式展现维修类技术出版物。该模块通常由三个窗口组成，左上角通常显示出版物的目录，左下角通常显示技术插图，右侧主窗口主要用于显示具体手册内容，此外对于 AIPC 手册实现设备安装图信息与零件清单信息的热点链接。

（3）System 模块：实现系统原理图导航、LRU 级维修数据连接、LRU 零件搜索、故障隔离导航和动态生成线路图。其中 3D 显示方式包括：① Location（部件位置模式）：通过 3D 显示 LRU 在飞机的位置；② View（视图模式）：通过 3D 显示 LRU；③ Access（接近方式模式）：通过 3D 显示如何接近 LRU（打开哪个口盖）。

（4）Structure 模块：实现结构修理历史记录管理、查询结构修理程序和结构损伤评估，方便结构工程师使用：① 在波音和外部服务提供商/供应商之间对结构修理记录和修理场景进行数据交换/交流；② 对于相似的结构修理场景可以重用结构修理记录信息；③ 在客户机队内部识别系统化的结构问题；④ 在飞机租赁的场景下可以传递结构修理记录。

（5）Training 模块：提供机务培训、飞行培训、链接到 Aleton 以及附加的训练。

（6）Task 模块：实现查询 MPD 数据、通过面板和维修区域搜索、维修需求编辑、维修工卡编辑、维修计划系统集成和维修方案编辑。

（7）Authoring 模块：实现航空公司基于波音提供手册进行数据完善以及对手册进行客户化发布。

（8）Parts 模块：实现 3D 零件导航、零件搜索、工程数据的查询、两架飞机零件的比较等功能。

### 10.4.2　空客 AirN@v 系统

AirN@v 系统是空客公司为客户提供的符合 ATA2200 规范和 S1000D 规范的 IETP 系统，主要用于 A300‑600、A310、A320 系列、A330、A340、A350 XWB 和 A380 维修类技术出版物的查询。既可单机使用，也可以安装到 Web 服务器上通过互联网方式访问，在 A380 和 A350 XWB 上 AirN@v 系统已实现安装在机载信息系统中，可以通过机载维护终端 OMT 访问。

（1）AirN@v 系统数据包。AirN@v 系统主要通过光盘形式定期向客户发布手册数据包，AirN@v 系统包括如下数据包：① 维修数据（maintenance）：主要包括飞机维修手册（AMM）、故障隔离手册（TSM）、图解零件目录（IPC）、飞机原理图手册（ASM）、飞机线路图手册（AWM）、导线清单（AWL）、电气标准施工手册（ESPM）等；② 修理数据（repair）：包括结构修理手册（SRM）和无损检测手册（NTM）；③ 大修数据（workshop）：包括部件维修手册（CMM）和管路/燃油管路维修手册（DFPRM）；④ 维修计划数据（planning）：包括维修计划文件（MPD）；⑤ 工程数据（engineering）：包括适航指令（AD/CN）、所有用户电传/用户信息电报（AOT/OIT）、技术跟踪（TFU）、服务信函（SL）、服务通告（SB）、改装信息文件（MID）、改装/维修计划（MD/MP）、供应商服务通告（SB）；⑥ 相关数据（associated data）：包括标准件手册（SM）、消耗品清单（CML）、工具与设备手册（TEM）、电气标准施工手册（ESPM）。

（2）AirN@v 系统功能。AirN@v 系统是基于通用网络浏览器的 IETP 检索系统。主要功能如表 10‑7 所示。

**表 10‑7　空客 AirN@v 系统功能概述**

| 功 能 类 | 功 能 点 | 描　　　　　述 |
|---|---|---|
| 界面交互 | 用户界面风格 | 具有菜单、工具栏和内容显示区 |
| | 模块化窗体 | 内容显示区采用模块化窗体展示，每个窗体包含关闭、打印、导出、悬浮窗体打开等基本内容，窗体内容包含每个目录、正文、插图和三维插图四种 |
| | CGM 插图显示 | 使用 ISOView 浏览插件 |
| | 三维插图显示 | 使用 Cortona 浏览插件 |

| 功能类 | 功能点 | 描　　述 |
|---|---|---|
| 浏　览 | 内容导航 | 手册名→章（chapter）→节（section）→主题（subject）→PGBLK→文本片段/任务/插图组织导航 |
| | 更改 | 更改内容显示 |
| | 访问记录导航 | 手册浏览日志、访问记录导航、前进和后退 |
| | 链接 | 支持手册内、手册外和图文链接 |
| | 打印 | 支持五种形式打印，使用 HTMLPrinting 插件 |
| | 附件管理 | 支持添加标注、书签和附件文档 |
| 安　全 | 用户管理 | 用户登录、退出和关闭 |
| | 权限控制 | 用户权限与所在用户组关联 |
| 搜　索 | 按词搜索 | 支持复杂逻辑表达式、通配符和按手册过滤 |
| | 智能搜索 | 根据手册特点针对不同索引进行搜索 |
| 有 效 性 | 有效性过滤 | 针对 MSN 过滤 |
| 用　户 | 偏好设置 | 自定义用户偏好 |
| | RFI/RFR | 用户问题反馈 |
| 高级功能 | 故障诊断 | 动态查找故障原因、隔离程序 |
| | 动态布线 | 动态查看各个设备布线信息 |
| | 工卡生成 | 自动生成工卡 |
| 其　他 | 国际化 | 同时支持英语和法语 |
| | 系统扩展 | 提供扩展 API 完善 AirN@v 功能 |

（3）AirN@v 系统的浏览界面如图 10－12 所示，主要包括菜单、功能栏、手册标签页和三个浏览窗口。AirN@v 系统支持同时浏览多本手册。菜单主要包括设置、导航、表单、搜索、附件、帮助以及各个手册专属的菜单。功能栏主要包括飞机有效性信息、上一个目录主题（page block）、下一个目录主题、上一页、下一页、打印、输出以及搜索等功能按钮。三个浏览窗口左上角通常显示出版物的目录，左下角通常显示技术插图，右侧主窗口主要用于显示具体手册内容。在导航方面用户可以使用树形目录，通过内容层次关系直接访问数据库；在章节（系统/子系统）内可以按主题顺序向前或向后浏览，在主题内部可以翻页浏览。系统还提供全文搜索、条件搜索和有效性过滤等功能。在文本的颜色使用方面，有效性信息、"警告""注意"信息使用红色；更改的手册内容和关键词搜索结构使用黑色文字加黄色背景突出显示；超链接使用带下划线的蓝色文字。

（4）AirN@v 系统动态布线功能。动态布线模块（dynamic wiring）是 AirN@v 系统维修数据模块提供的新功能，能够快速计算和显示两个设备之间的电路连接关

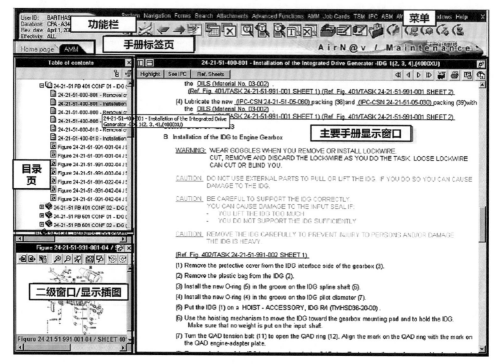

图 10－12　AirN@v 系统窗口显示示意图（后附彩图）

系。与飞机线路图手册（AWM）提供的基本功能相比，动态布线模块可以提供更强大的功能。

客户使用动态布线模块，可以通过设备、导线、线束三种方式，快速查找到设备 A 和设备 B 之间的电路通路。具体步骤包括：① 选择线路其实设备。可以输入 FIN 号、件号、安装位置、配电盘、功能描述等信息选择线路的起始设备或输入 FIN 号、连接器、针脚等参数选择设备。执行查找后，系统会快速显示与起始设备有连接关系的目标设备；② 选择线路目标设备。在线路目标设备列表选择目标设备；③ 动态建立线路图。AirN@v 系统会计算出起始设备和目标设备之间的连接关系，并动态建立线路图。动态建立的线路图还具有与飞机线路图清单（AWL）超链接的功能，可以通过点击线路中的对象，显示 AWL 中该导线或设备的有关技术数据。

# 参考文献

［1］ Air Transport Association. ATA Spec 100：Specification for Manufacture's Technical Data ［S］. 1999.

［2］ International Organization for Standardization. SGML（ISO 8879：1986 Standard Generalized Markup Language）［S］. 1986.

［3］ World Wide Web Consortium. XML（Extensible Markup Language）［S］. 2002.

［4］ Air Transport Association. ATA Spec 2200（iSpec 2200）. Information Standard for Aviation Maintenance ［S］. 2002.

［5］ Aerospace and Defense Industries Association of Europe，Aerospace Industries Association，Air Transport Association. S1000D：International Specification for Technical Publications utilizing a Common Source Database（Issue 4.1）［S］. 2012.

［6］ Aerospace and Defense Industries Association of Europe，Aerospace Industries Association，Air Transport Association. S1000D：International Specification for Technical Publications utilizing a Common Source Database（Issue 4.2）［S］. 2016.

［7］ Air Transport Association. ATA Spec 2300：Data Exchange Standard for Flight Operations ［S］. 1999.

［8］ Aerospace and Defense Industries Association of Europe. ASD STE－100 Simplified Technical English ［S］. 2017.

［9］ Aerospace and Defense Industries Association of Europe. S2000M：International Specification for Material Management（Issue 6.0）［S］. 2015.

[10] Aerospace and Defense Industries Association of Europe，Aerospace Industries Association. S3000L：International Procedure Specification for Logistic Support Analysis (Issue 1.1) [S]. 2014.

[11] Aerospace and Defense Industries Association of Europe，Aerospace Industries Association. S4000P：International Specification for Developing and Continuously Improving Preventive Maintenance （Issue 1.0） [S]. 2014.

[12] Aerospace and Defense Industries Association of Europe，Aerospace Industries Association. S5000F：International Specification for In-service Data Feedback (Issue 1.0) [S]. 2016.

[13] International Organization for Standardization. ISO 10303 - 239：2005：Industrial automation systems and integration — Product data representation and exchange-Part 239：Application protocol：Product life cycle support [S]. 2005.

[14] World Wide Web Consortium Recommendation. XML Schema [Z]. 2001.

[15] 中国民用航空局.运输类飞机适航标准 CCAR - 25[S]. 2011.

[16] 中国民用航空局.航空器的持续适航文件 AC - 91 - 11R1[Z]. 2014.

[17] 中国民用航空局.航空器的运行文件 AC - 91 - 24[Z]. 2014.

[18] United States Department of Defense. MIL - PRF - 82768 A，Interactive electronical technical manuals：general concept，style，format，and user-interactive requirements [Z]. 1995.

[19] United States Department of Defense. MIL - PRF - 82769 A，Interactive electronical technical manuals for the support of database [Z]. 1995.

[20] United States Department of Defense. MIL - HDBK - 551，Interoperability of interactive electronical technical manual (IETM) [Z]. 2000.

# 缩略词

| | | |
|---|---|---|
| A/PC | agency/partner company | 代理商/合作伙伴公司 |
| AC | alternating current | 交流电 |
| ACCP | air vehicle corrosion control publication | 飞行器腐蚀控制出版物 |
| ACLP | air vehicle cargo loading publication | 飞行器货物装载出版物 |
| ACRW | aircrew (information set) | 机组（信息集） |
| ACRWP | aircrew publication | 机组出版物 |
| ACSG | air vehicle cross servicing guide | 飞行器转场勤务指南 |
| ACSP | air vehicle cross servicing publication | 飞行器转场勤务出版物 |
| ACT | applicability cross-reference table | 适用性交叉索引表 |
| AD | airworthiness directive | 适航指令 |
| ADF | automatic direction finding | 自动测向仪 |
| ADL | advanced distributed learning | 高级分布式学习 |
| AECMA | Association Européenne des Constructeurs de Matériel Aérospatial | 欧洲航空航天工业协会 |
| AEG | Aircraft Evaluation Group | 航空器评审组 |
| AFIP | air vehicle fault isolation publication | 飞行器故障隔离出版物 |
| AIA | Aerospace Industries Association of America | 美国航空航天工业协会 |
| AICMA | Association Internationale des Constructeurs de Matériel Aérospatial | 国际航空航天设备制造商协会 |

| AIP | air vehicle inspection publication | 飞行器检查出版物 |
| AIPC | aircraft illustrated part catalog | 飞机图解零件目录 |
| AM | amplitude modulation | 调幅 |
| AMBP | air vehicle mass and balance publication | 飞行器重量平衡出版物 |
| AMM | aircraft maintenance manual | 飞机维修手册 |
| AMP | air vehicle maintenance publication | 飞行器维修出版物 |
| ANA | air force-navy aeronautical | 空军-海军飞机 |
| ANDTP | air vehicle non destructive testing publication | 飞行器无损检测出版物 |
| AOT | all operator telex | 所有用户电传 |
| ARCP | air vehicle role change publication | 飞行器任务变更出版物 |
| ARP | air vehicle recovery publication | 飞行器抢修出版物 |
| ASD | Aerospace and Defence Industries Association of Europe | 欧洲航空航天与防务工业协会 |
| ASDP | air vehicle schematic diagrams publication | 飞行器原理图出版物 |
| ASLP | air vehicle stores loading publication | 飞行器存储装载出版物 |
| ASM | aircraft schematic manual | 飞机原理图手册 |
| ASN | Aircraft Serial Number | 飞机序列号 |
| ASP/AS | air vehicle storage publication | 飞行器存储出版物 |
| ASR | air vehicle structure repair (information set) | 飞行器结构修理(信息集) |
| ASRP | air vehicle structure repair publication | 飞行器结构修理出版物 |
| ATA | Air Transport Association | 美国航空运输协会 |
| AWDP | air vehicle wiring data publication | 飞行器线路数据出版物 |
| AWL | aircraft wiring list | 飞机线路图清单 |
| AWLP | air vehicle weapon loading publication | 飞行器武器装载出版物 |
| AWM | aircraft wiring manual | 飞机线路图手册 |
| BDAR | battle damage assessment and repair (information set) | 战斗损伤评估和维修(信息集) |
| BOM | bill of material | 物料清单 |
| BREX | business rules exchange | 业务规则交换 |
| BRI | business rule index | 业务规则索引 |

| BS | british standard | 英国标准 |
|---|---|---|
| c.g. | centre of gravity | 引力中心 |
| CAGE Code | commercial and government entity code (NCAGE code) | 商业和政府机构代码 |
| CALS | continuous acquisition & life-cycle support | 持续采办和全寿命支持 |
| CAM | content aggregation model | 内容集成模型 |
| CAWG | civil aviation working group | 民用航空工作组 |
| CC | corrosion control (information set) | 腐蚀控制（信息集） |
| CCITT4 | Comité Consultatif International Téléphonique et Télégraphique Group 4 | 咨询委员会国际电话和电报第 4 组 |
| CCOM | cabin crew operations manual | 客舱机组操作手册 |
| CCT | conditions cross-reference table | 条件交叉索引表 |
| CGM | computer graphics metafile | 电脑图形元文件 |
| CID | common information and data (information set) | 公用信息和数据（信息集） |
| CIDP | common information and data publication | 公用信息和数据出版物 |
| CIR | common information repository | 公共信息库 |
| CL | cargo loading (information set) | 货物装载（信息集） |
| CM | component maintenance (information set) | 部件维修（信息集） |
| CMM | component maintenance manual | 部件维修手册 |
| CMP | component maintenance publications | 部件维修出版物 |
| CMS | central maintenance system | 中央维护系统 |
| CPF | change proposal form | 变更申请表 |
| CPSC | Customer and Product Support Committee | 客户和产品支援委员会 |
| CR | change record | 更改记录 |
| CRT | cathode ray tube | 阴极射线管 |
| CSDB | common source database | 公共源数据库 |
| CSL | CSDB status list | CSDB 状态列表 |
| CSN | catalogue sequence number | 图解零件目录序号 |
| CSS | cascading style sheets | 层叠样式表 |
| D&O | description and operation | 描述和操作 |

| DC | disassembly code | 拆分码 |
| DCAS | digital core avionic system | 核心数字化航电系统 |
| DCV | disassembly code variant | 拆分差异码 |
| DDG | dispatch deviation guide | 偏差放行指南 |
| DDN | data dispatch note | 数据分发单 |
| DEF STAN | Defence Standard（UK MOD） | 防务标准（英国国防部） |
| DEX | data exchange | 数据交换规范 |
| DM | data module | 数据模块 |
| DMC | data module code | 数据模块编码 |
| DME | data module code extension | 数据模块扩展编码 |
| DML | data module list | 数据模块列表 |
| DMRL | data module requirement list | 数据模块需求清单 |
| DTD | document type definition | 文档类型定义 |
| DWG | Defense Work Group | 国防工作组 |
| EBMP | engine base maintenance publication | 发动机维修出版物 |
| EBOM | engineering bill of material | 工程物料清单 |
| ECU | engine change unit | 发动机替换件 |
| EDMP | engine depot maintenance publication | 发动机仓库维修出版物 |
| EHF | extra high frequency | 极高频 |
| EIPC | engine illustrated parts catalog | 发动机图解零件目录 |
| EM | engine manual | 发动机手册 |
| EO | engineering order | 工程指令 |
| EPWG | electronic publications working group | 电子出版物工作组 |
| ESM | engine shop maintenance（information set） | 发动机车间维修（信息集） |
| ESP | engine shop publication | 发动机车间维修出版物 |
| ESPM | electrical standard practice manual | 电气标准施工手册 |
| ESPP | engine standard practices publication | 发动机标准实施出版物 |
| ETP | electronic technical publication | 电子技术出版物 |
| FCOM | flight crew operation manual | 飞行机组操作手册 |
| FI | fault isolation | 故障隔离 |

| FIM | fault isolation manual | 故障隔离手册 |
|---|---|---|
| FIN | functional item number | 功能项目号 |
| FM | frequency modulation | 调频 |
| FNC | functional check | 功能检查 |
| FOIG | flight operations interest group | 飞行运行兴趣小组 |
| HF | high frequency | 高频 |
| HLT | highlight | 高亮或更改摘要 |
| HQ | headquarters | 总部 |
| HT | hard time | 定时 |
| HTML | hypertext markup language | 超文本标记语言 |
| IATA | International Air Transport Association | 国际航空运输协会 |
| IC | information code | 信息码 |
| ICA | instructions for continuous airworthiness | 持续适航文件 |
| ICCAIA | International Coordinating Council of Aerospace Industries Associations | 航空航天工业协会国际协调委员会 |
| ICN | information control number | 信息控制码 |
| ICV | information code variant | 信息码变量 |
| IETP | interactive electronic technical publication | 交互式电子技术出版物 |
| IFF | identification friend or foe | 敌我识别 |
| IFR | in-flight refueling | 飞行中燃油补给 |
| ILC | item location code | 项目位置码 |
| ILS | instrument landing system | 仪表着陆系统 |
| IPC | illustrated part catalog | 图解零件目录 |
| IPD | Illustrated Parts Data (Information set) | 图解零件数据(信息集) |
| IPP | initial provisioning project | 初始备件项目 |
| IPPN | initial provisioning project number | 初始备件项目号 |
| IPR | in-process review | 过程内检查 |
| ISN | item sequence number | 项目序列号 |
| ISO | International Standards Organization | 国际标准化组织 |
| ITE | illustrated tool and equipment (information set) | 图解工具和设备(信息集) |

| ITEM | illustrated tool and equipment manual | 图解工具和设备手册 |
|---|---|---|
| ITEP | illustrated tool and equipment publication | 图解工具和设备出版物 |
| JI | job instruction | 工作说明书 |
| JPEG | joint photographic experts group | 联合图像专家组 |
| LC | learn code | 学习码 |
| LCC | life cycle cost | 全寿命周期成本 |
| LEC | learn event code | 学习事件码 |
| LF | low frequency | 低频 |
| LH | left hand | 左手 |
| LMS | learning management system | 学习管理系统 |
| LOA | list of abbreviations | 缩略语列表 |
| LOAP | list of applicable publications | 适用出版物清单（有效出版物清单） |
| LOASD | list of applicable specifications and documentation | 适用标准和文件清单 |
| LOEDM | list of effective data module | 有效数据模块清单 |
| LOEP | list of effective pages | 有效页清单 |
| LOI | list of illustrations | 插图清单 |
| LOM | learning object model | 学习对象模型 |
| LORAN | long range navigation | 运距离无线电导航系统 |
| LOS | list of symbols | 符号清单 |
| LOT | list of terms | 术语清单 |
| LOX | liquid oxygen | 液态氧 |
| LRU | line replaceable unit | 航线可更换件 |
| LSA | logistics support analysis | 后勤保障分析 |
| MAC | mean aerodynamic chord | 平均空气动力弦 |
| MB | mass and balance (information set) | 重量和平衡（信息集） |
| MCR | maintenance steering group | 维修指导小组 |
| MD | materiel data (information set) | 材料数据（信息集） |
| MDP | material data publication | 材料数据出版物 |
| MI | model identification | 型号识别 |

| MIC | model identification code | 型号识别码 |
| Mk | mark | 标记 |
| MMEL | master minimum equipment list | 主最低设备清单 |
| Mod | modification | 改装 |
| MoD | Ministry of Defence | 英国国防部 |
| MP | maintenance proposal | 维修计划 |
| MPD | maintenance plan document | 维修计划文件 |
| MPP | maintenance practice and procedure | 维修实施和程序 |
| MPT | maintenance performance toolbox | 维修性能工具箱 |
| MSG | maintenance steering group | 维修指导小组 |
| MSN | Manufacturer Serial Number | 制造商序列号 |
| MTA | maintenance task analysis | 维修任务分析 |
| NATO | North Atlantic Treaty Organization | 北大西洋公约组织 |
| NDT | non destructive testing | 无损检测 |
| NSN | NATO/National Stock Number | 北大西洋公约组织/国家物料编号 |
| NTM | non-destructive test manual | 无损检查手册 |
| OC | on condition | 条件 |
| OIT | operator information telex | 用户信息电传 |
| OPC | operational check | 操作检查 |
| OS | output specification | 输出规范 |
| OTL | operational limit | 操作限制 |
| PA | passenger address | 旅客广播 |
| PBL | performance based logistics | 基于性能的保障 |
| PCR | publication change request | 技术出版物更改申请 |
| PCT | product cross-reference table | 产品交叉索引表 |
| PDF | portable document format | 可移植文档格式 |
| PI | parts identifier | 零件标识符 |
| PLCS | product life cycle support | 产品全生命周期支援 |
| PM | publication module | 出版物模块 |

| PMC | publication module code | 出版物模块编码 |
|---|---|---|
| PMCS | preventive maintenance checks and services | 定期维修检查和服务 |
| PPB | power plant build-up (information set) | 动力装置快速可拆卸件(信息集) |
| PPBM | power plant build-up manual | 动力装置总成手册 |
| PPBP | power plant build-up publication | 动力装置快速可拆卸件出版物 |
| PPWG | production and publishing working group | 生产与发布工作组 |
| QA | quality assurance | 质量保障 |
| QRH | quick reference handbook | 快速参考手册 |
| Qty | quantity | 数量 |
| RC | role change (information set) | 任务变更(信息集) |
| RCM | reliability centered maintenance | 以可靠性为中心的维修 |
| RH | right hand | 右手 |
| RPC | responsible partner company | 供应商 |
| RPM | revolutions per minute | 每分钟转速 |
| SB | service bulletin | 服务通告 |
| SCO | sharable content object | 可共享内容对象 |
| SCORM | shareable content object reference model | 共享内容对象参考模型 |
| SD | schematic diagrams | 原理图 |
| SDC | system difference code | 系统区分码 |
| SDS | system description section | 系统描述部分 |
| SE | support equipment (information set) | 支援设备(信息集) |
| SGML | standard generalized markup language | 标准通用标记语言 |
| SHF | super high frequency | 超高频 |
| SI | système international d'unites | 国际单位制 |
| SL | service letter | 服务信函 |
| SLM | since last maintenance | 自上次维修 |
| SMC | scorm module code = scorm content package code | SCORM 模块代码 = SCORM 内容包代码 |

| SN | serial number | 序列号 |
|---|---|---|
| SNS | standard numbering system | 标准编码系统 |
| SR | structural repair (information set) | 结构修理（信息集） |
| SRM | structure repair manual | 结构修理手册 |
| SRU | shop replaceable unit | 维修站可更换件 |
| SSM | system schematic manual | 系统原理图手册 |
| STE | simplified technical english© (asd-ste100) | 简化科技英语 |
| SWR | standing wave ratio | 驻波比 |
| TBD | to be determined | 待定 |
| TBO | time between overhaul | 大修间隔时间 |
| TC | type certificate | 型号合格证 |
| TE | training equipment (information set) | 培训设备（信息集） |
| TEP | training equipment publication | 培训设备出版物 |
| TFU | technical follow-up | 技术追踪 |
| TIFF | tagged image file format | 标签图像文件格式 |
| TIR | technical information repository | 技术信息库 |
| TOC | table of contents | 目录 |
| TPSMG | Technical Publications Specification Maintenance Group | 技术出版物规范维修组 |
| TR | temporary revision | 临时更改 |
| TSM | trouble shooting manual | 排故手册 |
| TSR | technical standard record | 技术标准记录 |
| UHF | ultra high frequency | 特高频 |
| VHF | very high frequency | 甚高频 |
| VLF | very low frequency | 甚低频 |
| VOR | vhf omni directional and radio range | 甚高频全向无线电信标 |
| W3C | World Wide Web Consortium | 万维网联盟 |
| WD | wiring data (information set) | 线路数据（信息集） |
| WDD | wiring data description | 线路数据描述 |
| WDM | wiring diagram manual | 线路图手册 |

| WL | weapon loading (information set) | 武器装载(信息集) |
| WP | wiring publication | 线路出版物 |
| WS | work sheet | 工作表 |
| WSWG | web site working group | 网站工作组 |
| XML | extensible markup language | 可扩展标记语言 |
| XSL | extensible stylesheet language | 可扩展样式表语言 |

# 附录 A 标准编码系统定义

■
■
■
■

表 A-1 通用技术信息系统和分系统定义

| 系统 | 子系统/<br>子子系统 | 标 题 | 备 注 |
|---|---|---|---|
| 00 | | product-general | 产品-概述 |
| | -00 | product-description | 产品-描述 |
| | -10 | product-general maintenance | 产品-一般性维护 |
| | -20 | product-safety | 产品-安全性 |
| | -30 | safety and protective devices | 安全和防护措施 |
| | -40 | technical publication | 技术出版物 |
| | -41 | publications | 出版物 |
| | -42 | information sets | 信息集 |
| | -50 | material data | 物料数据 |
| | -60~-80 | available for projects | 项目自定义 |
| | -90 | battle damage repair | 战斗损伤修理 |
| 01 | | | 项目自定义 |
| 02 | | | 项目自定义 |
| 03 | | | 项目自定义 |
| 04 | | worthiness (fit for purpose) limitations | 适航限制 |
| | -00 | general | 概述 |
| | -10 | fatigue index calculations | 疲劳参数计算 |
| | -20 | operating spectrums | 使用寿命 |
| 05 | | scheduled/unscheduled maintenance | 计划/非计划维修 |
| | -00 | general | 概述 |
| | -10 | time limits | 时限 |
| | -20 | scheduled maintenance checks lists | 计划维修检查单 |

续　表

| 系统 | 子系统/子子系统 | 标　题 | 备　注 |
|---|---|---|---|
| 05 | —30 | available for projects | 项目自定义 |
| | —40 | scheduled maintenance checks | 计划维修检查（定检） |
| | —50 | unscheduled maintenance checks | 非计划维修检查（非定检） |
| | —60 | acceptance and functional check usage | 接收和功能检查 |
| 06 | | dimensions and areas | 尺寸和区域 |
| | —00 | general | 概述 |
| | —10 | principal dimensions | 主尺寸 |
| | —20 | reference lines | 基准线 |
| | —30 | zones andareas | 区域划分 |
| | —40 | access provisions | 口盖 |
| 07 | | lifting, shoring, recovering and transporting | 顶起、支撑、恢复和运输 |
| | —00 | general | 概述 |
| | —10 | jacking | 顶起 |
| | —20 | shoring | 支撑 |
| | —30 | slinging | 吊起 |
| | —40 | recovering | 恢复 |
| | —50 | transporting | 运输 |
| 08 | | leveling and weighing | 调平和称重 |
| | —00 | general | 概述 |
| | —10 | mass and balance | 重量和平衡 |
| | —20 | leveling | 调平 |
| | —30 | weighing | 称重 |
| | —40 | mass and c.g.data | 重量数据 |
| | —50 | static stability | 静态稳定性 |
| 09 | | handling and maneuvering | 牵引和滑行 |
| | —00 | general | 概述 |
| | —10 | handling | 操作 |
| | —20 | maneuvering | 调度 |
| 10 | | parking, mooring, storing and return toservice | 停放、系留、保管和恢复使用 |
| | —00 | general | 概述 |
| | —10 | parking | 停放 |

| 系统 | 子系统/<br>子子系统 | 标　　题 | 备　　注 |
|---|---|---|---|
| 10 | —20 | mooring | 系留 |
| | —30 | storing | 保管 |
| | —40 | return to service | 恢复使用 |
| 11 | | placards and markings | 标牌和标识 |
| | —00 | general | 概述 |
| | —10 | exterior color schemes and markings | 表面配色方案和标识 |
| | —20 | exterior placards and markings | 外部标牌和标识 |
| | —30 | interior placards and markings | 内部标牌和标识 |
| 12 | | servicing | 保养 |
| | —00 | general | 概述 |
| | —10 | replenishing and depleting | 加注和排放 |
| | —20 | scheduled servicing | 定期保养 |
| | —30 | unscheduled servicing | 非定期保养 |
| 13 | | 项目自定义 | |
| 14 | | product loading and offloading | 产品装载和卸载 |
| | —00 | general | 概述 |
| | —10 | ground equipment | 地面设备 |
| | —20 | cargo | 货物 |
| | —30 | internal and external stores | 内外装挂物 |
| | —31 | basic information | 基本信息 |
| | —32 | supplementary information | 补充信息 |
| | —33 | loading procedures | 装载程序 |
| | —34 | offloading procedures | 卸载程序 |
| | —35 | loading and offloading procedures checklists | 装载和卸载程序检查单 |
| | —40 | non-nuclear munitions | 常规武器(非核) |
| | —41 | basic information | 基本信息 |
| | —42 | supplementary information | 补充信息 |
| | —43 | loading procedures | 装载程序 |
| | —44 | offloading procedures | 卸载程序 |
| | —45 | loading and offloading procedures checklists | 装载和卸载程序检查单 |
| | —46 | integrated combat turnaround procedures | 作战出动综合准备程序 |
| | —47 | integrated combat turnaround procedures checklists | 作战出动综合准备程序检查单 |
| | —48 | cross servicing checklists | 转场勤务检查单 |
| | —50 | nuclear munitions | 核武器 |

续　表

| 系统 | 子系统/子子系统 | 标　题 | 备　注 |
|---|---|---|---|
| | | crew information | 机组人员信息 |
| | —00 | general | 概述 |
| | —10 | aircraft release/operating limitations | 飞机放行/操作限制 |
| | —20 | operational characteristics | 操作性能 |
| | —30 | normal procedures | 正常程序 |
| | —40 | emergency procedures | 应急程序 |
| | —41 | general | 概述 |
| | —42 | ground emergencies | 地面应急程序 |
| | —43 | initialization emergencies | 起飞应急程序 |
| 15 | —44 | system related emergencies | 各系统应急程序 |
| | —45 | single or multiengine failures | 单发和多发失效 |
| | —46 | arrival/disembarking emergencies | 进场/离机应急程序 |
| | —47 | control system failures | 控制系统失效 |
| | —48 | other emergencies or failures | 其他应急或失效 |
| | —49 | multi-function display readouts giving emergency information | 多功能显示器显示的应急信息 |
| | —50 | special conditions | 特殊条件 |
| | —60 | performance data | 性能数据 |
| | —70 | role operation/weapon system procedures | 任务操作/武器系统程序 |
| | —80 | configuration | 构型 |
| | | change of role | 任务变更 |
| 16 | —00 | general | 概述 |
| | —10 | role changes | 任务变更 |
| 17 | | 项目自定义 | |
| | | vibration and noise analysis and attenuation | 振动,噪声分析和衰减 |
| | —00 | general | 概述 |
| | —10 | vibration analysis | 振动分析 |
| | —20 | noise analysis | 噪声分析 |
| 18 | —30 | activeattenuation/actuation | 有源衰减/激励 |
| | —40 | sensing | 传感器 |
| | —50 | control/computing | 控制/计算 |
| | —60 | passive attenuation | 无源衰减 |
| 19 | | 项目自定义 | |

表 A - 2 航空器系统和分系统定义

| 系统 | 子系统/<br>子子系统 | 标 题 | 备 注 |
|---|---|---|---|
| | | standard practices-airframe systems | 标准实施-机身 |
| 20 | 00 | general | 概述 |
| | 10～90 | | 待定 |
| | | environmental control | 环控 |
| | 00 | general | 概述 |
| | 10 | compression | 压缩 |
| | 20 | distribution | 分配 |
| | 30 | pressurization control | 增压控制 |
| 21 | 40 | heating | 加热 |
| | 50 | cooling | 制冷 |
| | 60 | temperature control | 温度调节 |
| | 70 | moisture/air contaminant control | 除湿/空气净化 |
| | 80 | liquid/gas cool ant | 冷却剂/冷却气 |
| | 90 | integrated environmental control system(ECS) | 综合环控系统（ECS） |
| | | auto flight | 自动飞行 |
| | 00 | general | 概述 |
| | 10 | autopilot | 自动驾驶仪 |
| 22 | 20 | speed-attitude correction | 速度-姿态修正 |
| | 30 | auto throttle | 自动油门 |
| | 40 | system monitor | 系统监控 |
| | 50 | aerodynamic load alleviating | 气动载荷减缓 |
| | | communications | 通信 |
| | 00 | general | 概述 |
| | 10 | speech communication | 语音通信 |
| | 15 | SATCOM | 卫星通信 |
| | 20 | data transmission and automaticcalling | 数据传输和自动呼叫 |
| 23 | 30 | passenger address and entertainment | 乘客广播和娱乐设备 |
| | 40 | interphone | 机内通话 |
| | 50 | audio integrating and voice command systems | 音频综合和语音指令系统 |
| | 60 | static discharging | 静电释放 |
| | 70 | audio and video monitoring | 音频和视频监视 |
| | 80 | integrated automatic tuning | 综合自动调谐 |

续　表

| 系统 | 子系统/<br>子子系统 | 标　题 | 备　注 |
|---|---|---|---|
| 24 | | electrical power | 电源 |
| | 00 | general | 概述 |
| | 10 | generator drive | 发电机驱动 |
| | 20 | AC generation | 交流发电 |
| | 30 | DC generation | 直流发电 |
| | 40 | external power | 外部电源 |
| | 50 | AC electrical load distribution | 交流配电 |
| | 60 | DC electricalload distribution | 直流配电 |
| | 70 | electrical monitoring and protection | 电气监控和保护 |
| | 80 | electrical power multiplexing | 电源多路转换 |
| | 90 | multipurpose equipment | 多用途设备 |
| 25 | | equipment/furnishings | 设备/装饰 |
| | 00 | general | 概述 |
| | 10 | flight compartment | 驾驶舱 |
| | 20 | passenger/operating crew compartment | 客舱/机组人员舱 |
| | 30 | buffet/galley | 餐柜/厨房 |
| | 40 | lavatories | 盥洗室 |
| | 50 | additional compartments | 附加舱 |
| | 60 | emergency | 应急设备 |
| | 70 | available for projects | 项目自定义 |
| | 80 | insulation and lining | 隔离层 |
| 26 | | fire protection | 防火 |
| | 00 | general | 概述 |
| | 10 | detection | 探测 |
| | 20 | extinguishing | 灭火 |
| | 30 | explosion suppression | 防爆 |
| 27 | | flight controls | 飞行操纵 |
| | 00 | general | 概述 |
| | 10 | roll control | 横滚操纵 |
| | 20 | yaw control | 航向操纵 |
| | 30 | pitch control | 俯仰操纵 |
| | 40 | horizontal stabilizers | 水平安定面 |

| 系统 | 子系统/<br>子子系统 | 标　　题 | 备　　注 |
|---|---|---|---|
| 27 | 50 | flaps | 襟翼 |
| | 60 | spoilers，drag devices and variable aerodynamic fairings | 扰流板、减速板和可变整流罩 |
| | 70 | gust lock and damper | 防风锁和阻尼器 |
| | 80 | lift augmenting | 增升装置 |
| 28 | | fuel | 燃油 |
| | 00 | general | 概述 |
| | 10 | storage | 贮存 |
| | 20 | distribution | 分配 |
| | 30 | dump | 放油 |
| | 40 | indicating | 指示 |
| | 50 | in-flight refueling | 空中加油 |
| | 60 | fuel/centre of gravity management | 燃油/重心管理 |
| 29 | | hydraulic power | 液压源 |
| | 00 | general | 概述 |
| | 10 | main | 主液压系统 |
| | 20 | auxiliary | 辅助液压系统 |
| | 30 | indicating | 指示 |
| 30 | | ice and rain protection | 防冰和除雨 |
| | 00 | general | 概述 |
| | 10 | air foil | 机翼防冰 |
| | 20 | air intakes | 进气道防冰 |
| | 30 | pitot and static | 空速管和静压孔 |
| | 40 | windows，windshields，canopies and doors | 窗、风挡和、座舱盖和舱门 |
| | 50 | antennas and radomes | 天线和雷达整流罩 |
| | 60 | propellers/rotors | 螺旋桨/旋翼 |
| | 70 | water lines | 水管 |
| | 80 | detection | 探测 |
| 31 | | indicating/recording systems | 指示/记录系统 |
| | 00 | general | 概述 |
| | 10 | instrument and control panels | 仪表板和控制板 |
| | 20 | independent instruments | 独立仪表 |

续　表

| 系统 | 子系统/<br>子子系统 | 标　题 | 备　注 |
|---|---|---|---|
| 31 | 30 | recorders | 记录仪 |
| | 40 | general computers | 中央计算机 |
| | 50 | central warning systems | 中央警告系统 |
| | 60 | central display systems | 中央显示系统 |
| | 70 | automatic data reporting systems | 自动数据报告系统 |
| 32 | | landing gear | 起落架 |
| | 00 | general | 概述 |
| | 10 | main gear and doors | 主起落架和舱门 |
| | 20 | nose/tail gear and doors | 前起落架和舱门 |
| | 30 | extension and retraction | 放下和收起 |
| | 40 | wheels and brakes | 机轮和刹车 |
| | 50 | steering | 转弯操纵 |
| | 60 | position and warning | 位置和警告 |
| | 70 | supplementary gear | 辅助起落架 |
| | 80 | drag chute | 减速伞 |
| | 90 | arresting hook/landing assistance equipment | 尾钩/辅助着陆设备 |
| 33 | | lights | 照明系统 |
| | 00 | general | 概述 |
| | 10 | flight compartment | 驾驶舱 |
| | 20 | passenger compartments | 客舱 |
| | 30 | cargo and service compartments | 货舱和服务舱 |
| | 40 | exterior | 外部照明 |
| | 50 | emergency lighting | 应急照明 |
| 34 | | navigation | 导航系统 |
| | 00 | general | 概述 |
| | 10 | flight environment data | 飞行环境数据 |
| | 20 | attitude and direction | 姿态及方向 |
| | 30 | landing and taxiing aids | 着陆和滑行辅助设备 |
| | 40 | independent position determining | 自体导航 |
| | 50 | dependent position determining | 地面导引 |
| | 60 | flight management computing | 飞行控制计算 |

| 系统 | 子系统/子子系统 | 标　题 | 备　注 |
|---|---|---|---|
| 35 | | oxygen | 氧气 |
| | 00 | general | 概述 |
| | 10 | crew | 机组 |
| | 20 | passenger | 乘客 |
| | 30 | portable | 便携式 |
| | 40 | onboard oxygen generating system | 机载制氧系统 |
| 36 | | pneumatic | 气动系统 |
| | 00 | general | 概述 |
| | 10 | distribution | 分配 |
| | 20 | indicating | 指示 |
| 37 | | vacuum | 真空 |
| | 00 | general | 概述 |
| | 10 | distribution | 分配 |
| | 20 | indicating | 指示 |
| 38 | | water/waste | 水/污废物 |
| | 00 | general | 概述 |
| | 10 | potable | 饮用水 |
| | 20 | wash | 洗涤用水 |
| | 30 | waste disposal | 废物处理 |
| | 40 | air supply | 供气 |
| 39 | | attack system management | 攻击系统管理 |
| | 00 | general | 概述 |
| | 10 | architecture management | 体系管理 |
| | 20 | attack system functions | 攻击系统功能 |
| | 30 | attack system resources | 攻击系统资源 |
| | 40 | general rules of man-machinecom munication | 人-机通信通用规则 |
| | 50 | digital networks | 数字网络 |
| | 60 | other information networks | 其他信息网络 |
| | 70 | stores management | 存储管理 |
| 40 | | operation alattack functions | 操作性攻击功能 |
| | 00 | general | 概述 |

续 表

| 系统 | 子系统/子子系统 | 标 题 | 备 注 |
|---|---|---|---|
| 40 | 10 | navigational functions | 导航功能 |
| | 20 | nap of theearth flight | 近地飞行 |
| | 30 | self protection | 自我保护 |
| | 40 | information exchange and cooperation | 信息交换和协同 |
| | 50 | identification | 识别 |
| | 60 | air-to-airfunctions | 空对空功能 |
| | 70 | air-to-surfacefunctions | 空对地功能 |
| 41 | | water ballast | 压舱水 |
| | 00 | general | 概述 |
| | 10 | storage | 贮存 |
| | 20 | dump | 排放 |
| | 30 | indication | 指示 |
| 42 | | cross technical attack functions | 公共作战攻击功能 |
| | 00 | general | 概述 |
| | 10 | mission system control and management | 任务系统的控制与管理 |
| | 20 | trajectory management | 弹道管理 |
| | 30 | attack system compatibilities management | 攻击系统的兼容性管理 |
| | 40 | tactical situation awareness | 作战态势提醒 |
| | 50 | mission preparation | 任务准备 |
| | 60 | mission restitution | 任务恢复 |
| | 70 | cautions and warnings management | 警告与告警管理 |
| 43 | | integrated modular avionics | 综合航电系统 |
| | 00 | general | 概述 |
| | 20 | core system | 核心系统 |
| | 30 | network components | 网络组件 |
| | | tactical communications | 作战通信系统 |
| | 00 | general | 概述 |
| | 10 | ultra, super and extra high frequencies (UHF/SHF/EHF) | 超高频、极高频/极高频（UHF/SHF/EHF） |
| | 20 | very high frequency (VHF) | 甚高频（VHF） |
| | 30 | high frequency (HF) | 高频(HF) |
| | 40 | low and very low frequency (LF/VLF) | 低频和甚低频(LF/VLF) |

续　表

| 系统 | 子系统/<br>子子系统 | 标　　题 | 备　　注 |
|---|---|---|---|
| 43 | 50 | audio integrating | 音频集成系统 |
| | 60 | digital | 数字式通信 |
| | 70 | multiplex and audio switching | 多路传输和音频开关 |
| | 80 | interphone and passenger address | 对讲机/呼叫乘客 |
| | 90 | satellite communications | 卫星通信 |
| 44 | | cabin systems | 客舱系统 |
| | 00 | general | 概述 |
| | 10 | cabin core system | 客舱中心系统 |
| | 20 | inflight entertainment system | 机上娱乐系统 |
| | 30 | external communication system | 外部通信系统 |
| | 40 | cabin massmemory system | 客舱大容量存储系统 |
| | 50 | cabin monitoring system | 客舱监听系统 |
| | 60 | miscellaneous cabin system | 其他客舱系统 |
| 45 | | central maintenance system (CMS) | 中央维护系统 |
| | 00 | general | 概述 |
| | 04~19 | CMS/air vehicle general | 中央维护系统/航空器概述 |
| | 20~44 46~49 | CMS/airframe systems | 中央维护系统/机体系统 |
| | 45 | central maintenance system | 中央维护系统 |
| | 50~59 | CMS/structures | 中央维护系统/航空器概述/<br>结构 |
| | 60~69 | CMS/propellers | 中央维护系统/航空器概述/<br>螺旋桨 |
| | 70~89 | CMS/power plant | 中央维护系统/航空器概述/动力<br>装置 |
| | 91~99 | CMS/military systems | 中央维护系统/航空器概述/武器<br>系统 |
| 46 | | systems integration and display | 系统集成和显示 |
| | 00 | general | 概述 |
| | 10 | acquisition | 数据采集 |
| | 20 | processing and integration | 处理和集成 |
| | 30 | display | 显示 |
| | 40~79 | systems integration, software packages | 系统集成软件包 |

| 系统 | 子系统/<br>子子系统 | 标　题 | 备　注 |
|---|---|---|---|
| 46 | | information system | 信息系统 |
| | 00 | general | 概述 |
| | 10 | airplane general information systems | 飞机通用信息系统 |
| | 20 | flight deck information systems | 驾驶舱信息系统 |
| | 30 | maintenance information systems | 维护信息系统 |
| | 40 | passenger cabin information systems | 客舱信息系统 |
| | 50 | miscellaneous information systems | 其他信息系统 |
| 47 | | liquid nitrogen | 液氮 |
| | 00 | general | 概述 |
| | 10 | generation/storage | 生成/存储 |
| | 20 | distribution | 分配 |
| | 30 | controlling | 控制装置 |
| | 40 | indicating | 指示 |
| 48 | | in-flight refueling tanker | 空中加油系统 |
| | 00 | general | 概述 |
| | 10 | storage | 存储 |
| | 20 | distribution | 分配 |
| | 30 | delivery | 输送 |
| | 40 | controls | 控制 |
| | 50 | indicating | 指示 |
| | 60 | dump | 排放 |
| 49 | | airborne auxiliary power | 辅助动力装置 |
| | 00 | general | 概述 |
| | 10 | power plant | 动力装置 |
| | 20 | engine | 发动机 |
| | 30 | engine fuel and control | 发动机燃油和控制 |
| | 40 | ignition/starting | 点火/启动 |
| | 50 | air | 空气 |
| | 60 | engine controls | 发动机操纵 |
| | 70 | engine indicating | 发动机指示 |
| | 80 | exhaust | 排气 |
| | 90 | oil | 滑油 |

| 系统 | 子系统/<br>子子系统 | 标　题 | 备　注 |
|---|---|---|---|
| 50 | | cargo and accessory compartment | 货舱和附件舱 |
| | 00 | general | 概述 |
| | 10 | cargo compartments | 货舱 |
| | 20 | cargo loading systems | 货舱装载系统 |
| | 30 | cargo related systems | 与货物相关系统 |
| | 40 | aerial delivery | 空投 |
| | 50 | accessory compartments | 附件舱 |
| | 60 | insulation | 隔离 |
| 51 | | standard practices-structures | 标准实施-结构 |
| | 00 | general | 概述 |
| | 10 | investigation，cleanup and aerodynamic smoothness | 检查、清理和气动光滑度 |
| | 20 | processes | 工艺 |
| | 30 | materials | 材料 |
| | 40 | fastners | 紧固件 |
| | 50 | support of airplane forrepair and alignment check procedures | 飞机修理的支撑和调整检查程序 |
| | 60 | control-surface balancing | 操纵面配平 |
| | 70 | repairs | 修理 |
| | 80 | electrical bonding | 电焊接 |
| 52 | | doors | 舱门 |
| | 00 | general | 概述 |
| | 10 | passenger/crew | 乘客/空勤机组 |
| | 20 | emergency exit | 应急出口 |
| | 30 | cargo | 货舱门 |
| | 40 | service and miscellaneous | 各种服务舱门 |
| | 50 | fixed interior | 机内固定舱门 |
| | 60 | entrance stairs | 登机梯 |
| | 70 | door warning | 舱门警告 |
| | 80 | landing gear | 起落架舱门 |
| 53 | | fuselage | 机身 |
| | 00 | general | 概述 |
| | 10～90 | fuselage sections | 机身部分 |

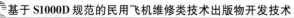

续　表

| 系统 | 子系统/<br>子子系统 | 标　题 | 备　注 |
|---|---|---|---|
| 54 | | nacelles/pylons | 短舱/吊挂 |
| | 00 | general | 概述 |
| | 10～40 | nacelle section | 短舱部分 |
| | 50～80 | pylon | 吊挂主要结构 |
| | 90 | air management | 进气控制 |
| 55 | | stabilizers | 安定面 |
| | 00 | general | 概述 |
| | 10 | horizontal stabilizer orcanard | 水平安定面或鸭式操纵面 |
| | 20 | elevator | 升降舵 |
| | 30 | vertical stabilizer | 垂直安定面 |
| | 40 | rudder | 方向舵 |
| | 50 | auxiliary stabilizers and strakes | 辅助安定面和倒流片 |
| 56 | | windows and canopies | 窗与座舱盖 |
| | 00 | general | 概述 |
| | 10 | flight compartment | 驾驶舱 |
| | 20 | fuselage compartment | 机舱 |
| | 30 | door | 舱门 |
| | 40 | inspection and observation | 检查舱和观察窗 |
| 57 | | wings | 机翼 |
| | 00 | general | 概述 |
| | 10 | center wing | 中央翼 |
| | 20 | outer wing | 外翼 |
| | 30 | wing tip | 翼尖 |
| | 40 | leading edgeand leading edge devices | 前缘和前缘装置 |
| | 50 | trailing edgeand trailing edge devices | 后缘和后缘装置 |
| | 60 | ailerons, elevons and flaperons | 副翼、升降副翼和襟副翼 |
| | 70 | spoilers | 扰流板 |
| | 80 | wing folding | 机翼折叠 |
| 58 | | 项目不可用 | |
| 59 | | 项目不可用 | |
| 60 | | standard practices-propeller/rotor | 标准实施-螺旋桨/旋翼 |
| | 00 | general | 概述 |
| | 10～90 | | |

| 系统 | 子系统/子子系统 | 标　　题 | 备　　注 |
|---|---|---|---|
| 61 | | propellers/propulsors | 螺旋桨/推进装置 |
| | 00 | general | 概述 |
| | 10 | propeller assembly | 螺旋桨总成 |
| | 20 | controlling | 控制装置 |
| | 30 | braking | 刹车 |
| | 40 | indicating | 指示 |
| | 50 | propulsor duct | 推进器函道 |
| 62 | | main rotors | 主旋翼 |
| | 00 | general | 概述 |
| | 10 | rotor blades | 旋翼桨叶 |
| | 20 | rotor heads | 旋翼桨毂 |
| | 30 | rotating controls, rotor shafts/swash plate assemblies | 旋转控制,旋翼轴/斜盘部件 |
| | 40 | indicating | 指示 |
| 63 | | main rotordrives | 主旋翼传动 |
| | 00 | general | 概述 |
| | 10 | engine/gearbox couplings | 发动机/齿轮箱联轴器 |
| | 20 | gearboxes | 齿轮箱 |
| | 30 | mounts and attachments | 固定和连接装置 |
| | 40 | indicating | 指示 |
| 64 | | tail rotor | 尾旋翼 |
| | 00 | general | 概述 |
| | 10 | rotor blades | 旋翼桨叶 |
| | 20 | rotor head | 旋翼桨毂 |
| | 30 | rotating controls | 旋转控制器 |
| | 40 | indicating | 指示 |
| 65 | | tail rotor drive | 尾旋翼传动 |
| | 00 | general | 概述 |
| | 10 | shafts | 轴 |
| | 20 | gearboxes | 齿轮箱 |
| | 30 | not available for projects | 项目不可用 |
| | 40 | indicating | 指示 |

续　表

| 系统 | 子系统/<br>子子系统 | 标　题 | 备　注 |
|---|---|---|---|
| 66 | | folding blades/pylon | 可折叠桨叶/吊架 |
| | 00 | general | 概述 |
| | 10 | rotor blades | 旋翼桨叶 |
| | 20 | tail pylon | 尾吊架 |
| | 30 | controls and indicating | 控制和指示 |
| 67 | | rotors flight control | 旋翼飞行控制 |
| | 00 | general | 概述 |
| | 10 | rotor control | 旋翼控制 |
| | 20 | anti-torque rotor control（yaw control） | 反扭矩旋翼控制（偏航控制） |
| | 30 | servo-control system | 伺服控制系统 |
| 68 | | 项目不可用 | |
| 69 | | 项目不可用 | |
| 70 | | standard practices-engine | 标准实施-发动机 |
| | 00 | general | 概述 |
| | 10 | marking and masking | 标记和掩模 |
| | 20 | cleaning and coating removal | 清洁和表面清除 |
| | 30 | inspection | 检查 |
| | 40 | repair principles | 修理原则 |
| | 50 | surface preparation | 表面预处理 |
| | 60 | coating application | 表面处理施工 |
| | 70 | assembly | 装配 |
| 71 | | power plant | 动力装置 |
| | 00 | general | 概述 |
| | 10 | cowling | 整流罩 |
| | 20 | mounts | 安装支架 |
| | 30 | fire seals | 防火隔层 |
| | 40 | attach fittings | 连接接头 |
| | 50 | electrical harness | 电气线束 |
| | 60 | air intakes | 进气道 |
| | 70 | engine drains | 发动机排放 |
| | 80 | engine ancillary systems | 发动机辅助系统 |

续　表

| 系统 | 子系统/<br>子子系统 | 标　题 | 备　注 |
|---|---|---|---|
| 72 | | engine | 发动机 |
| | 00 | general | 概述 |
| | 10 | reduction gear, shaft section (turboprop and/orfront mounted gear driven propulsor) | 减速齿轮,轴承部分(涡轮螺旋桨和/或安装在喷气发动机前面的驱动齿轮推进器) |
| | 20 | air inlet section | 涡轮发动机进气口部分 |
| | 30 | compressor section | 涡轮发动机压气机部分 |
| | 40 | combustion section | 燃烧室 |
| | 50 | turbine section | 涡轮段 |
| | 60 | accessory drives | 附件传动 |
| | 70 | by-pass section | 旁通段 |
| | 80 | propulsor section (rear mounted) | 推进装置段(后安装) |
| | 90 | multi-system hardware | 多系统部件 |
| 72 | | engine reciprocating | 活塞式发动机 |
| | 00 | general | 概述 |
| | 10 | front section | 前段 |
| | 20 | power section | 动力段 |
| | 30 | cylinder section | 汽缸段 |
| | 40 | super charger section | 增压器段 |
| | 50 | lubrication | 润滑 |
| 73 | | engine fuel and control | 发动机燃油控制 |
| | 00 | general | 概述 |
| | 10 | distribution | 分配 |
| | 20 | controlling | 控制 |
| | 30 | indicating | 指示 |
| 74 | | ignition | 点火系统 |
| | 00 | general | 概述 |
| | 10 | electrical power supply | 供电电源 |
| | 20 | distribution | 分配 |
| | 30 | switching | 转换 |
| 75 | | air | 空气 |
| | 00 | general | 概述 |
| | 10 | engine antiicing | 发动机防冰 |

续　表

| 系统 | 子系统/<br>子子系统 | 标　题 | 备　注 |
|---|---|---|---|
| 75 | 20 | cooling | 冷却 |
| | 30 | compressor control | 压气机控制 |
| | 40 | indicating | 指示 |
| | 50 | air intake foreign object removal | 进气口外来物清除 |
| 76 | | engine controls | 发动机控制 |
| | 00 | general | 概述 |
| | 10 | power control | 功率控制 |
| | 20 | emergency shutdown | 紧急停车 |
| 77 | | engine indicating | 发动机指示 |
| | 00 | general | 概述 |
| | 10 | power | 功率 |
| | 20 | temperature | 温度 |
| | 30 | analyzers | 分析器 |
| | 40 | integrate dengine instrument systems | 发动机综合仪表系统 |
| 78 | | exhaust | 排气 |
| | 00 | general | 概述 |
| | 10 | collector/nozzle | 集流管/排气管 |
| | 20 | noise suppressor | 消声器 |
| | 30 | thrust reverser | 反向推力装置 |
| | 40 | supplementary air | 辅助空气 |
| | 50 | augmenter | 增压器 |
| | 60 | dissipation/deflection | 耗散/偏转 |
| 79 | | oil | 滑油 |
| | 00 | general | 概述 |
| | 10 | storage | 贮存 |
| | 20 | distribution | 分配 |
| | 30 | indicating | 指示 |
| 80 | | starting | 启动 |
| | 00 | general | 概述 |
| | 10 | cranking | 起动 |
| 81 | | turbines | 涡轮机 |
| | 00 | general | 概述 |

| 系统 | 子系统/<br>子子系统 | 标　题 | 备　注 |
|---|---|---|---|
| 81 | 10 | power recovery | 动力回收 |
| | 20 | turbo super charger | 涡轮增压器 |
| 82 | | water injection | 注水 |
| | 00 | general | 概述 |
| | 10 | storage | 贮存 |
| | 20 | distribution | 分配 |
| | 30 | dumping and purging | 排放和清洗 |
| | 40 | indicating | 指示 |
| 83 | | accessory gear boxes | 附件齿轮箱 |
| | 00 | general | 概述 |
| | 10 | drive shaft section | 传动轴部分 |
| | 20 | gearbox section | 齿轮箱部分 |
| 84 | | propulsion augmentation | 助推装置 |
| | 00 | general | 概述 |
| | 10 | jet assist takeoff | 喷气起飞加速器 |
| 85 | | 项目不可用 | |
| 86 | | lift system | 升力系统 |
| | 00 | general | 概述 |
| | 10 | fan | 风扇 |
| | 20 | drive shaft | 传动轴 |
| | 30 | variable area nozzle | 可变喷口 |
| | 40 | roll control | 横滚控制 |
| 87 | | 项目不可用 | |
| 88 | | 项目不可用 | |
| 89 | | 项目不可用 | |
| 90 | | recovery | 回收 |
| | 00 | general | 概述 |
| | 10 | parachute recovery system | 降落伞回收系统 |
| | 20 | impact attenuation system | 减震系统 |
| | 30 | sequencing system | 顺序控制系统 |
| | 40 | location system | 定位系统 |

| 系统 | 子系统/子子系统 | 标　题 | 备　注 |
|---|---|---|---|
| 91 | | air vehicle wiring | 飞机布线 |
| 92 | | radar | 雷达系统 |
| | 00 | general | 概述 |
| | 10 | frequency generation | 频率发生器 |
| | 20 | transmission | 发射 |
| | 30 | reception | 接收 |
| | 40 | processing | 处理 |
| | 50 | beam control | 波束控制 |
| | 60 | power supply and safety | 电源供应和保护 |
| | 70 | conditioning | 空调 |
| | 80 | built-in tests | 内置测试 |
| 93 | | surveillance | 监视系统 |
| | 00 | general | 概述 |
| | 10 | data processing | 数据处理 |
| | 20 | data display | 数据显示 |
| | 30 | recording | 记录 |
| | 40 | identification | 识别 |
| | 50 | infrared sensors | 红外传感器 |
| | 60 | laser sensors | 激光传感器 |
| | 70 | surveillance radar | 监视雷达 |
| | 80 | magnetic sensors | 电磁传感器 |
| | 90 | sonar sensors | 声呐传感器 |
| 94 | | weapons system | 武器系统 |
| | 00 | general | 概述 |
| | 10 | weapon release | 武器投放 |
| | 20 | available for projects | 项目自定义 |
| | 30 | weapon suspension | 武器悬挂 |
| | 40 | available for projects | 项目自定义 |
| | 50 | gunnery | 射击 |
| | 60 | available for projects | 项目自定义 |
| | 70 | weapon control | 武器控制 |

| 系统 | 子系统/子子系统 | 标 题 | 备 注 |
|---|---|---|---|
| | | crew escape and safety | 救生和安全 |
| | 00 | general | 概述 |
| | 10 | ejection seats | 弹射座椅 |
| | 20 | escape hatches/canopy | 应急舱口/座舱盖 |
| 95 | 30 | capsule ejection | 密封舱弹射 |
| | 40 | available for projects | 项目自定义 |
| | 50 | global survival kits | 综合救生设备 |
| | 60 | impact protection and floatation | 防撞装置和漂浮 |
| | 70 | capsule flight | 密封舱飞行 |
| | | missiles, drones and telemetry | 导弹、无人驾驶飞机和遥感勘测 |
| | 00 | general | 概述 |
| 96 | 10 | surface tosurfacemissiles | 地对地导弹 |
| | 20 | surface to airmissiles | 地对空导弹 |
| | 30 | drones | 无人驾驶飞机 |
| | 40 | telemetry | 遥感勘测 |
| | | image recording | 图像记录系统 |
| | 00 | general | 概述 |
| | 10 | strike camera | 攻击拍照 |
| | 20 | bomb baycamera system | 轰炸拍照系统 |
| 97 | 30 | fire control camera system | 火控拍照系统 |
| | 40 | instrumentation camera system | 仪表拍照系统 |
| | 50 | range camera system | 航程拍照系统 |
| | 60 | reconnaissance camera system | 航空侦察相机系统 |
| | 70 | image recorder | 图像记录器 |
| | | meteorological and atmospheric research | 气象和大气探测系统 |
| | 00 | general | 概述 |
| 98 | 10 | weather | 天气 |
| | 20 | clear air turbulence | 晴空湍流 |
| | 30 | pollutants | 污物 |
| | 40 | magnetic/gravitational | 磁力/重力 |
| 99 | | electronic warfare | 电子站系统 |
| | 00 | general | 概述 |

续　表

| 系统 | 子系统/<br>子子系统 | 标　　题 | 备　　注 |
|---|---|---|---|
| 99 | 10 | active，electromagnetic | 有源电磁干扰 |
| | 20 | available for projects | 项目自定义 |
| | 30 | passive，electromagnetic | 无源电磁干扰 |
| | 40 | available for projects | 项目自定义 |
| | 50 | elint（electronic intelligence） | 电子情报 |
| | 60 | available for projects | 项目自定义 |
| | 70 | infrared（IR） | 红外（IR） |
| | 80 | laser | 激光 |

# 附录 B　信息编码定义

表 B-1　主信息编码表

| 第一位编码 | 定义（英文） | 定义（中文） |
|---|---|---|
| 000 | function, data for plans and description | 功能、设计数据和描述 |
| 100 | operation | 操作 |
| 200 | servicing | 勤务 |
| 300 | examinations, tests and checks | 检查、测试和校验 |
| 400 | fault reports and isolation procedures | 故障报告和故障程序 |
| 500 | disconnect, remove and disassemble procedures | 分离、拆卸和分解程序 |
| 600 | repairs and locally make procedures and data | 修理和本地加工程序数据 |
| 700 | assemble, install and connect procedures | 装配、安装和连接程序 |
| 800 | storage procedures and data | 存储程序和数据 |
| 900 | miscellaneous | 杂项 |

表 B-2　信息编码定义表

| 信息编码 | Information Name | 信息名称 | 推荐使用的数据模块类型 |
|---|---|---|---|
| 000 | function, data for plans and description（功能、设计数据和描述） | | |
| 001 | title page | 标题页 | descript |
| 002 | list of pages or data modules | 页或数据模块清单 | descript |
| 003 | change record or highlights | 更改摘要 | descript |
| 004 | access illustration | 导航插图 | descript |
| 005 | list of abbreviations | 缩略语清单 | descript |
| 006 | list of terms | 术语清单 | descript |
| 007 | list of symbols | 符号清单 | descript |

续　表

| 信息编码 | Information Name | 信息名称 | 推荐使用的数据模块类型 |
|---|---|---|---|
| 008 | technical standard record | 技术标准记录 | descript |
| 009 | table of contents | 目录 | descript |
| 010 | general data | 通用数据 | descript |
| 011 | function | 功能 | descript |
| 012 | general warnings and cautions and related safety data | 通用警告、注意及安全相关数据 | descript |
| 013 | numeric index | 数字索引 | descript |
| 014 | alphabetic and alphanumeric index | 字母及字母数字索引 | descript |
| 015 | list of special materials | 特殊材料清单 | descript |
| 016 | list of dangerous materials | 危险材料清单 | descript |
| 017 | list of related data | 参考数据清单 | descript |
| 018 | introduction | 前言 | descript |
| 019 | supplier list | 供应商清单 | descript |
| 020 | configuration | 构型 | descript |
| 021 | copyright | 版权页 | descript |
| 022 | business rules | 业务规则 | brex |
| 023 | administrative forms and data | 管理性信息 | descript |
| 028 | general | 概述 | descript |
| 029 | data structure | 数据结构 | descript |
| 030 | technical data | 技术数据 | descript |
| 031 | electrical standard parts data | 电气标准件数据 | descript |
| 032 | not available for projects | 项目不可用 | |
| 033 | technical data (functional breakdown) | 技术数据(功能分解) | descript |
| 034 | technical data (physical breakdown) | 技术数据(物理分解) | descript |
| 035～039 | not available for projects | 项目不可用 | |
| 040 | description of how it is made and its function | 物理及功能描述 | descript |
| 041 | description of how it is made | 物理描述 | descript |
| 042 | description of function | 功能描述 | descript |
| 043 | description of function attributed to crew (functional breakdown) | 功能描述(功能分解) | descript |
| 044 | description of function (physical breakdown) | 功能描述(物理分解) | descript |
| 045～049 | not available for projects | 项目不可用 | |

| 信息编码 | Information Name | 信息名称 | 推荐使用的数据模块类型 |
|---|---|---|---|
| 050 | diagram/list | 图/表 | descript |
| 051 | wiring diagram | 布线图 | descript |
| 052 | routing diagram | 走线图 | descript |
| 053 | connection list | 连接器清单 | descript |
| 054 | schematic diagram | 原理图 | descript |
| 055 | location diagram | 位置图 | descript |
| 056 | equipment list | 设备列表 | wiring data |
| 057 | wire list | 线路清单 | wiring data |
| 058 | harness list | 线束清单 | wiring data |
| 059 | maintenance envelope diagram | 维修包线路 | descript |
| 060 | product support equipment，tools and software | 产品支援设备、工具、软件 | descript |
| 061 | special support equipment and tools | 专用支援设备、工具 | descript |
| 062 | standard support equipment and tools | 标准支援设备、工具 | descript |
| 063 | government supplied support equipment and tools | 政府提供的支援设备、工具 | descript |
| 064 | locally made support equipment and tools | 自制支援设备、工具 | descript |
| 065 | software | 软件 | descript |
| 066 | support equipment and tools data | 支持设备和工具数据 | descript |
| 067 | decals and instruction plates | 标牌和铭牌 | descript |
| 068~069 | not available for projects | 项目不可用 | |
| 070 | consumables，materials and expendables | 耗材、材料和消耗品 | descript |
| 071 | consumables | 耗材 | descript |
| 072 | materials | 材料 | descript |
| 073 | expendables | 消耗品 | descript |
| 074 | data sheet for dangerous consumables and materials | 危险消耗和材料数据单 | descript |
| 075 | parts list | 零件清单 | descript |
| 076 | fluid | 液体 | descript |
| 077 | data sheet for consumables and materials | 耗材和材料清单 | descript |
| 078 | fasteners | 紧固件 | descript |
| 079 | available for project | 项目自定义 | |
| 080 | mixture and solution | 混合剂和溶液 | descript |

续　表

| 信息<br>编码 | Information Name | 信息名称 | 推荐使用的数据模块类型 |
|---|---|---|---|
| 081 | chemical solution | 化学溶液 | descript |
| 082 | chemical mixture | 化学混合剂 | descript |
| 083~089 | not available for projects | 项目不可用 | |
| 090 | software documentation | 软件文档 | descript |
| 091~095 | not available for projects | 项目不可用 | |
| 096 | safety items and parts | 安全项目和零件 | descript |
| 097~099 | not available for projects | 项目不可用 | |
| 00A | list of illustrations | 图目录 | descript |
| 00B | list of support equipment | 支援设备目录 | descript |
| 00C | list of supplies | 供应商清单 | descript |
| 00D | list of spares | 备件清单 | descript |
| 00E | functional item numbers technical information repository | 功能项目编号（TIR） | TIR |
| 00F | circuit breakers technical information repository | 断路器（TIR） | TIR |
| 00G | parts technical information repository | 零件（TIR） | TIR |
| 00H | zones technical information repository | 区域（TIR） | TIR |
| 00J | access panels and doors technical information repository | 口盖和舱门（TIR） | TIR |
| 00K | organizations technical information repository | 企业（TIR） | TIR |
| 00L | supplies-List of products technical information repository | 消耗品（TIR） | TIR |
| 00M | supplies-List of requirements technical information repository | 消耗品需求（TIR） | TIR |
| 00N | support equipment technical information repository | 支援设备（TIR） | TIR |
| 00P | product cross-reference table (PCT) | 产品交叉索引表 | PCT |
| 00Q | conditions cross-reference table (CCT) | 条件交叉索引表 | CCT |
| 00R | list of effective pages | 有效页目录 | descript |
| 00S | list of effective data modules | 有效数据模块列表 | descript |
| 00T | change record | 更改记录 | descript |
| 00U | highlights | 更改摘要 | descript |
| 00V | list of applicable specifications and documentation | 参考资料 | descript |
| 00W | applicability cross-reference table (ACT) | 适用性交叉索引表 | ACT |
| 00X | controls and indicators technical information repository | 控制器和指示器（TIR） | TIR |
| 00Y | list of charts and forms | 插图清单 | descript |
| 00Z | list of tables | 表格清单 | descript |

续　表

| 信息编码 | Information Name | 信息名称 | 推荐使用的数据模块类型 |
|---|---|---|---|
| 0A1 | functional and/or physical areas repository | 功能和/或物理区域（TIR） | TIR |
| 100 | operation（操作） | | |
| 101 | list of consumables associated with operation | 与操作相关的耗材清单 | descript |
| 102 | list of materials associated with operation | 与操作相关的材料清单 | descript |
| 103 | list of expendables associated with operation | 与操作相关的消耗品清单 | descript |
| 104 | list of special support equipment and tools associated with operation | 操作相关的专用支援设备和工具清单 | descript |
| 105 | list of support equipment and tools associated with operation | 操作相关的支援设备和工具清单 | descript |
| 106 | list of software associated with operation | 操作相关的软件清单 | descript |
| 107 | parts list associated with operation | 操作相关的零件清单 | descript |
| 108～109 | not available for projects | 项目不可用 | |
| 110 | controls and indicators | 控制器和指示器 | descript |
| 111 | controls and indicators | 控制器和指示器（机组用） | crew |
| 112 | modes of operation | 操作模式（机组用） | crew |
| 120 | pre-operation | 准备操作 | crew |
| 121 | pre-operation procedure | 准备操作程序(机组用) | crew |
| 122 | siting | 选址 | crew |
| 123 | shelter | 掩蔽物 | crew |
| 125 | pre-operation procedures checklist | 准备操作程序检查单 | crew |
| 130 | normal operation | 正常操作 | crew |
| 131 | normal operation procedure | 正常操作程序(机组用) | crew |
| 132～133 | not available for projects | 项目不可用 | |
| 134 | aviation checklist | 飞行检查单 | crew |
| 135 | normal operation procedures checklist | 正常操作程序检查单 | crew |
| 136～138 | not available for projects | 项目不可用 | |
| 139 | nuclear，biological and chemical procedures | 核生化程序 | crew |
| 140 | emergency procedure | 应急程序 | crew |
| 141 | emergency operation procedure | 应急操作程序(机组用) | crew |
| 142 | operation under unusual conditions | 非正常程序 | crew |

续　表

| 信息<br>编码 | Information Name | 信息名称 | 推荐使用的数据模块类型 |
|---|---|---|---|
| 143 | radio interference suppression | 无线电干扰抑制 | crew |
| 144 | jamming and electronic countermeasures（ECM） | 人为干扰和电子干扰 | crew |
| 145 | emergency operation procedures checklist | 应急操作程序检查单（机组用） | crew |
| 146～149 | not available for projects | 项目不可用 | |
| 150 | post-operation | 结束工作（收尾工作） | crew |
| 151 | post-operation procedure | 结束工作程序 | crew |
| 152～154 | not available for projects | 项目不可用 | |
| 155 | post-operation procedures checklist | 结束工作程序检查单 | crew |
| 160 | loading/unloading procedure | 装载/卸载程序 | crew |
| 169 | mass & balance | 重量平衡 | descript |
| 170～199 | not available for projects | 项目不可用 | |
| 200 | servicing（勤务） | | |
| 201 | list of consumables associated with servicing | 与勤务相关的耗材清单 | descript |
| 202 | list of materials associated with servicing | 与勤务相关的材料清单 | descript |
| 203 | list of expendables associated with servicing | 与勤务相关的消耗品清单 | descript |
| 204 | list of special support equipment and tools associated with servicing | 与勤务相关的专用支援设备和工具清单 | descript |
| 205 | list of support equipment and tools associated with servicing | 与勤务相关的支援设备和工具清单 | descript |
| 206 | list of software associated with servicing | 与勤务相关的软件清单 | descript |
| 207 | parts list associated with servicing | 与勤务相关的零件清单 | descript |
| 208～209 | not available for projects | 项目不可用 | |
| 210 | fill | 填充 | procedure |
| 211 | refuel | 加燃油 | procedure |
| 212 | fill with oil | 加滑油 | procedure |
| 213 | fill with oxygen | 充氧气 | procedure |
| 214 | fill with nitrogen | 充氮气 | procedure |
| 215 | fill with air | 充空气 | procedure |
| 216 | fill with water | 加水 | procedure |
| 217 | fill with hydrogen | 充氢气 | procedure |
| 218 | fill with other liquid | 填充其他液体 | procedure |

| 信息编码 | Information Name | 信息名称 | 推荐使用的数据模块类型 |
|---|---|---|---|
| 219 | fill with other gas | 填充其他气体 | procedure |
| 220 | drain liquid and release pressure | 排出液体并释放压力 | procedure |
| 221 | defuel and drain fuel | 排放燃油 | procedure |
| 222 | drain oil | 排出滑油 | procedure |
| 223 | release oxygen pressure | 卸压（氧气） | procedure |
| 224 | release nitrogen pressure | 卸压（氮气） | procedure |
| 225 | release air pressure | 卸压（空气） | procedure |
| 226 | drain water | 排水 | procedure |
| 227 | release hydrogen pressure | 卸压（氢气） | procedure |
| 228 | drain other liquid | 排放其他液体 | procedure |
| 229 | release other gas pressure | 卸压（其他气体） | procedure |
| 230 | bleed and prime | 抽取和灌注 | procedure |
| 231 | bleed | 抽取 | procedure |
| 232 | prime | 灌注 | procedure |
| 233 | dry | 干燥 | procedure |
| 234～235 | not available for projects | 项目不可用 | |
| 236 | fill with inert gas/inert liquid | 填充惰性气体/液体 | procedure |
| 237 | evacuate | 抽真空 | procedure |
| 238～239 | not available for projects | 项目不可用 | |
| 240 | lubrication | 润滑 | procedure |
| 241 | oil | 润滑油 | procedure |
| 242 | grease | 润滑脂 | procedure |
| 243 | dry film | 干膜 | procedure |
| 244～249 | not available for projects | 项目不可用 | |
| 250 | clean and apply surface protection | 清洁和应用表面保护 | procedure |
| 251 | clean with chemical agent | 化学制剂清洗 | procedure |
| 252 | clean by abrasive blast | 喷砂清洗 | procedure |
| 253 | clean by ultrasonic | 超声波清洗 | procedure |
| 254 | clean mechanically | 机械清洗 | procedure |
| 255 | purge | 清除 | procedure |
| 256 | polish and apply wax | 抛光和打蜡 | procedure |

续　表

| 信息编码 | Information Name | 信息名称 | 推荐使用的数据模块类型 |
|---|---|---|---|
| 257 | paint and apply marking | 喷漆和标记 | procedure |
| 258 | other procedure to clean | 其他清洗程序 | procedure |
| 259 | other procedure to protect surfaces | 其他表面保护程序 | procedure |
| 260 | remove and prevent ice and remove contamination | 除冰、防冰和除污物 | procedure |
| 261 | remove ice | 除冰 | procedure |
| 262 | prevent ice | 防冰 | procedure |
| 263 | use disinfectant | 使用消毒剂（以保持飞机处于健康状态） | procedure |
| 264 | remove contamination | 除污 | procedure |
| 265～269 | not available for projects | 项目不可用 | |
| 270 | adjust，align and calibrate | 调整、校正和校准 | procedure |
| 271 | adjust | 调整 | procedure |
| 272 | align | 校正 | procedure |
| 273 | calibrate | 校准 | procedure |
| 274 | harmonize | 轴线对准 | procedure |
| 275～277 | not available for projects | 项目不可用 | |
| 278 | easily and quickly adjust after a battle damage repair | 战斗损伤修理后的快速调整 | procedure |
| 279 | easily and quickly align after a battle damage repair | 战斗损伤修理后的快速校正 | procedure |
| 280 | inspection | 检查 | procedure |
| 281 | scheduled inspection | 定期检查 | procedure |
| 282 | unscheduled inspection | 非定期检查 | procedure |
| 283 | special regular inspection | 规律性特殊检查 | procedure |
| 284 | special irregular inspection | 非规律性特殊检查 | procedure |
| 285～287 | not available for projects | 项目不可用 | |
| 288 | overhaul and retirement schedule | 大修和退役时间 | procedure |
| 290 | change of liquid/gas | 液体/气体更换 | procedure |
| 291 | not available for projects | 项目不可用 | |
| 292 | change of oil | 滑油的更换 | procedure |
| 293 | change of oxygen | 氧气的更换 | procedure |
| 294 | change of nitrogen | 氮气的更换 | procedure |

| 信息<br>编码 | Information Name | 信息名称 | 推荐使用的数<br>据模块类型 |
|---|---|---|---|
| 295 | change of air | 空气的更换 | procedure |
| 296 | change of water | 水的更换 | procedure |
| 297 | change of hydrogen | 氢气的更换 | procedure |
| 298 | change of other liquid | 其他液体的更换 | procedure |
| 299 | change of other gas | 其他气体的更换 | procedure |
| 300 | examinations，tests and checks（检查、测试和校验） | | |
| 301 | list of consumables associated with examinations，tests and checks | 与检查、测试、校验相关的耗材清单 | descript |
| 302 | list of materials associated with examinations，tests and checks | 与检查、测试、校验相关的材料清单 | descript |
| 303 | list of expendables associated with examinations，tests and checks | 与检查、测试、校验相关的耗材清单 | descript |
| 304 | list of special support equipment and tools associated with examinations，tests and checks | 与检查、测试、校验相关的专用支援设备和工具清单 | descript |
| 305 | list of support equipment and tools associated with examinations，tests and checks | 与检查、测试、校验相关的支援设备和工具清单 | descript |
| 306 | list of software associated with examinations，tests and checks | 与检查、测试、校验相关的软件清单 | descript |
| 307 | parts list associated with examinations，tests and checks | 与检查、测试、校验相关的零件签单 | descript |
| 308～309 | not available for projects | 项目不可用 | |
| 310 | visual examination | 目视检查 | procedure |
| 311 | visual examination without special equipment | 不需要专用设备的目视检查 | procedure |
| 312 | examination with a borescope | 窥镜检查 | procedure |
| 313～314 | not available for projects | 项目不可用 | |
| 315 | QA requirements | 质量保证要求 | procedure |
| 316～319 | not available for projects | 项目不可用 | |
| 320 | operation test | 操作测试 | procedure |
| 321～319 | not available for projects | 项目不可用 | |
| 330 | test preparation | 测试准备 | procedure |
| 331 | connection of test equipment | 测试设备的连接 | procedure |

续　表

| 信息编码 | Information Name | 信息名称 | 推荐使用的数据模块类型 |
|---|---|---|---|
| 332 | removal of test equipment | 测试设备的拆除 | procedure |
| 333 | installation of the unit before the test | 测试前设备的安装 | procedure |
| 334 | removal of the unit after the test | 测试后设备的拆除 | procedure |
| 335～339 | not available for projects | 项目不可用 | |
| 340 | function test | 功能测试 | procedure |
| 341 | manual test | 手工测试 | procedure |
| 342 | automatic test | 自动测试 | procedure |
| 343 | BIT operation（crew） | 自检操作（机组专用） | procedure |
| 344 | compatibility test | 兼容性测试 | procedure |
| 345～349 | not available for projects | 项目不可用 | |
| 350 | structure test | 结构测试 | procedure |
| 351 | test for surface cracks with dye penetrant | 燃料渗透法表面裂纹测试 | procedure |
| 352 | test for surface cracks with magnetic particles | 磁粉法表面裂纹测试 | procedure |
| 353 | test for cracks and other defects with eddy current | 涡流法裂纹和其他缺陷测试 | procedure |
| 354 | test for cracks and other defects with X-rays | X 射线裂纹法和其他缺陷测试 | procedure |
| 355 | test for cracks and other defects with ultrasonic | 超声波法裂纹和其他缺陷测试 | procedure |
| 356 | hardness test | 硬度测试 | procedure |
| 357 | gamma ray | 伽马射线 | procedure |
| 358 | resonance frequency | 谐振频率 | procedure |
| 359 | not available for projects | 项目不可用 | |
| 360 | design data/tolerances check | 设计数据/公差检查 | procedure |
| 361 | dimensions check | 尺寸检查 | procedure |
| 362 | pressure check | 压力检查 | procedure |
| 363 | flow check | 流量检查 | procedure |
| 364 | leak check | 渗漏检查 | procedure |
| 365 | continuity check | 连续性检查 | procedure |
| 366 | resistance check | 阻抗检查 | procedure |
| 367 | electrical power check | 电源检查 | procedure |
| 368 | signal strength check | 信号强度检查 | procedure |

| 信息编码 | Information Name | 信息名称 | 推荐使用的数据模块类型 |
|---|---|---|---|
| 369 | other check | 其他检查 | procedure |
| 370 | monitor the condition | 状态监视 | procedure |
| 371 | oil analysis | 滑油分析 | procedure |
| 372 | vibration analysis | 振动分析 | procedure |
| 373 | tracking check | 漏电检查 | procedure |
| 374 | fuel analysis | 燃油分析 | procedure |
| 375 | shooting accidental discharge analysis | 意外发射分析 | procedure |
| 376 | check post application of adhesive | 黏合状态检查 | procedure |
| 377~389 | not available for projects | 项目不可用 | |
| 390 | sample test | 样本测试 | procedure |
| 391~399 | not available for projects | 项目不可用 | |
| 400 | fault reports and isolation procedures(故障报告和隔离程序) | | |
| 401 | list of consumables associated with fault diagnosis | 与故障诊断相关的耗材清单 | descript |
| 402 | list of materials associated with fault diagnosis | 与故障诊断相关的材料清单 | descript |
| 403 | list of expendables associated with fault diagnosis | 故障诊断用耗材清单 | descript |
| 404 | list of special support equipment and tools associated with fault diagnosis | 与故障诊断相关的专用支援设备和工具清单 | descript |
| 405 | list of support equipment and tools associated with fault diagnosis | 与故障诊断相关的支援设备和工具清单 | descript |
| 406 | list of software associated with fault diagnosis | 与故障诊断相关的软件清单 | descript |
| 407 | parts list associated with fault diagnosis | 与故障诊断相关的零件清单 | descript |
| 408~409 | not available for projects | 项目不可用 | |
| 410 | general fault description | 通用故障描述 | fault |
| 411 | isolated fault | 隔离的故障 | fault |
| 412 | detected fault | 检测的故障 | fault |
| 413 | observed fault | 观察到的故障 | fault |
| 414 | correlated fault | 关联的故障 | fault |
| 415~419 | not available for projects | 项目不可用 | |
| 420 | general fault isolation procedure | 通用的故障隔离程序 | fault |

续　表

| 信息编码 | Information Name | 信息名称 | 推荐使用的数据模块类型 |
|---|---|---|---|
| 421~428 | not available for projects | 项目不可用 | |
| 429 | diagnostics | 诊断 | descript |
| 430 | fault isolation task supporting data | 故障隔离任务的支援数据 | descript |
| 431~439 | not available for projects | 项目不可用 | |
| 440 | index | 索引 | descript |
| 441 | fault code index | 故障代码索引 | descript |
| 442 | maintenance message index | 维修信息索引 | descript |
| 443~499 | not available for projects | 项目不可用 | |
| 500 | disconnect，remove and disassemble procedure(断开、拆卸和分解程序) | | |
| 501 | list of consumables associated with removal | 与拆卸相关的消耗品清单 | descript |
| 502 | list of materials associated with removal | 与拆卸相关的材料清单 | descript |
| 503 | list of expendables associated with removal | 与拆卸相关的耗材清单 | descript |
| 504 | list of special support equipment and tools associated with removal | 与拆卸相关的专用支援设备和工具清单 | descript |
| 505 | list of support equipment and tools associated with removal | 与拆卸相关的支持设备和工具清单 | descript |
| 506 | list of software associated with removal | 与拆卸相关的软件清单 | descript |
| 507 | parts list associated with removal | 与拆卸相关的零件清单 | descript |
| 508~509 | not available for projects | 项目不可用 | |
| 510 | disconnect procedure | 断开程序 | procedure |
| 511~519 | not available for projects | 项目不可用 | |
| 520 | remove procedure | 拆卸程序 | procedure |
| 521 | return to basic configuration | 恢复基本构型 | procedure |
| 522 | remove support equipment/Remove from support equipment | 拆卸支援设备/从支援设备拆卸 | procedure |
| 523 | preparation before removal | 拆卸准备工作 | procedure |
| 524 | follow-on maintenance | 后续维修 | procedure |
| 525 | ammunition unloading | 弹药卸载 | procedure |
| 526 | deactivate launching device | 发射装置解除 | procedure |
| 527~529 | not available for projects | 项目不可用 | |
| 530 | disassemble procedure | 分解程序 | procedure |

| 信息编码 | Information Name | 信息名称 | 推荐使用的数据模块类型 |
|---|---|---|---|
| 531～539 | not available for projects | 项目不可用 | |
| 540 | open for access procedure | 打开通路程序 | procedure |
| 541～549 | not available for projects | 项目不可用 | |
| 550 | unload software procedure | 卸载软件程序 | procedure |
| 551 | fault monitoring storage readout（downloading） | 故障监控存储器读取（下载） | procedure |
| 552 | data erasing | 数据擦除 | procedure |
| 553～559 | not available for projects | 项目不可用 | |
| 600 | repairs and locally make procedures and data（修理和本地加工程序和数据） | | |
| 601 | list of consumables associated with repairs | 与修理相关的耗材清单 | descript |
| 602 | list of materials associated with repairs | 与修理相关的材料清单 | descript |
| 603 | list of expendables associated with repairs | 与修理相关的消耗品清单 | descript |
| 604 | list of special support equipment and tools associated with repairs | 与修理相关的专用支援设备和工具清单 | descript |
| 605 | list of support equipment and tools associated with repairs | 与修理相关的支援设备和工具清单 | descript |
| 606 | list of software associated with repairs | 与修理相关的专用支援软件清单 | descript |
| 607 | parts list associated with repairs | 与修理相关的专用支援零件清单 | descript |
| 608～609 | not available for projects | 项目不可用 | |
| 610 | add material | 增加材料 | procedure |
| 611 | insulation | 绝缘 | procedure |
| 612 | metalize | 金属喷镀 | procedure |
| 613 | pot | 熔炼 | procedure |
| 614 | remetal | 重新喷涂金属 | procedure |
| 615 | retread | 翻新 | procedure |
| 616～619 | not available for projects | 项目不可用 | |
| 620 | attach material | 附着材料 | procedure |
| 621 | bond | 黏合 | procedure |
| 622 | crimp | 压接 | procedure |
| 623 | braze | 铜焊 | procedure |

续　表

| 信息编码 | Information Name | 信息名称 | 推荐使用的数据模块类型 |
|---|---|---|---|
| 624 | rivet | 铆接 | procedure |
| 625 | solder | 锡焊 | procedure |
| 626 | splice | 接合 | procedure |
| 627 | weld | 焊接 | procedure |
| 628～629 | not available for projects | 项目不可用 | |
| 630 | change the mechanical strength/structure of material | 更改材料的机械强度/结构 | procedure |
| 631 | anneal | 退火 | procedure |
| 632 | case harden | 表面硬化 | procedure |
| 633 | cure | 硫化 | procedure |
| 634 | normalize | 规格化 | procedure |
| 635 | shot-peen | (给金属薄板)喷丸 | procedure |
| 636 | temper | 回火 | procedure |
| 637 | not available for projects | 项目不可用 | |
| 638 | other treatment | 其他处理 | procedure |
| 639 | other process to change the mechanical strength/structure of material | 改变材料的机械强度/结构的其他处理 | procedure |
| 640 | change the surface finish of material | 改变材料表面光洁度 | procedure |
| 641 | anodize | 阳极化处理 | procedure |
| 642 | buff | 软皮抛光 | procedure |
| 643 | burnish | 磨光 | procedure |
| 644 | chromate | 铬酸盐 | procedure |
| 645 | hone | 石磨 | procedure |
| 646 | lap | 抛光 | procedure |
| 647 | plate | 电镀 | procedure |
| 648 | polish | 擦亮磨光 | procedure |
| 649 | other process to change the surface finish of material | 改变材料表面光洁度大的其他处理 | procedure |
| 650 | remove material | 去除材料 | procedure |
| 651 | abrasive blast | 喷砂 | procedure |
| 652 | bore/drill/ream | 镗孔/钻孔/铰孔 | procedure |
| 653 | electrical/electrochemical/chemical etch | 电/电化学/化学腐蚀 | procedure |

| 信息编码 | Information Name | 信息名称 | 推荐使用的数据模块类型 |
|---|---|---|---|
| 654 | broach | 扩孔 | procedure |
| 655 | grind | 磨碎 | procedure |
| 656 | mill | 研磨 | procedure |
| 657 | thread/tap | 套丝/攻丝 | procedure |
| 658 | turn | 车削 | procedure |
| 659 | other process to remove material | 其他去除材料的处理 | procedure |
| 660 | structure repair procedure and data | 结构修理程序和数据 | procedure |
| 661 | permitted damage | 允许的损伤 | procedure |
| 662 | temporary repair procedure | 临时修理程序 | procedure |
| 663 | standard repair procedure | 标准修理程序 | procedure |
| 664 | special repair procedure | 特殊修理程序 | procedure |
| 665 | fly-in repair procedure | 基地修理程序 | procedure |
| 666 | material classification | 材料分类 | procedure |
| 667 | structure classification | 结构分类 | procedure |
| 668~669 | not available for projects | 项目不可用 | |
| 670 | locally make procedure and data | 本地加工程序和数据 | procedure |
| 671~679 | not available for projects | 项目不可用 | |
| 680 | battle damage repair procedure and data | 战斗损伤修理程序和数据 | procedure |
| 681 | damage repair symbol marking | 损伤修理符号标记 | procedure |
| 682 | identification of damaged hardware | 损伤硬件的标记 | procedure |
| 683 | damage assessment | 损伤估计 | procedure |
| 684 | utilization degradation | 降级使用 | procedure |
| 685 | repair procedure | 修理程序 | procedure |
| 686 | isolation procedure | 隔离程序 | procedure |
| 687 | function test after battle damage repair | 战斗损伤修理后的功能测试 | procedure |
| 688 | battle damage repair kit | 战斗损伤修理工具包 | procedure |
| 689 | damage repair | 损伤修理 | procedure |
| 690 | miscellaneous | 杂项 | procedure |
| 691 | marking | 标记 | procedure |
| 692 | connector repair | 连接器修理 | procedure |

续　表

| 信息编码 | Information Name | 信息名称 | 推荐使用的数据模块类型 |
|---|---|---|---|
| 693～699 | not available for projects | 项目不可用 | |
| 700 | assemble，install and connect procedures（装配、安装和连接程序） | | |
| 701 | list of consumables associated with installation | 与安装相关的耗材清单 | descript |
| 702 | list of materials associated with installation | 与安装相关的材料清单 | descript |
| 703 | list of expendables associated with installation | 与安装相关的消耗品清单 | descript |
| 704 | list of special support equipment and tools associated with installatio | 与安装相关的专用支援设备和工具清单 | descript |
| 705 | list of support equipment and tools associated with installation | 与安装相关的支援设备和工具清单 | descript |
| 706 | list of software associated with installation | 与安装相关的软件清单 | descript |
| 707 | parts list associated with installation | 与安装相关的零件清单 | descript |
| 708～709 | not available for projects | 项目不可用 | |
| 710 | assemble procedure | 装配程序 | procedure |
| 711 | tighten procedure | 紧固程序 | procedure |
| 712 | lock procedure | 锁紧程序 | procedure |
| 713 | pack procedure | 包装程序 | procedure |
| 714～719 | not available for projects | 项目不可用 | |
| 720 | install procedure | 安装程序 | procedure |
| 721 | build up to usable configuration | 加装（在可用的构型基础上增加设备） | procedure |
| 722 | install support equipment/install on support equipment | 安装支援设备/在支援设备上安装 | procedure |
| 723 | preparation before installation | 安装准备工作 | procedure |
| 724 | follow-on maintenance | 后续维修 | procedure |
| 725 | ammunition loading | 弹药装载 | procedure |
| 726 | activate launching device | 发射装置激活 | procedure |
| 727～729 | not available for projects | 项目不可用 | |
| 730 | connect procedure | 连接程序 | |
| 731～739 | not available for projects | 项目不可用 | |
| 740 | close after access procedure | 维修结束时关闭口盖或舱门的程序 | procedure |
| 741～749 | not available for projects | 项目不可用 | |

| 信息编码 | Information Name | 信息名称 | 推荐使用的数据模块类型 |
|---|---|---|---|
| 750 | load software procedure | 加载软件程序 | procedure |
| 751 | not available for projects | 项目不可用 | |
| 752 | data loading | 数据装载 | procedure |
| 753~799 | not available for projects | 项目不可用 | |
| 800 | package, handling, storage, and transportation(包装、装卸、存储和运输) | | |
| 801 | list of consumables associated with storage | 与存储相关的耗材清单 | descript |
| 802 | list of materials associated with storage | 与存储相关的材料清单 | descript |
| 803 | list of expendables associated with storage | 与存储相关的耗材清单 | descript |
| 804 | list of special support equipment and tools associated with storage | 与存储相关的专用支援设备和工具清单 | descript |
| 805 | list of support equipment and tools associated with storage | 与存储相关的支援设备和工具清单 | descript |
| 806 | list of software associated with storage | 与存储相关的软件清单 | descript |
| 807 | parts list associated with storage | 与存储相关的零件清单 | descript |
| 808~809 | not available for projects | 项目不可用 | |
| 810 | preservation procedure | 保管程序 | procedure |
| 811 | preparation for vehicle transportation | 空运存储 | procedure |
| 812 | shipping and storage-general | 装运和存储-概述 | procedure |
| 813~819 | not available for projects | 项目不可用 | |
| 820 | procedure to remove preservation material | 拆卸保管用具的程序 | procedure |
| 821~829 | not available for projects | 项目不可用 | |
| 830 | procedure to put item in containers | 装箱程序 | procedure |
| 831 | vehicle loading | 装载搬运的交通工具 | procedure |
| 832~839 | not available for projects | 项目不可用 | |
| 840 | procedure to remove item from containers | 拆箱程序 | procedure |
| 841 | vehicle unloading | 卸下被运的交通工具 | procedure |
| 842~849 | not available for projects | 项目不可用 | |
| 850 | procedure to keep item serviceable when in storage | 存储期间保持产品可用状态的程序 | procedure |
| 851~859 | not available for projects | 项目不可用 | |
| 860 | procedure to move item when in storage | 存储期间产品移动的程序 | procedure |
| 861~869 | not available for projects | 项目不可用 | |

续　表

| 信息编码 | Information Name | 信息名称 | 推荐使用的数据模块类型 |
|---|---|---|---|
| 870 | procedure to prepare item for use after storage | 存储后产品的使用准备程序 | procedure |
| 871 | set on condition | 使被运输的运输工具的正常状态 | procedure |
| 872~879 | not available for projects | 项目不可用 | |
| 880 | procedure when item got out of storage | 产品从存储状态进入使用准备状态之前的接收程序 | procedure |
| 881~889 | not available for projects | 项目不可用 | |
| 890 | life data of item when in storage | 产品的存储寿命数据 | procedure |
| 891~899 | not available for projects | 项目不可用 | |
| 900 | miscellaneous(其他) | | |
| 901 | miscellaneous list of consumables | 耗材的其他清单 | descript |
| 902 | miscellaneous list of materials | 材料的其他清单 | descript |
| 903 | miscellaneous list of expendables | 消耗品的其他清单 | descript |
| 904 | miscellaneous list of special support equipment and tools | 专用支援设备和工具的其他清单 | descript |
| 905 | miscellaneous list of support equipment and tools | 支援设备和工具的其他清单 | descript |
| 906 | miscellaneous list of software | 软件的其他清单 | descript |
| 907 | miscellaneous parts list | 零件的其他清单 | descript |
| 908~909 | not available for projects | 项目不可用 | |
| 910 | miscellaneous | 其他 | descript |
| 911 | illustration | 插图 | descript |
| 912 | handling procedure | 通用装卸程序 | procedure |
| 913 | general maintenance procedure | 通用维修程序 | procedure |
| 914 | container data module | 容器 | container |
| 915 | facilities | 设施描述 | descript |
| 916 | maintenance allocation | 维修分配 | descript |
| 917~919 | not available for projects | 项目不可用 | |
| 920 | change = remove and install | 更换＝拆卸＋安装 | procedure |
| 921 | change = remove and install a new item | 更换＝拆卸＋安装新项目 | procedure |

| 信息<br>编码 | Information Name | 信息名称 | 推荐使用的数<br>据模块类型 |
|---|---|---|---|
| 922 | change ＝ remove and install the removed item | 更换＝拆卸＋安装拆下的项目 | procedure |
| 923 | change ＝ disconnect and connect an item | 更换＝断开/连接项目 | procedure |
| 924～929 | not available for projects | 项目不可用 | |
| 930 | service bulletin | 服务通告 | descript |
| 931 | service bulletin data | 服务通告数据 | descript |
| 932 | planning information | 计划信息 | schedule |
| 933 | accomplishment instruction | 落实指导 | descript |
| 934 | material information | 材料信息 | descript |
| 935～939 | not available for projects | 项目不可用 | |
| 940 | provisioning data | 供应品数据 | descript |
| 941 | IPD | IPD | IPD |
| 942 | numerical index | 数字索引 | descript |
| 943～949 | not available for projects | 项目不可用 | |
| 950 | generic process | 通用过程 | descript |
| 951～979 | not available for projects | 项目不可用 | |
| 980 | environmental protection，fire-fighting and rescue | 环境保护,消防与救援 | descript |
| 981 | air cleaning | 空气净化 | procedure |
| 982 | sewage treatment | 污水处理 | procedure |
| 983～988 | not available for projects | 项目不可用 | |
| 989 | fire-fighting and rescue | 消防及营救 | procedure |
| 990 | neutralization and disposal | 失效与处理 | procedure |
| 991 | neutralization of ordnance | 弹药失效 | procedure |
| 992 | neutralization of substance | 物质中和 | procedure |
| 993～995 | not available for projects | 项目不可用 | |
| 996 | disposal of ordnance | 弹药处理 | procedure |
| 997 | disposal of product | 产品处理 | procedure |
| 998 | disposal of substance | 物质处理 | |
| 999 | not available for projects | 项目不可用 | |

# 附录C 功能矩阵

■
■
■
■

表 C  S1000D 功能矩阵

| 功 能 项 | 复杂性-页 | 复杂性-IETP | 需求 | 全部信息集 | 机组/操作者信息 | 说明与操作信息 | 维修程序信息 | 故障隔离信息 | 无损检测信息 | 腐蚀控制信息 | 存储信息 | 布线图信息 | 图解零件数据信息 | 维修计划信息 | 重量平衡信息 | 修复信息 | 设备信息 | 武器装挂信息 | 货物装载信息 | 外挂物装载信息 | 任务变更信息 | 战斗损伤行评估与修理信息 | 图解工具和保障设备信息 | 服务通告信息 | 器材数据信息 | 通用信息与数据信息 |
|---|---|---|---|---|---|---|---|---|---|---|---|---|---|---|---|---|---|---|---|---|---|---|---|---|---|---|
| **访问控制(默认必有的功能)** | | | | | | | | | | | | | | | | | | | | | | | | | | |
| 登录 | 2 | 2 | √ | A | | | | | | | | | | | | | | | | | | | | | | |
| 暂停与恢复 | 1 | 1 | √ | A | | | | | | | | | | | | | | | | | | | | | | |
| 退出 | 1 | 1 | √ | A | | | | | | | | | | | | | | | | | | | | | | |
| **注释功能** | | | | | | | | | | | | | | | | | | | | | | | | | | |
| 操作完成指示器(复选框) | 1 | 1 | √ | | | | | | | | | | | | | | | | | | | | | | | |
| 全局数据注释 | 2 | 2 | | A | | | | | | | | | | | | | | | | | | | | | | |
| 局部数据注释 | 2 | 2 | | A | | | | | | | | | | | | | | | | | | | | | | |
| 个人注释 | 1 | 1 | √ | A | | | | | | | | | | | | | | | | | | | | | | |
| 文本红线标记 | 3 | 3 | | A | | | | | | | | | | | | | | | | | | | | | | |
| 图形红线标记 | 3 | 3 | | A | | | | | | | | | | | | | | | | | | | | | | |
| **发布与交付** | | | | | | | | | | | | | | | | | | | | | | | | | | |
| 纸质出版物 | 1 | 5 | | | | | | | | | | | | | | | | | | | | | | | | |
| 物理介质 | 1 | 1 | | | | | | | | | | | | | | | | | | | | | | | | |
| 网络发布 | 2 | 2 | | | | | | | | | | | | | | | | | | | | | | | | |
| **故障诊断** | | | | | | | | | | | | | | | | | | | | | | | | | | |
| 故障诊断-用户驱动 | 1 | 1 | X | | | | | | | | | | | | | | | | | | | | | | | |
| 故障诊断-软件驱动 | 2 | 2 | X | | | | | | | | | | | | | | | | | | | | | | | |

| 功能项 | 复杂性-页 | 复杂性-IETP | 需求 | 全部信息集 | 机组/操作者信息 | 说明与操作信息 | 维修程序信息 | 故障隔离信息 | 无损检测信息 | 腐蚀控制信息 | 存储信息 | 布线图信息 | 图解零件数据信息 | 维修计划信息 | 重量平衡信息 | 修复信息 | 设备信息 | 武器装挂信息 | 货物装载信息 | 外挂物装载信息 | 任务变更信息 | 战斗损伤行评估与修理信息 | 图解工具和保障设备信息 | 服务通告信息 | 器材数据信息 | 通用信息与数据信息 |
|---|---|---|---|---|---|---|---|---|---|---|---|---|---|---|---|---|---|---|---|---|---|---|---|---|---|---|
| 动态故障诊断 | | 5 | X | | | | | | | | | | | | | | | | | | | | | | | |
| 电路/流体系统轨迹图 | 4 | 4 | X | | | | | | | | | | | | | | | | | | | | | | | |
| 系统仿真 | 4 | 4 | X | | | | | | | | | | | | | | | | | | | | | | | |
| 故障预测 | | 5 | X | | | | | | | | | | | | | | | | | | | | | | | |
| 外部程序 | | | | | | | | | | | | | | | | | | | | | | | | | | |
| 导出数据 | 3 | 3 | | | | | | | | | | | | | | | | | | | | | | | | |
| 获取数据 | 2 | 2 | | | | | | | | | | | | | | | | | | | | | | | | |
| 零件订货 | 3 | 3 | | √ | | | | | | | | | | | | | | | | | | | | | | |
| 信息反馈 | 3 | 3 | | A | | | | | | | | | | | | | | | | | | | | | | |
| 维护信息集 | 3 | 3 | | √ | | | | | | | | | | | | | | | | | | | | | | |
| 任务报告 | 3 | 3 | | | | | | | | | | | | | | | | | | | | | | | | |
| 资源调度 | 3 | 3 | | | | | | | | | | | | | | | | | | | | | | | | |
| 知识管理 | | 5 | | | | | | | | | | | | | | | | | | | | | | | | |
| 插图 | | | | | | | | | | | | | | | | | | | | | | | | | | |
| 拖动,缩放,展开,调整 | 1 | 1 | | √ | A | | | | | | | | | | | | | | | | | | | | | |
| 装配/分解 | 2 | 2 | | √ | | | | | | | | | | | | | | | | | | | | | | |
| 安装位置图 | 1 | 1 | | √ | | | | | | | | | | | | | | | | | | | | | | |
| 3D 建模 | 4 | 4 | | √ | | | | | | | | | | | | | | | | | | | | | | |
| 链接 | | | | | | | | | | | | | | | | | | | | | | | | | | |
| 外部引用 | 2 | 2 | | √ | A | | | | | | | | | | | | | | | | | | | | | |
| 内部引用 | 1 | 1 | | √ | A | | | | | | | | | | | | | | | | | | | | | |
| 热点引用 | 2 | 2 | | √ | A | | | | | | | | | | | | | | | | | | | | | |
| 零部件数据连接 | 2 | 2 | | | A | | | | | | | | | | | | | | | | | | | | | |
| 目录,插图,表格和照片列表 | 1 | 1 | | √ | A | | | | | | | | | | | | | | | | | | | | | |
| 热区 | 3 | 3 | | √ | A | | | | | | | | | | | | | | | | | | | | | |
| 导航 | | | | | | | | | | | | | | | | | | | | | | | | | | |
| 前后翻页 | 1 | 1 | | √ | A | | | | | | | | | | | | | | | | | | | | | |
| 翻页 | 1 | 1 | | √ | A | | | | | | | | | | | | | | | | | | | | | |

续 表

| 功能项 | 复杂性·页 | 复杂性·IETP | 需求 | 全部信息集 | 机组/操作者信息 | 说明与操作程序信息 | 维修程序信息 | 故障隔离信息 | 无损检测信息 | 腐蚀控制信息 | 存储信息 | 布线图信息 | 图解零件数据信息 | 维修计划信息 | 重量平衡信息 | 修复信息 | 设备信息 | 武器装挂信息 | 货物装载信息 | 外挂物装载信息 | 任务变更信息 | 战斗损伤行评估与修理信息 | 图解工具和保障设备信息 | 服务通告信息 | 器材数据信息 | 通用信息与数据信息 |
|---|---|---|---|---|---|---|---|---|---|---|---|---|---|---|---|---|---|---|---|---|---|---|---|---|---|---|
| 历史记录 | 1 | 1 | √ | A | | | | | | | | | | | | | | | | | | | | | | |
| 书签 | 1 | 1 | √ | A | | | | | | | | | | | | | | | | | | | | | | |
| 系统/子系统导航 | 1 | 1 | √ | A | | | | | | | | | | | | | | | | | | | | | | |
| 恢复初始界面 | 1 | 1 | | A | | | | | | | | | | | | | | | | | | | | | | |
| 日志管理 | 2 | 2 | √ | A | | | | | | | | | | | | | | | | | | | | | | |
| 图形导航 | 2 | 2 | | | | | | | | | | | | | | | | | | | | | | | | |
| 对话框驱动的交互 | 3 | 3 | | | | | | | | | | | | | | | | | | | | | | | | |
| 声控命令 | 3 | 3 | | A | | | | | | | | | | | | | | | | | | | | | | |
| 全文检索 | 1 | 1 | √ | A | | | | | | | | | | | | | | | | | | | | | | |
| 用户自定义逻辑检索 | 1 | 1 | √ | A | | | | | | | | | | | | | | | | | | | | | | |
| 跨库检索 | 4 | 3 | √ | A | | | | | | | | | | | | | | | | | | | | | | |
| 上下文检索 | 2 | 2 | √ | A | | | | | | | | | | | | | | | | | | | | | | |
| 关键字检索 | 2 | 2 | √ | A | | | | | | | | | | | | | | | | | | | | | | |
| 适用性过滤 | 2 | 1 | √ | A | | | | | | | | | | | | | | | | | | | | | | |
| 多种内容对象同步显示 | 2 | 2 | √ | A | | | | | | | | | | | | | | | | | | | | | | |
| 窗口捕捉 | 2 | 2 | √ | A | | | | | | | | | | | | | | | | | | | | | | |
| 打印 | | | | | | | | | | | | | | | | | | | | | | | | | | |
| 屏幕打印 | 1 | 1 | | A | | | | | | | | | | | | | | | | | | | | | | |
| 数据模块打印 | 1 | 2 | √ | A | | | | | | | | | | | | | | | | | | | | | | |
| 相关数据打印 | 2 | 2 | √ | A | | | | | | | | | | | | | | | | | | | | | | |
| 打印手册 | 4 | 5 | | A | | | | | | | | | | | | | | | | | | | | | | |
| 特殊内容 | | | | | | | | | | | | | | | | | | | | | | | | | | |
| 正文前资料 | 1 | 1 | √ | A | | | | | | | | | | | | | | | | | | | | | | |
| 支持性技术数据 | 2 | 2 | | A | | | | | | | | | | | | | | | | | | | | | | |
| 警告/注意信息 | 1 | 1 | √ | A | | | | | | | | | | | | | | | | | | | | | | |
| 应急程序 | 2 | 2 | | A | | | | | | | | | | | | | | | | | | | | | | |
| 照片 | 1 | 1 | | | | | | | | | | | | | | | | | | | | | | | | |
| 音频 | 2 | 2 | | | | | | | | | | | | | | | | | | | | | | | | |

| 功　能　项 | 复杂性－页 | 复杂性－IETP | 需求 | 全部信息集 | 机组／操作者信息 | 说明与操作信息 | 维修程序信息 | 故障隔离信息 | 无损检测信息 | 腐蚀控制信息 | 存储信息 | 布线图信息 | 图解零件数据信息 | 维修计划信息 | 重量平衡信息 | 修复信息 | 设备信息 | 武器装挂信息 | 货物装载信息 | 外挂物装载信息 | 任务变更信息 | 战斗损伤行评估与修理信息 | 图解工具和保障设备信息 | 服务通告信息 | 器材数据信息 | 通用信息与数据信息 |
|---|---|---|---|---|---|---|---|---|---|---|---|---|---|---|---|---|---|---|---|---|---|---|---|---|---|---|
| 视频 | 3 | 3 | | | | | | | | | | | | | | | | | | | | | | | | |
| 动画 | 4 | 4 | | | | | | | | | | | | | | | | | | | | | | | | |
| 技术数据帮助 | 1 | 1 | A | | | | | | | | | | | | | | | | | | | | | | | |
| 功能帮助 | 2 | 2 | A | | | | | | | | | | | | | | | | | | | | | | | |
| 培训信息 | 3 | 3 | A | | | | | | | | | | | | | | | | | | | | | | | |
| 更新 | | | | | | | | | | | | | | | | | | | | | | | | | | |
| 隐形更改指示与标记 | 1 | 1 | A | | | | | | | | | | | | | | | | | | | | | | | |
| 显性更改指示与标记 | 2 | 2 | A | | | | | | | | | | | | | | | | | | | | | | | |
| 完全更改 | 1 | 1 | A | | | | | | | | | | | | | | | | | | | | | | | |
| 定期更改与紧急更改 | 2 | 2 | A | | | | | | | | | | | | | | | | | | | | | | | |
| 准实时更新 | 2 | 2 | A | | | | | | | | | | | | | | | | | | | | | | | |
| 用户操作模式 | | | | | | | | | | | | | | | | | | | | | | | | | | |
| Web 浏览器阅读 | 3 | 3 | A | | | | | | | | | | | | | | | | | | | | | | | |
| 单机模式 | 1 | 1 | A | | | | | | | | | | | | | | | | | | | | | | | |
| 联网模式 | 2 | 2 | A | | | | | | | | | | | | | | | | | | | | | | | |

# 附录 D　术语定义

■
■
■
■

**表 D　术语索引**

| 术　　语 | 注　　释 |
|---|---|
| access illustration<br>导航图 | 导航图是包含一个或多个导航插图的数据模块,用于支持交互式出版物的导航 |
| aerospace ground equipment（AGE）<br>航空地面设备（AGE） | 参考通用定义中的支援设备 |
| airborne equipment<br>飞机机身设备 | 在空中操作飞行器的必要组件 |
| air vehicle<br>飞行器 | 适用于飞机、飞船、滑翔机、太空船和导弹等专业术语 |
| applicability<br>适用性 | 数据模块的质量,或者数据模块的一部分。描述了与产品（product）的产品属性或条件相关的信息,存储在 CSDB 中 |
| applicability cross reference table（ACT）<br>适用性交叉索引表 | 给出产品属性定义的交叉索引表,用于项目中产品的适用性状态,并能链接到对应的 PCT 和 CCT |
| assembly<br>部件 | 为特定功能由多个零部件连接在一起组成的结构件 |
| business rule（BR）<br>业务规则（BR） | 项目或组织使用该规则来决定关于如何实施 S1000D 的决定,并且通常是业务规则决策点决策的结果 |
| business rule decision<br>业务规则决策 | 项目或组织制定关于如何实施 S1000D 特定方向的决策 |
| business rules category<br>业务规则分类 | 一个特定的业务规则分类方法,目前分为如下几大类:产品定义,维修理念与操作概念,业务流程,数据创建,数据交换,数据集成,数据输出和/或遗留数据转换,管理,处理和其他问题 |
| business rules exchange（BREX）<br>业务规则交换（BREX） | BREX 是一个 S1000D 规范特有的概念,用于实施 S1000D 各方交换业务规则。BREX 数据模块提供一个标准化、形式化的交换结构,以及无歧义的规则定义 |
| business rules layer<br>业务规则层 | 根据业务规则适用对象的层次结构形成的业务规则的层次 |
| commercial and government Entity code（CAGE code）<br>商业和政府机构代码（CAGE 代码） | CAGE 代码是分配给供应商、政府机构、国防机构和各个组织的一个唯一识别码,在一个特定位置,CAGE 代码提供一个识别给定设备的标准方法 |

| 术　语 | 注　释 |
| --- | --- |
| common source database（CSDB）<br>公共源数据库 | 用于生成技术出版物的所有数据模块和相关信息的存储和管理仓库 |
| component<br>组件 | 组件表示为了系统正确地操作执行特定功能的任何自包含的零件、零件组合、子部件或单元。组建的等效术语是单元(unit) |
| condition<br>条件 | 条件表示影响产品适用性的并且不属于产品属性的那一类属性。条件与产品属性的不同之处在于条件在整个产品生命周期中更容易发生变化。条件和产品实际构型相关，包括维修条件、天气条件或任何其他对产品适用性产生影响的条件 |
| conditions cross-reference table（CCT）<br>条件交叉索引表(CCT) | 交叉索引表描述了影响数据适用性和定义技术条件合并状态的条件类型 |
| SCORM content aggregation model（SCORM CAM）<br>SCORM 内容集成模型 | 一个用于集成学习资源指令的设计人员和实现人员对学习资源进行分类的中立表示方法，使用 SCORM CAM 的目的是将学习经验发送给 LMS |
| consumable<br>消耗品 | 维修产品需要提供的可消耗产品，如滑油、油脂、锁线 |
| content section<br>内容段 | 数据模块第二部分，包含文本和插图，是数据模块具体用于显示内容存储的载体 |
| customer<br>客户 | 使用产品和/或接受产品交付后服务的个体或公司 |
| database<br>数据库 | 数据模块存储的仓库 |
| data module（DM）<br>数据模块(DM) | 一个自包含数据单元用于描述产品其产品支援设备维修的描述、操作和维修信息。数据单元包含一个识别和状态段和内容段，通过这种方式管理数据库能够通过数据模块编码(DMC)作为数据模块的标识信息来作为其对数据模块进行输入和检索的入口 |
| data module code（DMC）<br>数据模块编码(DMC) | 一段 17～37 位的字母数字编码，以标识数据模块的类型和数据的适用性信息，DMC 作为数据模块的标识信息，作为数据库管理中数据模块输入和检索的入口 |
| data module code extension（DME）<br>数据模块编码扩展(DME) | 数据模块编码的扩展用于唯一识别数据模块的多个实例 |
| disassembly code<br>拆分码 | 数据模块编码第四个部分(结合拆分码变量)。由 2 个字符组成。拆分码用于标识组件拆分顺序信息 |
| disassembly code variant<br>拆分码变量 | 数据模块编码第四个部分(结合拆分码)。由 1、2 或 3 个字符组成。拆分码变量用于识别同一拆分顺序零件的设备替换件或设计中轻微变化的原件，但是不足以导致系统区分码的变化 |
| document<br>文档 | 一个用来描述一个数据模块内容的展现，而不考虑其展现的媒介或为纸质技术出版物创建的特殊信息(如正文前资料)的通用术语 |
| engineering order（EO）<br>工程指令(EO) | 等效于服务通告，除了客户定义"设计更改"。工程指令可以基于制造商服务通告进行定义，或者从头开始定义 |
| enabling learning objective（ELO）<br>启发式学习对象 | 一种通过行为术语来阐述学生为了实现终端学习目标或另一个 ELO 而需要掌握知识和技能级别的预期 |
| engine module number<br>发动机模块编号 | 该编号分配给发动机模块。发动机模块是用于定义发动机模块化设计信息，并且每个模块都是组件，分组件和零件的组合，并且包含在一个包中，以安装在一个维修动作中 |

续 表

| 术　　语 | 注　　释 |
|---|---|
| electronic performance support system (EPSS)<br>电子性能支持系统（EPSS） | 一个软件包或应用程序的组件，以嵌入培训和教育信息。EPSS 包含一个使用教材、专家系统和超文本链接到参考材料 |
| equipment<br>设备 | 用于操作和维护产品及其支援设备的零件或组件 |
| expendable<br>消耗品 | 产品维修提供必要的消耗品。如 O 型封圈、垫片、垫圈标签 |
| figure<br>插图 | 一个或者多个图表和图片参考线。插图是通过图像（或视图）或图形展现给读者信息的表达方式<br>sheet（图表）表示插图中的每一张图片 |
| figure number<br>图号 | 一个分配给数据模块中插图的顺序号 |
| figure reference line<br>插图参考行 | 在数据模块中由一个插图号、插图标题组成的文本行。图片参考行紧跟插图相关文本最后一行 |
| functional check（FNC）<br>功能检查 | 一种定量检查，以确定是否一个或者多个零部件的功能是否满足功能要求的限制 |
| functional item number（FIN）<br>功能项目号 | 功能项目号允许唯一识别一个项目在指定位置执行系统功能 |
| hard time（HT）<br>定时（HT） | 一个主要维修过程要求一个零部件必须在先前指定的时间时或之前必须拆除才能够执行 |
| identification and status section<br>标识和状态段 | 数据模块的第一个部分，包含标识元素（DMC、标题、版本号和日期等）和状态元素（适用性、技术标准、QA 状态等），用于数据模块的管理 |
| illustration<br>图解 | 硬件系统或者过程的图形展示。包括图表、原理图、图形和照片。如果图形展现不能显示在一个规定页面图像区域中，它可分为两个或两个以上图表 |
| illustration reproduction area<br>插图再生区域 | 插图再生区域是放置图形、图表、照片等电脑生成图像的区域 |
| illustration sheet<br>图表 | 插图或部分插图的可视化展现，包括制定插图再生区域。每个图表具有自己插图控制码 |
| ICN<br>信息控制码 | 给出了 CSDB 中存储的图表和多媒体对象的一个数字（一串字符） |
| information code<br>信息码 | 数据模块编码的第五个部分（结合信息码变量）。包含 3 个字符。信息码用于标识数据模块中信息类型 |
| information code variant<br>信息码变量 | 数据模块编码的第五个部分（结合信息码）。包含 1 个字符。标识信息码中定义活动的任何变化 |
| information set<br>信息集 | 一个确定的范围和深度中（编写者观点）所需信息需求，所有的信息集都将以数据模块作为载体存在，并在 CSDB 中进行管理。一个项目数据模块需求列表（DMRL）列出了该项目所有必需的数据模块 |
| interactive electronic technical publication（IETP）<br>交互式电子技术出版物（IETP） | 一组用于产品描述，操作和维修的信息，经过优化的结构安排和格式化在电子屏幕中通过交互式方式展现给最终用户。IETP 相比传统的出版物能够包含条件分支机制，接收用户反馈，在运行中对参数进行评估，它们的值依靠环境和特定用户输入 |
| item<br>零件 | 一个任意等级组件（如系统、子系统零件、元件、部件、工具）的统称 |

| 术　　语 | 注　　释 |
|---|---|
| item location code<br>零件位置码 | 数据模块编码的最后一个部分,包含一个字符。零件位置码标识零件维修时所处的位置状态。如与仍然安装在装备上的零件相关的信息 |
| job instruction (JI)<br>工作说明书 | 一个详细的分布程序。每个步骤都可以参考任务执行对应的特殊飞机地面设备(AGE)、工具、软件、消耗品和材料。若有它们的识别码和编码,文本和插图须按照数据模块内容给出的相关信息 |
| learn code<br>学习码 | DMC 中第一个可选代码,在零件位置码(ILC)之后。仅用于 HPT 或培训数据模块,为那些要求符合 SCORM 规范的项目或希望使用 SCORM 规范功能(通过 LC)的项目。它描述了 HPT 的类型或数据模块内容中培训信息的类型,包含 2 个字母字符 |
| learn code event<br>学习码事件 | DMC 第二个可选代码,仅用于 HPT 或培训数据模块,为那些要求符合 SCORM 的项目或希望使用功能带来 LEC 的项目 |
| learning management system (LMS)<br>学习管理系统 | 学习管理系统是一个软件应用或 Web 应用,以实现一个学习过程的计划、实现和评估的全部过程 |
| line check<br>航线检查 | 一个例行检查,在运输、周转或夜间停止过程中的航路和基站上执行的检验和故障恢复 |
| line replaceable unit (LRU)<br>航线可更换件(LRU) | 一个零件,在航线维修运行过程中能够被完全替换掉 |
| logistic support analysis (LSA)<br>后勤保障分析(LSA) | 在开发过程中,通过科学和工程项目中的一种可选择性的应用,作为系统工程和设计过程的一部分,用以协助符合保障性和其他综合后勤保障活动 |
| maintenance<br>维修 | 产品及其他的支援和培训设备的保养维修和/或修理,以保持产品的可维修性 |
| maintenance task<br>维修任务 | 按照逻辑顺序,开始到结束,逐步,分配程序数据以完成维修 |
| manufacturing batch number<br>制造批次号 | 由制造商分配给单个制造商批产或生产的产品序列号 |
| manufacturing part number<br>制造零件号 | 一个由制造商分配的字符的组合,明确地一个零件制造到一个确定的规格 |
| manufacturing serial number<br>制造序列号 | 制造商分配序列号识别单个制造的零件,通过在批产等效零件具有相同零件号上标识它的等级 |
| material<br>材料 | 产品维修所需要的供给品。如垫片板材、板材、塑料、铜 |
| materiel<br>物料 | 在使用的过程中产生产品。如零件、设备 |
| materiel item category code<br>物料项分类代码 | 这是一个可选代码,位于 SNS 前,用于识别使用的 SNS 类型 |
| modification-mod<br>改装 | 由制造商定义的"设计更改",在产品交付前/后执行 |
| model<br>型号 | 产品识别码的第二级。唯一标识给出产品的子类型 |
| model identification code<br>型号识别码 | 数据模块编码第一部分(2~14 字符)。识别技术数据适用产品的信息。这个代码由 NAMSA 分配,并用于识别产品 |
| multimedia<br>多媒体 | 一个用于表示参引数字媒体组合的通用术语,如声音、视频、动画、图形、文字或到电子文档、软件演示或产品中的超链接 |

续　表

| 术　语 | 注　释 |
|---|---|
| munitions<br>军需品 | 一个通用术语,包括炸弹、导火线、导弹、火箭、烟火、发射器、分配器和其他物品,如脉冲弹药筒抛放费用、培训项目、军需品和其他类似的或相对于军需品的库存品,包括预加载的装配件 |
| NATO/National Stock Number (NSN)<br>北大西洋公约组织/国家物料编号(NSN) | 一个项目的唯一标识,由北大西洋公约组织国家的编纂局给每个批准项目识别分配编号 |
| on condition (OC)<br>条件 | 一个基于条件维修的零件,不受任何限制 |
| operational check (OPC)<br>操作检查 | 一个确认零件是否满足预期目的任务。这个检查不要求定量公差,是一个故障检查任务 |
| operation limit (OTL)<br>操作限制 | 在 O 级或 I 级对零件进行更改或修理以使得其能正常工作的最大时间 |
| organization<br>组织 | 一个实施 S1000D 项目的机构或功能结构(如一个商业或者政府机构) |
| page image area<br>页面图像区域 | 页面图像区域是除了放置页眉和页脚展现图像信息的区域 |
| part<br>零件 | 产品的一个原子项,是一个组件或子组件的组成部分,通常无法再分解 |
| post engineering modification<br>执行工程更改之后 | 产品在合并完一个特定的工程更改所处的构型状态 |
| post service bulletin<br>执行服务通告之后 | 产品在合并完一个特定的服务通告后所处的构型状态 |
| pre engineering modification<br>执行工程更改之前 | 产品在合并一个特定的工程更改之前所处的构型状态 |
| pre service bulletin<br>执行服务通告之前 | 产品在合并完一个特定的服务通告之前所处的构型状态 |
| product，the Product<br>产品 | 任何平台、系统或设备(空中、海上、陆地、设备或设施,无论民用还是军用)的统称。S1000D 规范中产品是指平台、系统、子系统、子子系统、组件、设备、LRU、元件、零件等 |
| product attribute<br>产品属性 | 产品的本质属性,并可影响技术数据的适用性。产品属性是产品的特性,该特性一般在产品实例制造时设定,并且在整个产品实例使用寿命中通常不发生改变。产品属性的例子包括型号、系列和序列号等产品属性 |
| product cross-reference table (PCT)<br>产品交叉索引表(PCT) | 一个识别产品实例和产品属性值的交叉索引表,以及到每个产品实例的条件索引表的参引 |
| product instance<br>产品实例 | 产品单个物理实体 |
| project<br>项目 | 用于产品开发、维护和销毁全过程的任务 |
| publication<br>出版物 | 一个用于描述一系列数据模块进行组合并且用于展现的通用术语,其具体形式包括出版物、检查单、指导、目录等,并与媒质的展现形式无关(如纸质或屏幕显示)<br>信息编辑和出版用于交付客户。IETP、纸质出版物由数据模块、包含遗留数据的已有出版物组成。<br>有效出版物清单(LOAP)列出客户项目所需出版物 |

| 术　语 | 注　释 |
|---|---|
| publication module（PM）<br>出版物模块（PM） | 出版物模块定义出版物的内容（包括到数据模块、其他出版物或遗留数据的引用）和出版物结构。出版物模块使用出版物模块编码（PMC）作为其标识符 |
| publication module code（PMC）<br>出版物模块编码（PMC） | 技术出版物模块或最终交付出版物的标识符，由12～24字符组成的标准化和结构化标识 |
| repository-dependent data module<br>技术信息库相关数据模块 | 技术信息库数据模块交付给用户或最终用户（或 IETP 应用）。在使用 IETP 阅读器/浏览器使用期间，最终用户或 IETP 需要解析技术信息库数据模块与其他数据模块的链接问题 |
| SCORM content package code（SMC）<br>SCORM 内容包代码（SMC） | 在 S1000D 中，SCORM 内容包代码是 S1000D SCORM 内容包或最终学习交付的标准化和结构化标识码（＝SCORM 模块代码＝SMC） |
| SCORM module code（SMC）<br>SCORM 模块编码（SMC） | 参考"SCORM 内容包代码" |
| self-contained data module<br>自包含数据模块 | 一个独立数据模块以准备交付给用户或最终使用者使用。对于使用技术信息库的项目，所有到技术信息库数据模块的链接将直接解析，才能够发送给客户和最终用户 |
| Service Bulletin（SB）<br>服务通告（SB） | 由供应商定义的"设计更改"，但在产品交付给用户之后实施（应用）。服务通告应用在已经交付的产品上 |
| Servicing<br>勤务 | 任何以维修一个零件固有设计运行能力为目的补给行为 |
| Since Last Maintenance（SLM）<br>自上次维修（SLM） | 到执行下一个相同维修任务之间间隔的时间。如发动机每200小时的操作孔探检查 |
| software program edition<br>软件程序版本 | 该识别码分配给软件程序或软件程序组合，用于表示它的目的以及和发展某个水平相关 |
| Shop Replaceable Unit（SRU）<br>车间可替换件（SRU） | an item, which can be only changed at shop level<br>一个零件，仅能在车间级别维修进行替换 |
| Standard Numbering System（SNS）<br>标准编码系统（SNS） | 数据模块编码的第三部分，包含3组字符。使用 SNS 的目的是在产品排列或访问方面提供标准化 |
| Store<br>存储 | 一个表示产品外挂和内置非弹药部件 |
| Subassembly<br>子组件 | 一个组件，作为大型组件的一部分 |
| Subsystem<br>子系统 | 一个系统的主要功能部分，有助于系统运行的完整性 |
| Supplies<br>器材 | 维修产品所需的消耗品（consumables & expendables），材料 |
| support equipment<br>支援设备 | 对产品进行维护使其处于可操作状态所需要用到的辅助设备（包括相关的电脑程序） |
| System<br>系统 | 一个相互关联零件的组合以执行一个特定的功能 |
| system difference code<br>系统差异码 | 数据模块编码的第二部分（2～4个字符）。系统差异码用于由 SNS 识别的系统、子系统/子子系统的可替换版本，但不影响类型、型号或变量码 |
| Time Between Overhaul（TBO）<br>大修间隔时间（TBO） | 大修间隔时间指的是计划大修之间主要零件能够正常操作的最大时间。这个时间间隔通过时间/周期码限制、时间/周期表示为每飞行小时、运行周期或者飞机着陆周期 |

续　表

| 术　　语 | 注　　释 |
| --- | --- |
| tool，common<br>基本工具 | 一个包括常用手用工具的常用术语，如螺丝刀、扳手、钳子等不需要特殊标识的工具。作为一般规则，基本工具作为一个典型工人工具包的一部分 |
| tool，special<br>特殊工具 | 一个包括那些手用工具或其他制造商专门给工人准备完成给定动作、任务或程序设备的常用术语。这些工具需能够被标识(通常用零件号或其他识别码) |
| training equipment（TE）<br>培训设备(TE) | 人员培训如何对产品及其支援设备进行操作和维修的必要设备 |
| training needs analysis（TNA）<br>培训需求分析(TNA) | 对特定人群和职业进行职业培训和行业培训需求进行定量和定性的分析方法 |
| terminal learning objective（TLO）<br>最终学习目标(TLO) | 指导人员在学生进行完最后一堂课程后对学生预期的阐述 |
| type<br>类型 | 产品识别码的最高等级，唯一地给出了产品型号合格证的名称<br>注：类型可细分为型号(识别码的第二级)和版本(识别码的第三级) |
| unit<br>部件 | 执行一项功能的元件 |
| version<br>版本 | 产品识别码第三个等级。唯一标识出产品的子模型 |
| version rank<br>版本等级 | 制造商分配用户标识特定客户产品的标识号 |
| work sheet（WS）<br>工作表(WS) | 为了在一个组件、元件等上完成一个复杂的工作所需要执行的 JI 和/或 WS 在时间顺序的说明 |

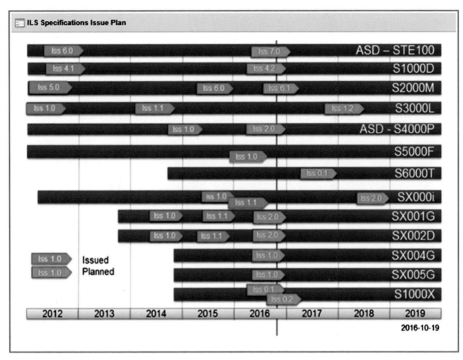

图 2-8　ASD 规范的发展历程

图 2-16　S1000D 规范在军机中的应用

图 2-17 ATA2200 规范在民机中的应用

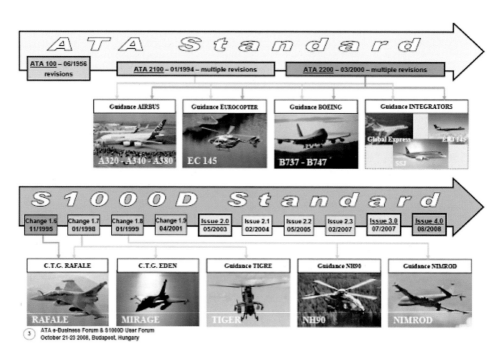

图 2-18 S1000D 规范与 ATA2200 规范的发展

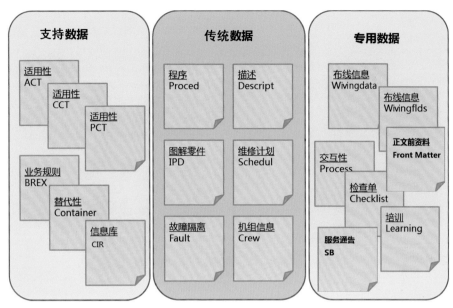

图 4-1　数据模块的类型

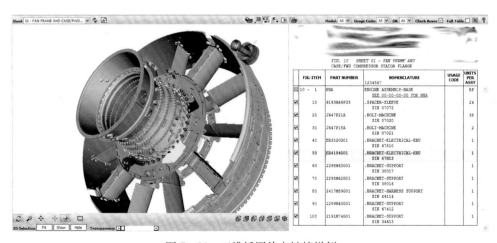

图 7-26　三维插图热点链接样例

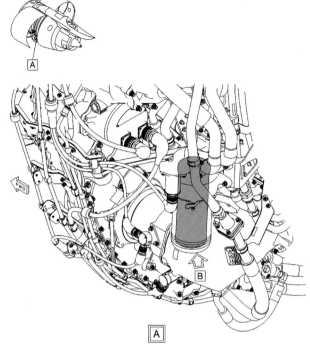

图 7 - 29　图片更改标记样例

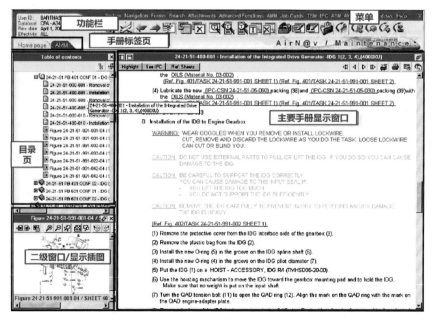

图 10 - 12　AirN@v 系统窗口显示示意图